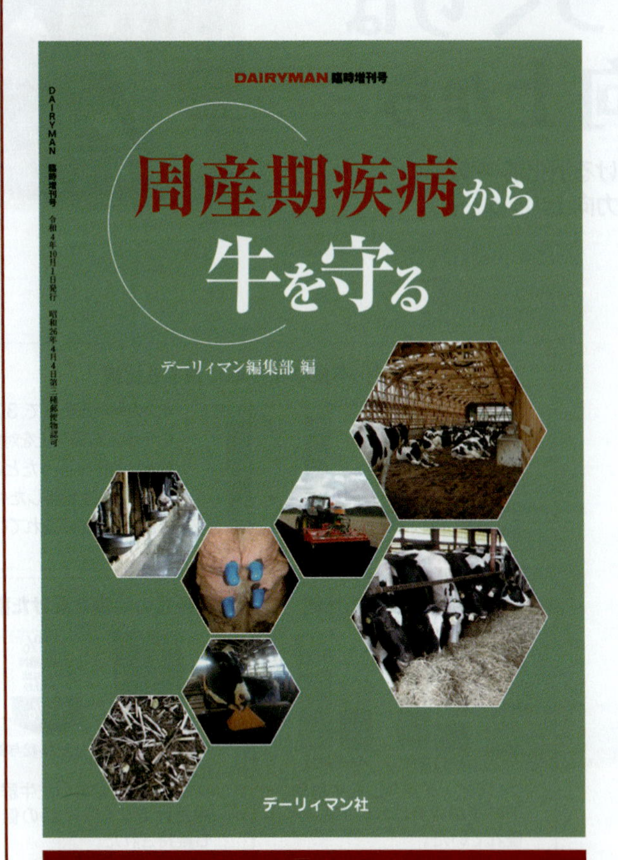

B５判　180頁
定価　4,819円（税込）　送料　288円

デーリィマン　2022年秋季臨時増刊号

周産期疾病から牛を守る

デーリィマン編集部 編

乾乳期から産褥（さんじょく）期に至る分娩１カ月前後の周産期は代謝機能が変化し、乾乳舎への移動など生活環境も変わり、牛に大きなストレスが加わります。そのため、ケトーシスや低カルシウム血症、第四胃変位など疾病の発生や、死廃も多く、周産期の飼養管理は酪農経営を左右する重要なポイントです。周産期疾病の予防には、それぞれのステージに合わせた適切な栄養管理や飼養環境の整備、観察による牛の状態把握などが求められます。

本書は、主な周産期疾病の基礎知識および予防策、健康状態と飼養環境のチェック法、栄養管理面の対策、乾乳期間設定の考え方、分娩・産褥期に押さえておくべきポイントを解説。また、周産期にかかわる最新の知見や疾病の発生予測・予防に向けて実用化が期待される技術などを紹介します。周産期対策を進める際、大いに活用できる１冊です。

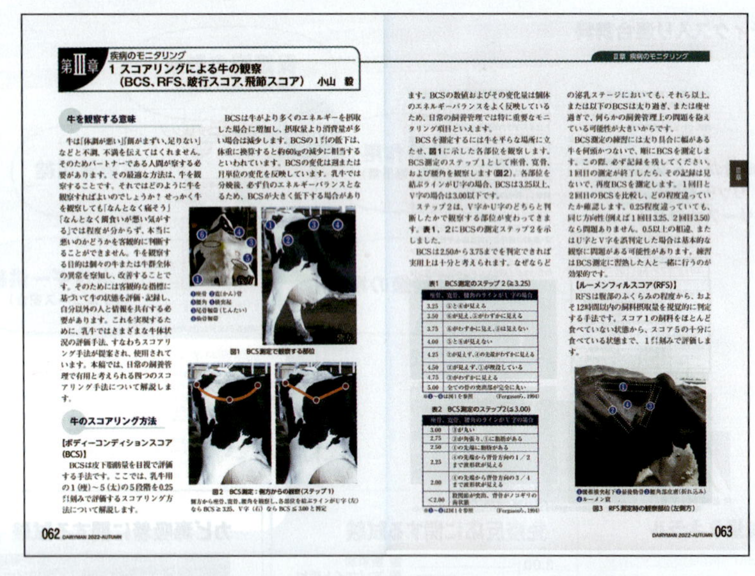

第Ⅲ章　疾病のモニタリング
1 スコアリングによる牛の観察
（BCS、RFS、跛行スコア、飛節スコア）　小山　毅

牛を観察する意味

牛は「体調が悪い」「餌がまずい、足りない」などと不調、不満を伝えてはくれません。そのためパートナーである人間が察する必要があります。その最適な方法は、牛を観察することです。それではどのように牛を観察すればよいのでしょうか？ せっかく牛を観察しても「なんとなく痛そう」「なんとなく餌食いが悪い気がする」では程度が分からず、本当に悪いのかどうかを客観的に判断することができません。牛を観察する目的は個々の牛または牛群全体の異常を察知し、改善することです。そのためには客観的な指標に基づいて牛の状態を評価・記録し、自分以外の人と情報を共有する必要があります。これを実現するために、乳牛ではさまざまな牛体状況の評価手法、すなわちスコアリング手法が提案され、使用されています。本稿では、日常の飼養管理で有用と考えられる四つのスコアリング手法について解説します。

牛のスコアリング方法

【ボディーコンディションスコア（BCS）】

BCSは皮下脂肪量を目視で評価する手法です。ここでは、乳牛用の１（痩）～５（太）の５段階を0.25刻みで評価するスコアリング方法について解説します。

BCSは牛がより多くのエネルギーを摂取した場合に増加し、摂取量より消費量が多い場合は減少します。BCSの１の低下は、体重に換算すると約60kgの減少に相当するといわれています。BCSの変化は週または月単位の変化を反映しています。乳牛では分娩後、必ず負のエネルギーバランスとなるため、BCSが大きく低下する場合があります。BCSの数値およびその変化量は個体のエネルギーバランスをよく反映しているため、日常の飼養管理では特に重要なモニタリング項目といえます。

BCSを測定するには牛を平らな場所に立たせ、図1に示した各部位を観察します。BCS測定のステップ１として座骨、寛骨、および腰角を観察します（図2）。各部位を結ぶラインがU字の場合、BCSは3.25以上、V字の場合は3.00以下です。

ステップ２は、V字かU字のどちらと判断したかで観察する部位が変わってきます。表1、2にBCSの測定ステップ２を示しました。

BCSは2.50から3.75までを判定できれば実用上は十分と考えられます。なぜならどの泌乳ステージにおいても、それら以上、または以下のBCSは太り過ぎ、または痩せ過ぎで、何らかの飼養管理上の問題を抱えている可能性が大きいからです。

BCS測定の練習には太り具合に幅がある牛を何頭かつないで、順にBCSを測定します。この際、必ず記録を残してください。１回目の測定が終了したら、その記録は見ないで、再度BCSを測定します。１回目と２回目のBCSを比較し、どの程度違っていたか確認します。0.25程度違っていても、同じ方向性（例えば１回目3.25、２回目3.50）なら問題ありません。0.5以上の相違、またはU字とV字を誤判定した場合は基本的な観察に問題がある可能性があります。練習はBCS測定に習熟した人と一緒に行うのが効果的です。

【ルーメンフィルスコア（RFS）】

RFSは腹部のふくらみの程度から、およそ12時間以内の飼料摂取量を視覚的に判定する手法です。スコア１の飼料をほとんど食べていない状態から、スコア５の十分に食べている状態まで、１刻みで評価します。

❶座骨 ❷寛（かん）骨 ❸腰角 ❹横突起 ❺尾骨靭帯（じんたい） ❻仙骨靭帯

図1　BCS測定で観察する部位

図2　BCS測定：側方からの観察（ステップ１）
側方から座骨、寛骨、腰角を観察し、各部位を結ぶラインがU字（左）ならBCS≧3.25、V字（右）ならBCS≦3.00と判定

表1　BCS測定のステップ２（≧3.25）

座骨、寛骨、腰角のラインがU字の場合	
3.25	⑤と⑥が見える
3.50	⑥が見え、⑤がわずかに見える
3.75	⑥がわずかに見え、⑤は見えない
4.00	⑤と⑥が見えない
4.25	①が見えず、①の先端がわずかに見える
4.50	①が見えず、①が埋没している
4.75	①がわずかに見える
5.00	全ての骨の突出部が完全に丸い

※❶～❻は図1を参照　（Fergusonら、1994）

表2　BCS測定のステップ２（≦3.00）

座骨、寛骨、腰角のラインがV字の場合	
3.00	①が丸い
2.75	①が角張り、①に脂肪がある
2.50	①の先端に脂肪がある
2.25	④の先端から背骨方向の１／２まで波形状が見える
2.00	④の先端から背骨方向の３／４まで波形状が見える
<2.00	股関節が突出、背骨がノコギリの歯状態

※❶～❻は図1を参照　（Fergusonら、1994）

❶腰椎横突起下 ❷最後肋骨 ❸腰角部皮膚（折れ込み） ❹ルーメン窩

図3　RFS測定時の観察部位（左側方）

062 DAIRYMAN 2022-AUTUMN　　DAIRYMAN 2022-AUTUMN 063

Ⅲ　疾病のモニタリング　１ スコアリングによる牛の観察
（BCS、RFS、跛行スコア、飛節スコア）

【主な内容】

- **Ⅰ　重要疾病の基礎知識と周産期免疫の新知見**
  ケトーシス・脂肪肝／低カルシウム血症
  第四胃変位／蹄病／他
- **Ⅱ　飼養環境のチェックポイント**
  乾乳牛舎の設計・レイアウト／既存牛舎改修のポイント／暑熱対策の点検
- **Ⅲ　疾病のモニタリング**
  スコアリングによる牛の観察／血中カルシウム濃度解析法／牛群検定WebシステムDLの活用／他
- **Ⅳ　栄養管理からのアプローチ**
  周産期の飼料設計・給餌の基本／乾乳期におけるミネラル給与の重要性と留意点
  粗飼料の重要性と質・量の確保／他
- **Ⅴ　乾乳期間の設定と乳房炎予防**
  乾乳期の役割と期間設定の考え方／新たな乳房炎予防プログラムの概要
- **Ⅵ　分娩・産褥期の対応**
  分娩前後にチェックすべきポイント／胎盤停滞の予防・対処法

DAIRYMAN 臨時増刊号

哺育・育成牛の飼養管理ガイド

―子牛を健康に育て経営安定―

デーリィマン編集部・編

目次

読者の皆さまへ

初乳の管理・給与から始まる子牛の飼養管理は、その後の免疫力や泌乳能力に大きく影響するだけでなく、個体販売価格アップにもつながるため、牧場の利益を高める上での基礎となります。快適な飼養環境で適切な給餌・衛生管理を行って疾病予防に努め、哺育・育成牛の増体を高めることは、生産抑制が求められる中にあっても生産ロスを軽減する観点で重要です。生乳生産拡大に向け後継牛確保が求められる局面であれば、より精緻な飼養管理が求められるでしょう。

本書は母牛の周産期管理、牛群改良さらにはICT機器を活用した省力化の重要性も意識と捉え、①乾乳牛管理と分娩対応の重要性②哺育・育成牛舎の設計・レイアウト③重要疾病の基礎知識と予防策④給餌と飼養管理のポイント⑤ICT機器の有効活用⑥牛群改良からのアプローチ⑦事例紹介―という７章構成で哺育・育成牛にまつわる幅広い情報を盛り込みました。子牛を健康に育て経営安定化を図っていく上で本書をご活用いただければ幸いです。

デーリィマン編集部

執筆者一覧（50音順・敬称略）

相原　光夫	㈳家畜改良事業団主席専門役
石井　三都夫	㈱石井獣医サポートサービス代表取締役
泉　賢一	酪農学園大学農食環境学群循環農学類ルミノロジー研究室教授
大澤　剛史	㈱家畜改良センター改良部情報分析課乳用牛データベース係長
大塚　優磨	シン・ベッツ代表獣医師
岡川　朋弘	北海道大学大学院獣医学研究院病原制御学分野感染症学教室特任助教／北海道大学大学院獣医学研究院先端創薬分野特任助教
岡田　朋恵	デザミス㈱経営企画本部
加地　永理奈	㈲シェパード栃木支所獣医師
久保田　尚	千葉県畜産総合研究センター市原乳牛研究所上席研究員
今内　覚	北海道大学大学院獣医学研究院病原制御学分野感染症学教室教授／北海道大学大学院獣医学研究院先端創薬分野教授
塩谷　梓弓	ライブストック・アグリテクノ㈱IoTソリューション事業部フィールドアソシエイト・広報
杉野　利久	広島大学大学院統合生命科学研究科家畜飼養管理学研究室教授
髙橋　英二	帯広畜産大学獣医学研究部門臨床獣医学分野産業動物獣医療学系教授
高橋　圭二	Dairy.Lab K&K代表
田辺　智樹	㈱北海道立総合研究機構酪農試験場乳牛グループ研究主任
寺内　宏光	㈱寺内動物病院代表取締役獣医師
中辻　浩喜	酪農学園大学農食環境学群循環農学類家畜栄養学研究室教授
萩谷　功一	帯広畜産大学生命・食料科学研究部門家畜生産科学分野生命科学系准教授
長谷川　太一	ゾエティス・ジャパン㈱ライブストックビジネス統括部テクニカルサービス部
福森　理加	酪農学園大学獣医学群獣医学類ハードヘルス学ユニット准教授
伏見　康生	㈱Guardian代表取締役獣医師
丸山　浩二	MSDアニマルヘルス㈱キャトル事業部
三好　智美	㈱野澤組北海道営業本部畜産グループ
山岸　則夫	大阪公立大学大学院獣医学研究科大動物臨床医学研究室教授
山口　鮎美	㈱ファーム山口取締役

乾乳牛管理と分娩対応の重要性

第Ⅰ章

乾乳牛管理と分娩対応の重要性

❶子牛の健康を確保する乾乳牛管理

寺内　宏光

子牛は牧場の“未来”

子牛が健康に生まれ、健全に発育し、後継牛として妊娠することが酪農生産の基盤となります。健康な子牛育成のための基本的事項として、まず正常な胎子発育が挙げられ、哺育・育成と妊娠、乾乳牛管理を含む分娩と初乳給与という一連が牧場経営における重要な“投資”といえます。本稿では胎子期の重要性と乾乳牛管理について解説します。

子牛を健康に育てるために最も大切で基本的なことは、健康に生まれてもらうこと。つまり妊娠母牛の栄養および環境の管理から始まっているのです。胎子期に体の臓器の大きさや働きが健全な状態になっていなければ、たとえ遺伝子的に優れていても能力を十分に発揮できない牛になってしまいます。

牛は「母体が正常な胎子の発育を損なうほどの深刻な栄養不足であっても、発達途上にある胎子への栄養優先度合いは高い（NRC 2001）」とされており、母牛がよほどの飢餓状態でなければ流産や異常な低体重産子とはなりません。常識的な範囲内でのエネルギー状態の変化では出生時体重に変わりはなく、母牛の栄養状態に関わらず一定の大きさの子牛を産むようになっていると考えられます。ただ母牛のボディーコンディションスコア（BCS）が低過ぎると子牛の体高が低く、挽回が難しくなるようです。つまり、母牛の栄養管理に問題があっても体重は変わりなく生まれてくるが、代謝機能や能力については、研究段階であるものの差が出てくると考えられています。

子牛のための母牛の飼養管理には二つの観点があります。一つは臓器の発達について、もう一つは「エピジェネティック（塩基配列は同じなのに遺伝子の発現が変わること）」な変化についてです。

まず臓器の発達について、胎子の骨格筋は脳や心臓に比べて栄養配分の優先順位が低く、栄養不足の影響を大きく受けます。筋線維の数はだいたい妊娠中期までに決まるので、受胎後の泌乳期間の管理から胎子に影響を与えます。胎子は分娩前約60日間で急激に成長するため、母牛へタンパク質を十分に給与して胎子の骨格筋を成長させることが重要です。骨格筋不足では体格が小さいだけでなく難産にもなりやすく、出生後の体温維持もままなりません。この時期は内臓も成長するため、乾乳中の栄養不足は子牛の臓器の機能にも影響します。

乾乳前期において分娩前10～９週間は胎盤増体率が最大となり、分娩前８～６週間は胎子増体率が最大となります（**図１**）。乾乳前後に採食量が制限されてしまうと、胎子への

図１　胎子は妊娠後期に急成長する

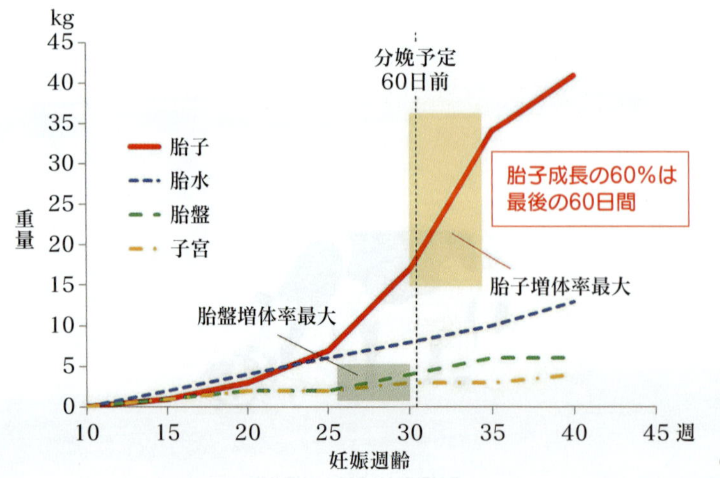

（Prior and Laster, Fox et al を一部改変）

栄養供給を補うために胎盤が大きくなり、その影響で過大子や後産停滞になりやすくなると考えられます。

エピジェネティクスとは

人間の医学分野ではDOHaD学説(Development Origins of Health and Disease：発達過程の環境要因が成長後の健康や疾病リスクに影響する)という考え方が注目を集め、研究が進められています。胎児期には母親の栄養状態など外的環境に柔軟に適応する可塑性があり、太りやすさなどの健康に関わる体の機能が、胎児期〜幼小児期の環境の影響を強く受けるという考え方です。

牛においても同様の研究が行われています。胎子期から新生子期の栄養状態や環境因子の影響は生涯を左右するので、妊娠中の母牛の管理は出生する子牛の成長と健康および能力にまで影響するということです(**図2**)。母牛が妊娠初期に低栄養だった場合、出生した雌子牛の卵胞数が少なく繁殖性も低いという報告などがあります。

マウスでの実験では低栄養だけではなく、高カロリーな餌を給与された親から生まれた子は太りやすいという結果が出ています。現時点ではまだ不明なことが多いものの、胎内での極端なエネルギー状態は胎子に影響を与えるとはいえそうです。

DNAは受精卵の時点で決まってから出生して死ぬまで変わらないものです。しかし、DNAの中の膨大な遺伝情報の中でどのDNAの「スイッチ」をオンにするかについての決定がさまざまなタイミングで行われます。これが「エピジェネティクス」といわれる分野で、人でも牛でも盛んに研究されています。

遺伝子が変わらずとも、環境要因によってどの遺伝形質を発現させるかが早期に決定され、個体の一生にわたって影響を与えます。遺伝子のスイッチのオンオフはいつでも起こり得ますが、発達の早い段階での影響は比較的大きいことが**図2**に示されています。遺伝能力を発揮できるかどうかが大きく左右されるため、胎子期からさらにさかのぼった授精直後の胚での影響についても研究が進められています。

どのような飼養管理がエピジェネティクスの観点から優れた生産性につながるのかというノウハウはまだ確立されていません。発展途上の分野で、これから有用な研究結果が報告されていくと期待されています。

乾乳期の栄養管理

乾乳期における栄養管理の目標は主に❶適正なBCS維持❷周産期の代謝障害リスクの低減❸次の乳生産の準備—の3点です。初産牛の場合は自身の成長のための栄養要求が追加されます。これらが達成されれば子牛の健全な発育は基本的に実現するでしょう。

乾乳前期は過剰給与を避けて、BCSを維持します(変化させない)。エネルギーの要求を満たすのが簡単な分だけ、太らせない配慮が大切となります。過肥は母牛の代謝障害の

図2　受胎、出生、離乳などが子牛の発達に与える影響の大きさ

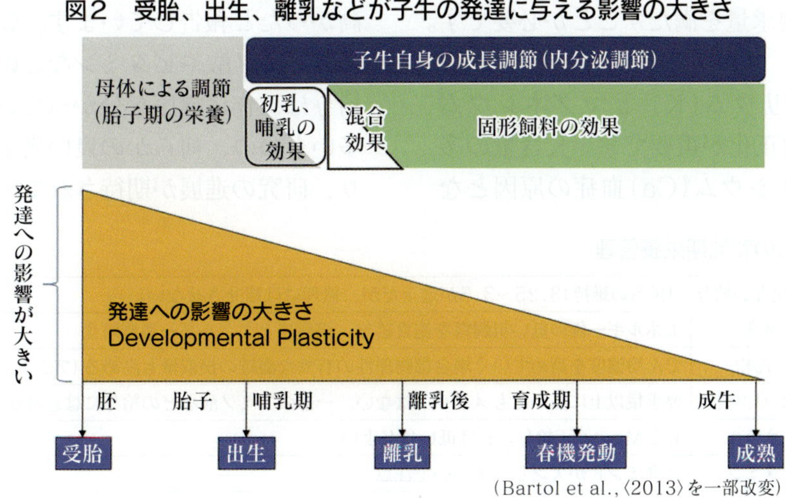

(Bartol et al.,〈2013〉を一部改変)

リスクを高めますが、生まれてくる子牛への悪影響は特にありません(Poczynek et al.,2022年:Van Dorp et al.,2023年)。乾乳後期は生理的に採食量が低下するため、乾物摂取量(DMI)の低下を最小限に抑えることが重要です。以下では栄養素ごとの乾乳期のチェックポイントを解説します(**表1**)。

【繊維】

乾乳中のエネルギー要求量は低く、簡単に太るため、飼料のエネルギー制限が必要になりますが、空腹にしてはいけません。エネルギー価の低い牧草サイレージや乾草を給与し、場合によってわらなどを併用して繊維を飽食させます。満腹感を維持させつつエネルギーの過剰を防ぐことが重要です。嗜好(しこう)性と腹持ちを両立できるWCS(ホールクロップサイレージ)の利用も広がっています。手に入る良質な繊維をしっかり食い込ませて分娩前のDMI低下を最小限にすることが鍵になります。

【でん粉】

クロースアップ期に要求量以上のエネルギーを給与するメリットはありません。増給する必要はありませんが、要求量を下回らないようにしましょう。

【タンパク質】

妊娠後期における代謝タンパク質の摂取目標値を達成するのは簡単ではありません。また胎子のエネルギー要求はほとんどがアミノ酸で、DMI低下が大きいと母牛の体タンパク質を削り落とし、初乳中のIgG量に影響します。初産牛や双子の場合は特に注意し、バイパス(ルーメン非分解性)タンパク質を使用するなどして要求量を満たすことが必要です。

【ミネラル】

飼料中のカリウム(K)とマグネシウム(Mg)含量の適正化が重要です。K含量の多い飼料は低カルシウム(Ca)血症の原因となります。Mg不足でも低Ca血症を誘発する可能性があります。

分娩前に低Ca血症が発生した場合は、高K飼料給与か採食量不足が疑われます。分娩前の低Ca血症は分娩事故につながり、難産による強いストレスを受けた新生子牛は吸入反射が弱く、腸管での初乳吸収率が低下します。低Ca血症予防は子牛を健康に生んでもらうためにも重要です。

【ビタミン】

初乳にはレチノール(ビタミンA)や、トコフェロール(ビタミンE〈VE〉)が大量に分泌されるため、母牛は分娩1週間前に血中における両物質の濃度が急激に低下します。VEは非常に壊れやすく、乾草やTMRで給与する飼料にはほとんど期待できません。放牧している牛の血中VE濃度は非常に高いのに対して、放牧も添加剤給与もされてない母牛の血中VE濃度は低いため、初乳中のVEも低くなります。従って分娩直前のVE要求量は非常に高くなっています。出生直後の子牛にVEおよび脂溶性ビタミンの投与を推奨するケースもあります。

【その他サプリメント】

乾乳後期のメチオニン給与によって子牛の出生体重と体高、増体速度が高まったという報告があります(Alharthi et al.,2018)。また脂肪肝予防などでよく使用されるバイパスコリンを給与された親牛の初乳はIgGの吸収率が良かったという報告があります(Zenobi et al.,2018)。さらに同じ研究チームが、コリンを給与された母牛から生まれた子牛はLPSという炎症を起こす毒素への抵抗性も高かったと報告しています。乾乳後期のバイパスアミノ酸やビタミンなどのサプリメント給与は、作用機序が分かっていないケースが多いものの、何らかの良い効果が示されており、研究の進展が期待されています。

表1　子牛のための乾乳期栄養管理

乾乳前期	過不足ない給与、BCSの維持(3.25～3.5が適正だが、無理には痩せさせない)	
乾乳後期	繊維	エネルギー価の低い粗飼料を飽食給与、満腹感とエネルギー過剰防止
	でん粉	でん粉濃度を高めていく場合は物理性の有効な繊維の摂取量も高める(アシドーシス予防)
	タンパク質	要求量以上に高めてもメリットはない。一部のアミノ酸などの給与には意味があるかもしれない
	ミネラル	KとMgの適正給与。Kは低いほどよい
	ビタミン	ビタミンEが欠乏しやすいので注意

過不足ない栄養管理を

初乳を合成するために妊娠末期の数日間に栄養成分を大量に必要としますが、栄養成分の喪失は短期間であるために乾乳期間の栄養要求量の計算に含まれていないことが多くなっています。

しかし、初産牛か経産牛かにかかわらず、妊娠末期の栄養要求について胎子成長だけでなく初乳合成のための潜在的な影響を認識しておかなければいけません。

妊娠期間中の栄養要求以上に、飼料中のタンパク質を増加あるいは高品質にしても初乳中のタンパク質濃度やIgG量について何も影響を与えないという報告がほとんどです。むしろ乾乳期間のタンパク質過剰は過大児リスクや、ルーメン内のアンモニア態窒素濃度を高めて肝臓機能を低下させるなど負の影響があります。

給餌と飼養環境を点検

生理的な反応として分娩２週間前くらいからDMIが低下し始め、１週間前には大きく落ち込みます。過肥牛の場合、このDMI低下が著しく代謝障害へ陥るため、良い草と食べやすい環境をそろえて分娩前のDMI低下を最小限にすることが重要です。牧場内で一番品質が良い乾草を乾乳牛に給与するべきでしょう。

飼料の品質に加えて量も大切です。妊娠末期は子宮に第一胃が圧迫されて一度に食べられる量が少なくなります。従って、食べたいときに食べられる環境が整っていないと、空腹による大きなストレスをかけてしまいます。１日の中で乾乳牛の飼槽が30分以上空になっていることがないようにしましょう。

基本の給餌に加えて、わらなど太らず腹にたまるものを常に飼槽に置きましょう。乾乳後期から急にわらを与えても食べない場合もあるので、採食量を落とさない工夫が必要です。乾乳初期から少しずつ給与して慣れてもらう、TMRならわらを細断して混ぜる、加水や糖蜜の添加によって選び食いしにくくするといった一手間が必要です。

ペンの過密、床が滑って牛が不安がり飼槽へのアクセス回数が減る、バーが頸に当たり痛そう、１頭当たりの飼槽幅が狭い、暑熱対策が足りないなど落ち着いて採食できない、といった飼養環境になっていないかチェックして優先的に改善していきましょう。群編成や場所の移動は大きなストレスを伴うため、乾乳後期群の牛の入れ替えは最小限とし、分娩房への移動は分娩開始後（胎子の足が出てから）で短時間の滞在が推奨されます。以上の内容を含め**表2**に飼養管理のチェックポイントをまとめたので、当てはまるものがないか確認してください。

暑熱対策の意義

胎子にとって暑熱対策は、栄養管理やその他のストレス対策よりもはるかに大きな影響を与えると考えられます。母牛に暑熱対策を行っているかどうかで、娘牛の初産分娩時までの生存率が上がる上に、その後の乳量が多くなると報告されています。この乳量の差は、初産次から三産次まで見られます。さらに試験に用いた乾乳牛の孫娘牛の乳量まで差が出

表2　乾乳期の飼養管理チェックポイント

スペース	最も過密な時でも10㎡／頭の確保。ストールは搾乳牛よりやや広く幅135cmが必要
床の状態	常に乾燥し、清潔な敷料、体重が重くても滑らない床
飼槽	連動スタンチョンで他の牛の邪魔ができず、80cm／頭の幅が確保されている。残飼は捨てる。搾乳牛の餌は食べさせない
水槽	飲みやすく掃除しやすい水槽で常に新鮮な水を給与する。頭数×10cm以上の幅の水槽で、20Ｌ／分以上の吐水量が理想。水質は定期的に検査する
移動	移動や闘争のストレスは甚大。移動は最小限。群の再編成はなるべくしない
環境	できるだけ運動が可能で、直射日光は避けつつある程度の自然光を浴びることが健康に必要
その他のストレス	寒い、臭い、騒音、不規則な飼料給与などはストレスとなる。頻繁に人や車が通ることは避けて落ち着いた環境にする。野生動物の侵入は多くのリスクがある

ました。ここにはエピジェネティックな変化が受け継がれていると考えられており、世代を超えて暑熱ストレスは影響を及ぼしています。暑熱対策への投資効果がどれだけ大きいかがよく分かります。

分娩直前の暑熱ストレスが初乳中IgG濃度を低下させるかどうかは意見が分かれていますが、子牛のIgG吸収率を落とすことは間違いなさそうです。乾乳期間の暑熱ストレスは胎盤の発達に悪影響を与えて、分娩が早まり、子牛の出生体重が減少します。

出生後約２カ月間の増体にも悪影響が確認されており、離乳時に乳腺組織が少ないという試験結果もあります。これは胎子期の暑熱ストレスにより将来の乳量が低下するというデータと関連があるといえます。

暑熱対策のポイント

【栄養管理】

夏は昼から夕方にかけての暑い時間帯に採食行動が著しく衰えます。涼しい夜間から明け方に採食行動が活発になるため、そのタイミングで新鮮な飼料を与えることでDMIを増加させる可能性があります。給与回数や餌寄せの回数を増やすことも有効です。

暑熱ストレスはルーメンアシドーシスを悪化させるので、固め食いの予防や鉱塩の設置などルーメンアシドーシス予防策も大切です。

写真　飼槽は面積よりも幅が重要

【飼養環境整備】

日差しを避けられる牛舎設計であることは大前提で、一部の時間帯であっても強い日差しにさらされないよう配慮しましょう。特に強烈な夏の西日は見落とされがちです。常に新鮮な水を自由に飲める環境も確保しなければなりません。暑熱ストレス下では飲水量が20～50％増加する可能性があります。

扇風機の点検は早めに済ませましょう。羽根の掃除と、ベルトの消耗やファンの注油の確認が必要です。最も効果的な冷却方法はソーカーとファンの併用です。ソーカーだけでは湿度を上げてしまい逆効果ですし、設置場所にも注意が必要です。

乾乳の過密対策

乾乳期の過密飼養は多くの酪農家が経験する難題です。夏に受胎率が落ちて晩秋から初冬にまとめて受胎し、翌夏の乾乳牛スペースが混雑してしまうという悪循環がよく見られます。

乾乳牛にはスタンチョンの設置が推奨されます。配合飼料給与時には一頭ずつロックして全ての牛が必要な量を採食できるよう配慮しましょう。乾乳ペンの面積が広くても飼槽に１頭当たり76cmの幅がなければ採食量が制限されてしまい過密と同じ状況となります（**写真**）。

過密が避けられない場合、混雑する時期のみ乾乳期間を通常の60日から45日くらいまで短くすることも選択肢の一つです。乾乳期間を短縮することで、一群管理になりストレス低減が期待できます。ただし、短くするほど乾乳軟こうの残留や早産の場合のリスクが高まります。乾乳期間を短縮する場合は泌乳期軟こうやシール材を使用する工夫や、双子を見逃さず早期乾乳する対応が必要です。また一群管理でルーメン容量を確保しつつ太らせないために、二群管理の乾乳後期よりもエネルギー価の低い飼料を給与する必要があります。

二群管理における苦肉の策として乾乳前期を過密にして、なるべく後期を適正密度にするという方法もあります。

夏に受胎させて乾乳を分散させる

翌年以降の乾乳期の過密を避ける方法として、夏季の受精卵移植(ET)も有効です。ETは卵子が暑熱ダメージを受けておらず、夏でも人工授精より受胎率が高いメリットがあります。最近は安価な体外受精卵が手に入りやすく、当院(㈱寺内動物病院、栃木県宇都宮市)でもOPU(経膣採卵)による体外受精卵を生産しています。

最後に本稿で述べた乾乳期の飼養管理のポイントのうち特に大事なことをまとめましたので改めて確認してください(**表3**)。

表3　乾乳牛管理で大事なこと

- 乾乳時BCS3.25〜3.5を目安に乾乳期間で変化させないこと
- 乾物摂取量(DMI)を最大にすること
- 適正な栄養管理
- 飼養環境のストレス低減
- 暑熱ストレス対策
- 乾乳後期は過密にさせない

【参考文献】

NASEM2021
日本衛生学会『DOHaD特集』
『実験医学2020年4月号』羊土社
Veterinary Clinics of North America Food Animal Practice·August 1991
『ここはハズせない乳牛栄養学〜子牛の科学〜4』デーリィ・ジャパン社
Laportaetal.,(2020)Late-gestation heat stres sim pairs daughter and granddaughter lifetime performance
Davidson et al.,(2021)Late-gestation heat stress abatement in dairy heifers promotes thermoregulation and improves productivity
Ouellet et al.,(2020)Late gestation heat stress in dairycows:Effectson dam and daughter
Dado-Senn et al.(2020)Pre- and postnatal heat stress abatement affectsdairy calf thermoregula tion and performance

第Ⅰ章 乾乳牛管理と分娩対応の重要性

❷子牛が元気に活躍できる スムーズな分娩のためのチェックポイント

石井　三都夫

本書が取り扱う「哺育・育成牛の管理」は、農場経営においても、日本の畜産の未来を考える上でも、最も重要なポイントといえます。筆者は大学教育に携わりながら、多くの農場の分娩管理状況を調査して回り、分娩の管理が上手な農場は、経営状態が良好との情報を得ることができました。また大学で分娩管理技術の研究を手掛けた当初から長年にわたり、乳牛の死産率は８％前後で推移していました。ところが、直近の乳検情報によると、全道平均の死産率は4.4％となっています。北海道に比較して平均飼養頭数の少ない都府県では、さらに低くなっていると考えられます。分娩管理技術を普及啓発する立場の筆者からすると、大変うれしい状況です。しかしこの数字の裏側には、酪農情勢が厳しい中、やむなく離農した農場の死産率は高かったのではないかという背景も考えられ、一方で経営を続ける酪農家の皆さんの努力がこの数字に反映されているとも捉えています。

本稿では、生まれてくる子牛が元気に活躍できることに重きを置いて「スムーズな分娩のためのチェックポイント」について子牛サイドから見た重要性を考慮した優先事項について整理したいと思います。

子牛死廃事故の３／４は分娩絡み

子牛の死廃事故の病名別割合によると、その３／４は分娩絡みの事故で死亡しています。子牛の死廃事故対策で真っ先にやらなければいけないのが分娩管理です。一方で、生まれた子牛の病気の多くが下痢や呼吸器病ですが、これらの病気も分娩前後の管理による免疫不全が原因となっていることが考えられます。

平均死産率が５％を下回った今、さらにその死産率を下げるために何ができるでしょうか？ もちろんその答えは各農場により異なり、自身の農場の現在の分娩に向き合うスタイルによって、優先順位をつけ実践していくことが求められます。

原因を知り死産を防ぐ

死産には必ず原因があります。由来別に分類して整理します。

【環境由来】

環境由来の要因として、以下の三つが考えられます。

物理的要因：頸をつながれて寝起きしづらい、段差がある、寝起きの際に滑る、牛床が硬いなど、分娩房の構造上の問題です。分娩は寝起きを繰り返しながら進行します。寝起きや寝返りにより、軽度の胎子失位や子宮捻転は治る可能性もあります。寝心地が良く寝起きしやすい分娩房は、牛の分娩において必須条件となります。

精神的要因：単独になれない、周囲が騒がしい、人が見ているなどの落ち着けない環境では、分娩がスムーズに進行しません。分娩に集中できる環境を提供してあげることも重要です。

衛生的要因：新生子牛の病気や死廃事故を考えるときの重要な要因として、環境における汚染があります。牛床の汚染により、寝心地が悪い、寝起きがしづらい分娩房では、分娩の発見も難しく、スムーズな分娩が妨げられるリスクが生じます。

最優先に考えなければいけないのが、出生直後の子牛は免疫的に無防備であるということ。子牛は元気に立ち上がり初乳を飲むことで初めて免疫を獲得できます。それまでの時間、子牛には限りなくきれいな環境を提供しなければなりません。子牛にとっての分娩房は、その牛の一生を通して最もきれいな環境であるべきです。分娩により免疫力が低下した母牛にとっても、きれいな環境は最重要ポイントです。

これらのリスクが排除された理想的な分娩房では分娩の進行がスムーズであり、早いタイミングでの自然分娩が期待できます（**写真１**）。一方で、分娩房に何らかの問題があれば、難産が発生するリスクが高まります。不適切な分娩房でお産させる場合には、さらに注意深い監視が求められ、適正なタイミングでの触診検査や介助が必要となるでしょう。

【監視の不備由来】

子牛の死廃事故を招いた病名の中で最も多いのは胎子死とされています。胎子死は原因不明で出生子牛が死んでいた場合に付けられ、おなかの中の胎子期に死んでいたものも含まれます。監視の不備で生まれてしまっていて、発見時すでに死亡していたケースも多く含まれます。子牛の大きさは正常あるいは大きいことも多く、おなかの中では明らかに元気に育っていた子牛が出生時のトラブル（発見の遅れ）で死亡したケースが多いと考えられます。特に分娩房に問題のある農場では、監視不備による事故は多発するので、監視の強化、そして分娩房の改善を優先してください。

【介助・助産時の難産が由来】

難産の原因も多岐にわたりますが、分娩管理上の不備によるものも多いと考えられます。難産の原因は以下が考えられます。

胎子失位：正常頭位（両前肢の上に頭を載せている）以外のあらゆる失位が難産につながります。正常尾位（逆子）は正常位とされていますが、自然分娩に任せていると死産の危険が高まるので胎子娩出の際には介助が必要となります。従って逆子も難産の原因の一つとして考えられます。

胎子過大：近年増えている受精卵移植（ET）では、和牛であっても大きくなる種雄牛が増え、ホルスタインの難産の原因の一つになっています。初産牛では大きくなる和牛の精液授精やETは避けるべきでしょう。

産道狭小：特に初産牛で多く見られますが、母牛の体格が小さい場合、難産により死産率が高まります。これを回避するには、授精時の体格に注意し、体高が125cm未満の牛には授精するべきではありません。筆者は130cmに達してから授精することを推奨しています。初産分娩時の体高が140cmを超える牛群の死産率や繁殖成績は140cm未満と比べ良好であることが分かっています（**表1**）。

早過ぎる助産：胎子過大、産道狭小と感じる分娩の多くで早過ぎるタイミングでの助産が考えられます。特に初産牛において、分娩が始まってすぐの時点では、ほとんどの産道は狭く、胎子は大きいと感じるものです。すなわち早過ぎるタイミングでの助産はかえって難産をつくってしまいます。陰門から肢が見えるようになった時点から、母牛の陣痛における踏ん張り（努責）が産道の内側から外に向かって広げるように力が加わり、結果として産道や陰門周囲の組織を柔らかく緩ませて（弛緩して）くれます。産道周囲が十分に弛緩するには、陰門に肢が現れてから（足胞が見えてから）初産で2時間、経産でも1時間が必要でしょう（次〻**写真2**）。

写真1　理想的な分娩房（独房）の一例
広さの調節が可能で、扉の開閉のみで分娩開始時に隣の群からすぐに移動できる。周囲はパイプ構造で、どの方向からも子牛をけん引できる

新生子牛アプガースコアで元気かどうか判断

死亡事故を防ぎ子牛が生きて産まれればよいのでしょうか？ そんなことはありません。分娩の成功はその後の子牛の成長具合で判断

表1　初産牛の体格と乳量・繁殖成績の関係

初産牛の体格	平均体重(kg)	平均BCS	乳量(kg／日)	死産発生率(%)
140cm以上	621	3.23	25.8	6
140cm未満	607	3.24	23.7	15.8

初産牛の体格	初回授精日数	空胎日数	分娩間隔(月)
140cm以上	83.6	155.2	14.3
140cm未満	92.5	184.5	15.3

※初産牛の体格が140cm超の牛群は140cm未満の牛群と比べ、乳量、繁殖成績、死産率が良好だった。BCS：ボディーコンディションスコア
（十勝農協連分娩事故対策プロジェクト2018）

するものです。子牛が病気をせず健康に育ち、すくすくと成長すれば良い分娩といえます。一方、分娩で失敗した場合は、子牛の免疫力は低下し発病率も死亡率も高く、成長不良の原因となります。

Apgar（アプガー）採点法は人の新生児科で新生児の健康を評価するために用いられています。人では、赤ちゃんの皮膚の色や鳴き声などを参考にします。筆者らはこのアプガー採点法を参考にした新生子牛アプガースコアを使用しています（**表2**）。

牛の場合、❶心拍❷呼吸❸口腔粘膜の色❹筋緊張（姿勢）❺反射（趾間〈しかん〉刺激に対する反射）一の５項目を０～２点で評価し、その合計（10点満点）がアプガースコアとなります。

アプガースコアは出生後１分、５分で評価しますが、出生直後にぐったりして蘇生が必要な子牛は、１分を待たずに蘇生処置を開始しなければなりません。人では出生５分後のアプガースコアが７ポイント以上なければ改善するまで蘇生処置を続け、５分ごとにスコアを付けるとされています。しかしながら牛を診る獣医師はほとんどが往診先で分娩に立ち会っているため、継続的に分娩後の母子牛を見守り続けることはできません。従って筆者らは、牛において蘇生を続ける判断基準を念のためにアプガースコア８ポイント以上と、人より高いレベルに設定し、運用しています。

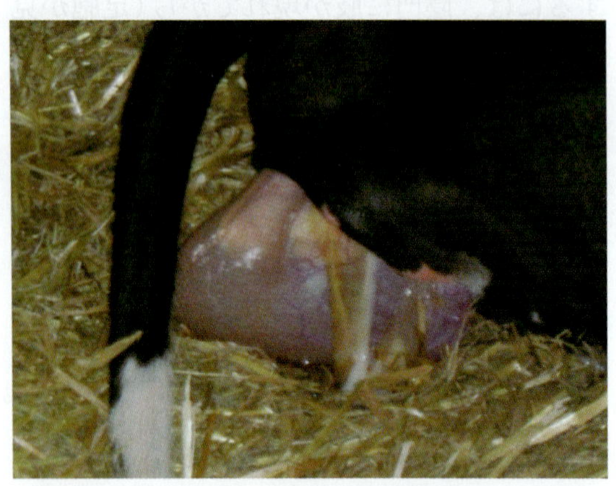

写真２　第２破水前の羊膜（足胞）の露出
羊膜内に胎子の肢が入っているのが見えるため足胞と呼ばれる

表2　新生子牛アプガースコアの採点表

評価項目	スコア 0	スコア 1	スコア 2
心拍	なし	100回／分未満	100回／分以上
呼吸	なし	不規則で浅い	規則的で深い
口腔粘膜の色	蒼白～暗紫	紫	ピンク
筋緊張	横臥（おうが）・沈うつ	伏臥・時々頭を振る	頻繁に頭を振る
趾間反射	反射なし	鈍い・緩慢	鋭い・素早い

※5項目：0～2点、合計10点満点で評価する。出生後1分、5分で評価し、8点以上になった時点で蘇生をやめ、母牛のリッキングに任せる。7点以下の場合さらに5分ごとに評価を繰り返す。アプガースコアは蘇生の判断基準ではなく、アプガーの結果を待たずに蘇生は開始しなければならない

図1　けん引スコアが新生子牛アプガースコアに及ぼす影響

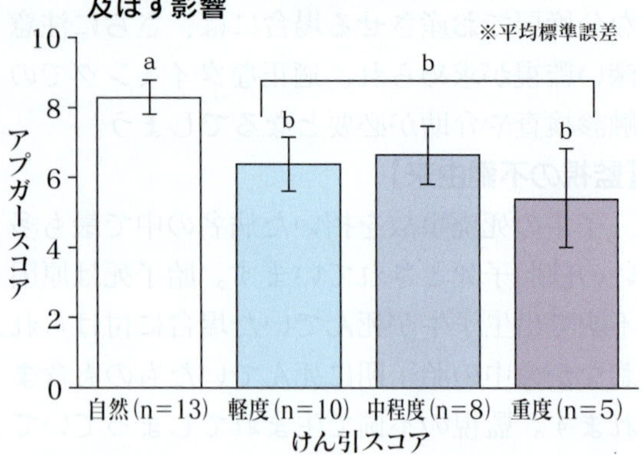

※出生３分後の子牛アプガースコアは軽度（介助）および重度けん引（難産）群で、自然分娩群と比較し有意に低下していた。けん引群全体でも自然分娩群に比較して有意に低下していた。ab間に有意差あり：$p<0.05$
（杉本ら、2011）

けん引によりアプガースコアは低下

けん引が子牛に及ぼす影響について、筆者らの調査では、出生後（１分および５分）のアプガースコアは自然分娩において最も高く、けん引することにより有意にスコアが低下しました。特に重度のけん引（難産）ではアプガースコアが最も低下しました（**図１**）。すなわちけん引されて産まれた子牛は見た目にも活力がなく、ぐったりしていることが多いのです。

強いけん引助産で産まれた子牛は貧血傾向となる

難産により、胎盤から血液を介した酸素供給が滞ることで、子牛は呼吸性のアシドーシスを引き起こします（**図２**）。その要因としては、胎盤の早期剥離（はくり）、臍帯（さいたい）のねじれや圧迫による臍帯の血行障害、あるいは臍帯の早期切断などが考えられます。この新生子牛のアシドーシスは初乳中の免疫成分の吸収不全とそれに伴うさまざまな健康障害を引き起こしま

す(図3、4)。

筆者らの調査では、重度のけん引助産で産まれた子牛の血球容積(ヘマトクリット)は自然分娩で産まれた子牛よりも低く、貧血傾向にあることが分かりました(次ページ図5)。この貧血もアシドーシスの一因です。貧血の要因としては、臍帯の早期切断と臍帯出血が挙げられますが、長時間のけん引による臍帯への持続的圧迫も考えられます。

臍帯には胎盤から胎子へ酸素を含んだ血液を運ぶ1本の臍静脈と胎子から母牛へ血液を送る2本の臍動脈が流れています。臍動脈は血管壁も厚く弾力性があるため臍帯が圧迫されても血液を送ることができますが、臍静脈壁は薄く弾力性がないので、圧迫によりつぶれやすく、血行が滞る恐れがあります。結果的に臍帯の圧迫によって胎子から血液は送られ、母体の血液は途絶えるため、胎子の貧血が進むと考えられます(次ページ図6)。

基本は自然分娩!けん引する場合は足胞から初産で2時間、経産で1時間

子牛のアプガースコアを低下させず、貧血やアシドーシスを予防するためには、けん引助産は極力控えるべきです。自然界の動物たちに助産はありません。基本は自然分娩です。けん引が必要な場合でも、産道が十分に緩むのを待ってから実施する必要があります。

産道が緩むには、初産牛は肢が見えてから(足胞から)2時間が必要です。経産牛だと1時間は待つべきでしょう。初産牛に関しては、足胞から2時間待たずにけん引助産された子牛は24時間後のIgGが低く、2時間待ってからけん引された子牛はIgGが高いことが分かっています。

経産牛は初産と異なり、足胞から1時間を経過してその後、時間がたつにつれて24時間後のIgGは低下することが分かっています(次ページ図7)。その理由としては、経産牛の分娩が延長する理由として、低カルシウム(Ca)血症や子牛が大きいなどのリスクがあることが明らかとなっています(21ページ図8)。

分娩の良しあしは子牛が決める

その分娩が良かったのか、悪かったのか—。それは産まれた子牛が決めます。子牛が元気

図2 出生5分後の新生子牛アプガースコアと血液pHとの関係

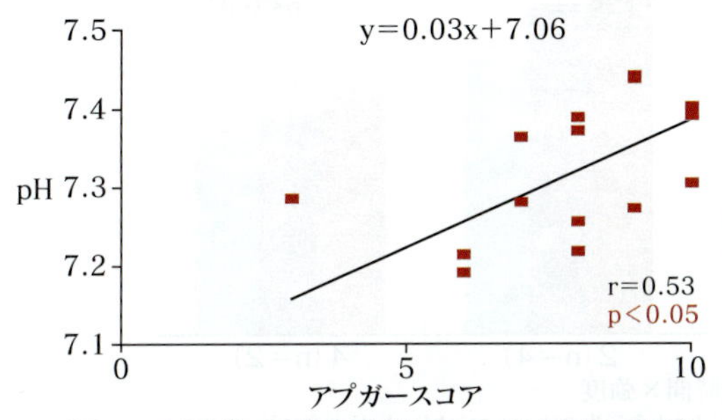

※アプガースコアと血液pHは有意に相関している。けん引されて生まれた子牛はアプガースコアが低下。すなわちその子牛はアシドーシスに陥っていると考えられる (石井、2011)

図3 出生5分後の血液pHと出生24時間後血中IgG濃度との関係

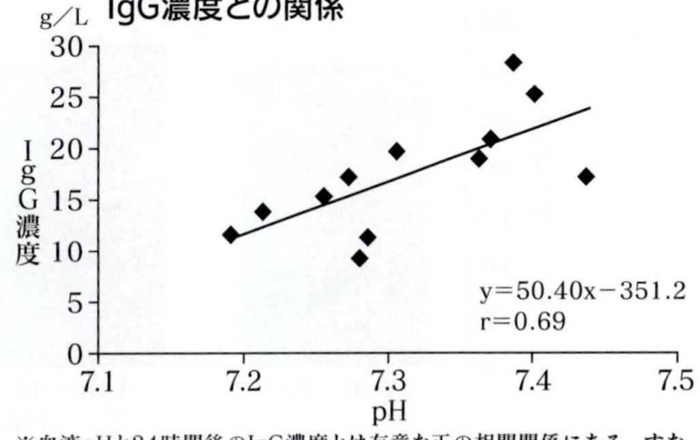

※血液pHと24時間後のIgG濃度とは有意な正の相関関係にある。すなわち、けん引されアプガースコアが低下してアシドーシスが疑われる子牛はIgG濃度が低くなる(免疫力が低下する)と考えられる (杉本ら、2011)

図4 出生直後の子牛の状態別死亡率および発病率の比較

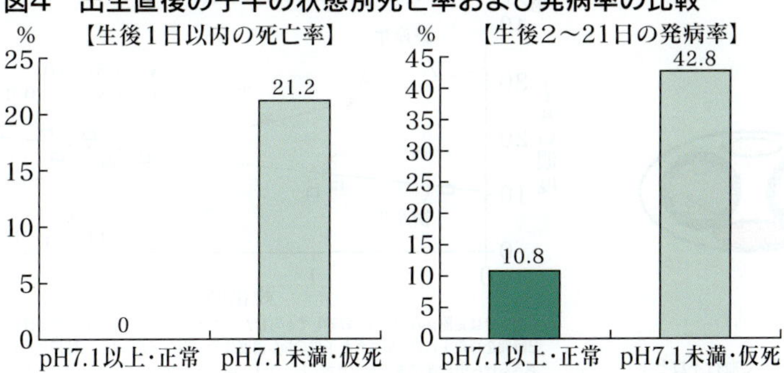

※出生直後にアシドーシス(pH<7.1、新生子仮死)だった子牛は正常な子牛に比較して死亡率・発病率が著しく高い。すなわち、出生後アシドーシスだった子牛は免疫力が低下したため、発病しやすく死亡率が高かったと考えられる (Grunert,1992)

で、初乳をしっかり飲んで元気に育てばその分娩は良かったといえるでしょう。

一方、子牛がぐったりしてアプガースコアも低く、なかなか立ち上がれない、初乳も飲めない、下痢をする、最後は死んでしまったなら、その分娩に問題があったということです。分娩がどうなるかをしっかり見守りながら、できる限り手を出さない自然分娩が基本です。自然分娩ができるよう環境を整え、母牛の体調管理をすることが求められるでしょう。

スムーズな分娩の優先事項まとめ

分娩を成功に導くために、これだけは外せない、分娩管理の優先事項（チェックポイント）は次の通りです。

【子牛・育成期の管理】

□分娩を成功させ、子牛を元気に順調に育てる

□授精時の体格目標は体高130cm、体重350kg

□初産時の体格目標は体高140cm、体重600kg

□十分な運動と日光浴で丈夫な骨を育てる

□母親代わりにやさしく接する（人は味方であることを馴致〈じゅんち〉する）

【分娩前の管理】

□育成期・前乳期を通してCaを十分に与える

□分娩前の運動と日光浴は重要

□分娩前のBCSを整える（適正範囲は3.25～3.75、目標3.5）

【分娩環境】

□牛の一生を通して一番きれいな環境を提供する

□平らで段差がなく（フリーバーン）、広く滑らない、寝起きしやすい

□敷料は乾燥しているものを十分に（寝心地が良い）

□分娩が始まったら、未使用のきれいな独房へ移動（扉一つで移動ができる）

□分娩に集中できる環境を提供する

【分娩管理】

□分娩はできる限り見守り（初期陣痛・第一破水・足胞・第二破水・陣痛間隔・分娩の進行）、異常をいち早く察知する

図5　けん引スコア別の子牛の血球容積

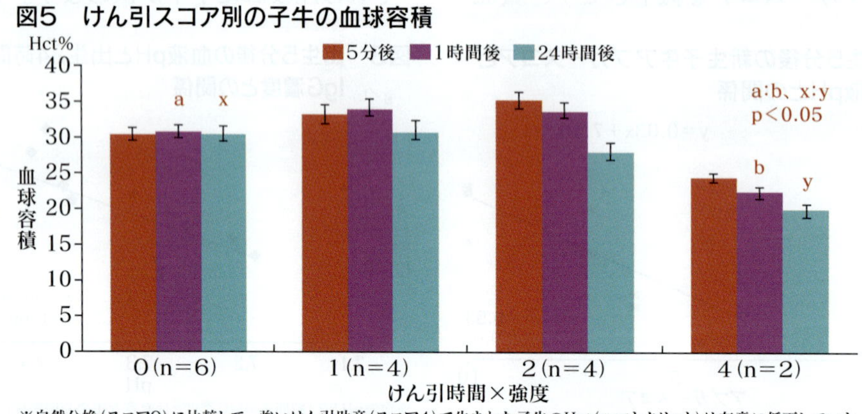

※自然分娩（スコア0）に比較して、強いけん引助産（スコア4）で生まれた子牛のHct（ヘマトクリット）は有意に低下していた

図6　臍帯の断面略図（左：平常時、右：難産などで圧迫を受けた状態）

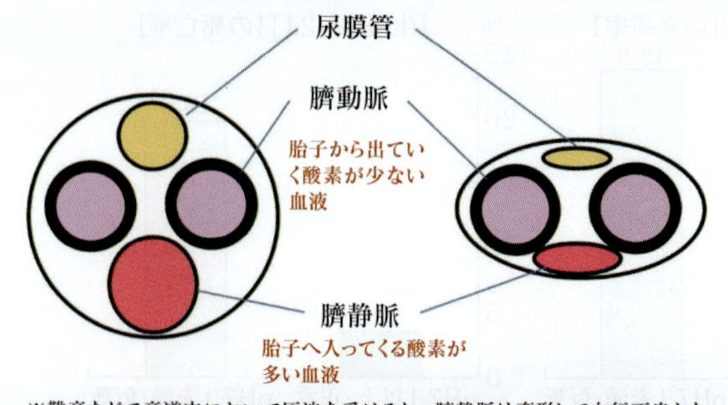

※難産などで産道内において圧迫を受けると、臍静脈は変形して血行不良となり胎盤からの血液の供給が途絶え、一方で臍動脈は弾力性があり血流が早いので血液の流出は続くために胎子が貧血やアシドーシスに陥る危険がある

図7　娩出時間（けん引分娩）と子牛の出生後24時間におけるIgG濃度との関係

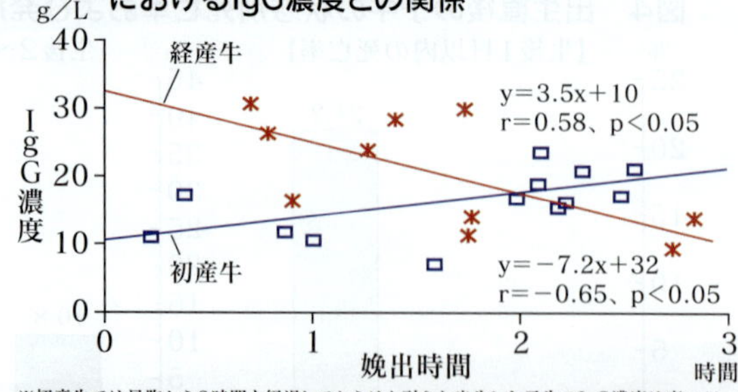

※初産牛では足胞から2時間を経過してからけん引され出生した子牛のIgG濃度は高いが、2時間を待たずにけん引された子牛のIgG濃度は低い牛が多かった。2時間以内に行う早過ぎるけん引助産は難産を引き起こし、子牛へのリスクが高いことが考えられる。一方、経産牛は1時間を超えて時間が経過するとともに、子牛の血中IgGが低い牛が多くなった。経産牛では分娩時間が1時間を超えると子牛へのリスクが大きくなることが考えられる

□異常を感じたら消毒後に触診検査
□胎子失位・子宮捻転・低Ca血症に注意
□経産牛で分娩が進まない場合にはCaの投与を先に行う
□基本は自然分娩
□介助のタイミングは肢が見えてから（足胞から）初産牛で２時間は待つ、経産牛は１時間を超えたら待ち過ぎない
□異常出血・胎便による羊水の混濁・胎膜の早期剝離（出血・後産が先に出る）は早めに介助する

【助産時の心得】

□臍（へそ）を意識した介助・助産を心掛ける
□頭を出すまでしっかりと時間をかけ、産道を緩ませる
□けん引の際、ある程度テンションをかけたら母牛の努責に任せる
□最初は真っすぐ後方に上体が出たら飛節方向（下へ）にけん引する（ヒップロックを予防）
□胎子のお尻が通過する時点でけん引終了（臍帯がつながったまま残す）
□逆子はけん引やつり下げる準備を先にしておく
□逆子も同様にしっかり待ってから
□お尻が通過したら止めないで介助
□逆子は気道の胎水を吐かせるため１分間後肢からつり下げる

【新生子牛の管理】

□子牛の様子が悪ければ直ちに蘇生
□蘇生は気道確保→呼吸管理→循環管理→蘇生薬の順
□タオル・敷料でマッサージ刺激
□アプガースコアが８以上になるまで蘇生処置を続ける
□アプガー８以上を確認できたら、母子のみにして母牛にリッキング（なめる）させて呼吸を整える
□速やかに十分に、へそを消毒（ディッピング）する
□良質な初乳（目標Brix〈糖度〉30%）をできる限り早く（目標１時間半）、たっぷり（３Ｌ以上）飲ませる

◇

これらは子牛サイドからのまとめですので、母牛への分娩後の対応については省略しますが、子宮脱・胎盤停滞・低Ca血症対策などをしっかり行い、健康で活躍できる母子となるように管理しましょう。全ての牛が元気で幸せに暮らせますように。

図8　経産牛における子牛の体重・血中Ca濃度が娩出時間に及ぼす影響

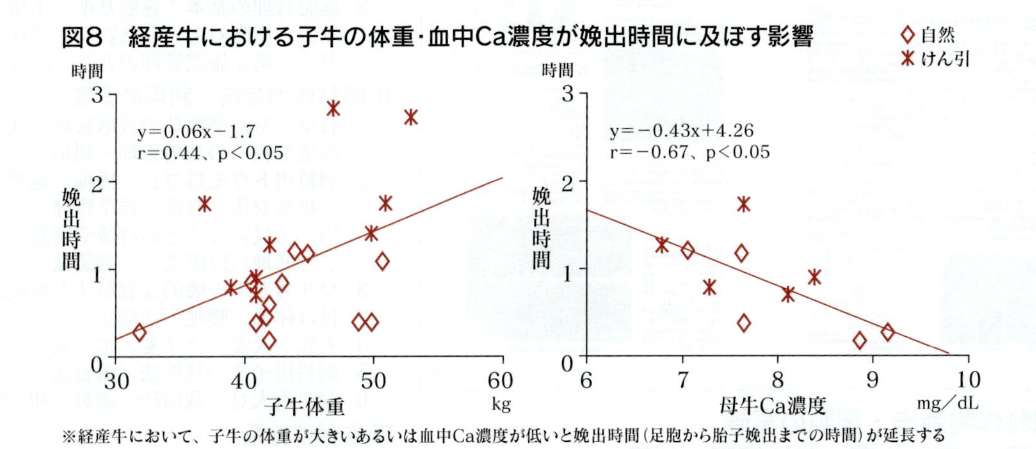

※経産牛において、子牛の体重が大きいあるいは血中Ca濃度が低いと娩出時間（足胞から胎子娩出までの時間）が延長する

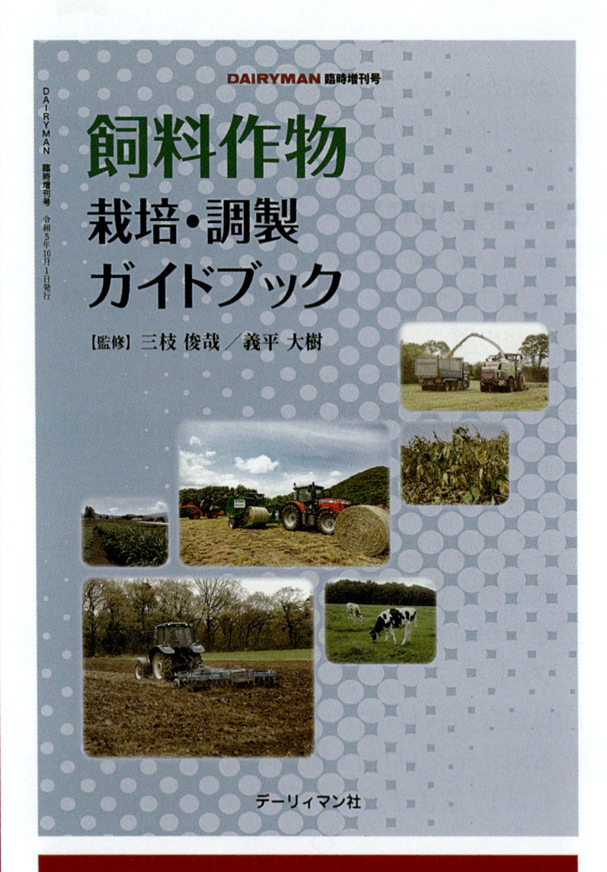

A４判　204頁　オールカラー
定価　4,819円（税込み）　送料　288円

デーリィマン 2023年秋季臨時増刊号

飼料作物
栽培・調製ガイドブック

監修 三枝 俊哉／義平 大樹

価格高止まり傾向にある飼料コストの負担軽減に向け、飼料の生産・利用拡大が求められており、国も各種施策でこれを後押ししています。牧草を含む飼料作物の増産あるいは導入を進める上で、作物としての特徴および各品種の利点・課題などを知り、気候に合った栽培管理や適切な調製を行うことが不可欠です。また近年は育種改良の進展により品種の選択肢が増え、温暖化も進んでいますが、これらへの対応も重要になってきています。

本書は飼料作物の栽培・利用および施肥管理の基礎知識から、寒地型・暖地型牧草や飼料用トウモロコシ、ソルガム、麦類、イネ、大豆といった作物の栽培・調製法のポイントに加え、気候区分ごとの作付け体系なども盛り込んでいます。

収量・栄養価の最大化を目指しながら効率的に飼料生産を進めていく際に、本書をぜひご活用ください。

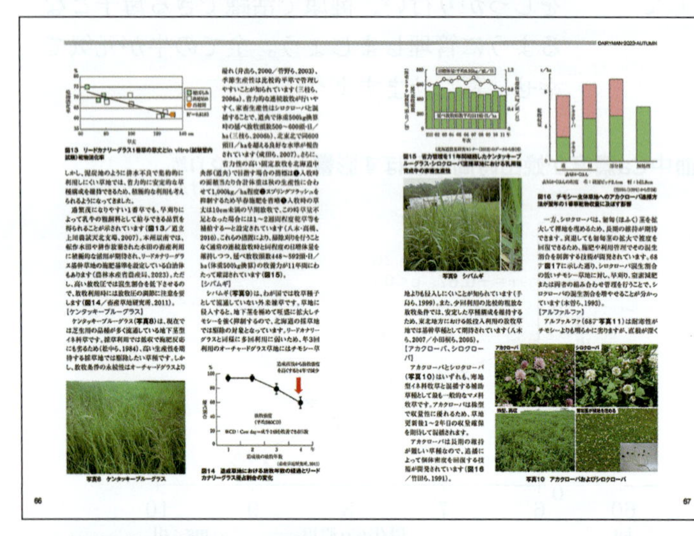

Ⅱ　飼料作物栽培・調製の実際
1　牧草　①寒地牧草の栽培管理・利用

【主な内容】

Ⅰ 飼料作物栽培・利用、施肥管理の基本
- 1　栽培・利用の基本：牧草栽培／飼料作物栽培／サイレージ・乾草調製
- 2　施肥管理の基本：施肥基準／土壌診断に基づく施肥対応／有機物施用に伴う施肥対応／適正施肥管理の普及に向けて

Ⅱ 飼料作物栽培・利用の実際
- 1　牧草：寒地型牧草の栽培管理・利用／暖地型牧草の栽培管理・利用
- 2　飼料用トウモロコシ：播種／施肥／品種／排水対策／収穫／雑草管理／不耕起栽培／気候区分ごとの特徴や留意点（1）寒地（2）暖地　／調製法
- 3　ソルガム：一般的な栽培法と温暖地の作付け体系／暖地の栽培法
- 4　麦類：大麦／ライ麦／エン麦
- 5　飼料用イネ：栽培法／調製法
- 6　飼料用大豆：栽培法／調製・利用法

Ⅲ 作付け体系
寒地／寒冷地／温暖地／暖地

第II章

哺育・育成牛舎の設計・レイアウト

❶個別哺育施設

田辺　智樹

哺育牛の個別哺育施設は主に、屋外に設置するカーフハッチと屋内に設置する個別ペンに分けられます。これらの施設は個体観察がしやすく、子牛同士の接触を防げるため、疾病発生のリスクを低減できるメリットがあります。一方、給餌（哺乳）や除糞などの管理作業に労力がかかるため、これらに対応した設計が求められます。

カーフハッチの寸法と設置間隔

カーフハッチの寸法は幅1,200mm×高さ1,200mm×奥行2,400mmで、奥に向かって屋根に勾配をつけます。ハッチの前には、長さ1,800mm×幅1,200mm×高さ1,200mmのワイヤーフェンスなどで囲まれた運動場を設置することが推奨されます。暑熱対策として、ハッチ後方に換気口を開ける場合は床面から500〜700mmの高さにし、寒冷時には密閉できるようにします(**図1**)。ハッチの奥行が推奨値（2,400mm）よりも短いと、厳寒期（特に暴風雪時）において、奥行きが少ない分、寒冷ストレスが増加することや、ハッチ内の敷料の汚染が進みやすいことから、子牛の疾病発生リスクを高めてしまう恐れがあります。

ハッチ設置の際は子牛同士の接触がないよう間隔を1,000mm以上空けましょう。地面は水勾配（傾斜）を付けて舗装するか、200mm程度の盛土の上に設置して、雨水がハッチ内へ侵入するのを防ぐ必要があります。暑熱および寒冷ストレスを低減させるため、夏季は直射日光をできるだけ遮る向きに、冬季はできるだけ日光が入る向きに配置しましょう（**図2**）。

哺乳期間中は毎日、汚れた敷料を運動場に移動し、子牛が汚れないだけの十分な敷料を追加し、ハッチ内を清潔に保ちます。夏季は暑熱対策として敷料にオガ粉や砂を使用し、冬季は麦稈をたくさん入れて保温効果を高めましょう。子牛の入れ替え時は必ず使用したハッチを高圧洗浄機などで洗浄・消毒し、直射日光の当たる場所で乾燥させます。ハッチおよび設置場所は２週間程度の期間をおいてから再利用するのが望まれます。

個別ペンの屋内設置時の留意点

個別ペンはカーフペンとも呼ばれ、推奨される寸法はカーフハッチと同様です（幅1,200mm×奥行2,400mm）。ペンとペンの間は合板などの固定壁とし、壁の高さは1,200mmとします。また、子牛同士が接触してなめ合ったりしないようにペンの前部には300mmの仕切り板を設けましょう（**図3**）。

図1　カーフハッチの構造

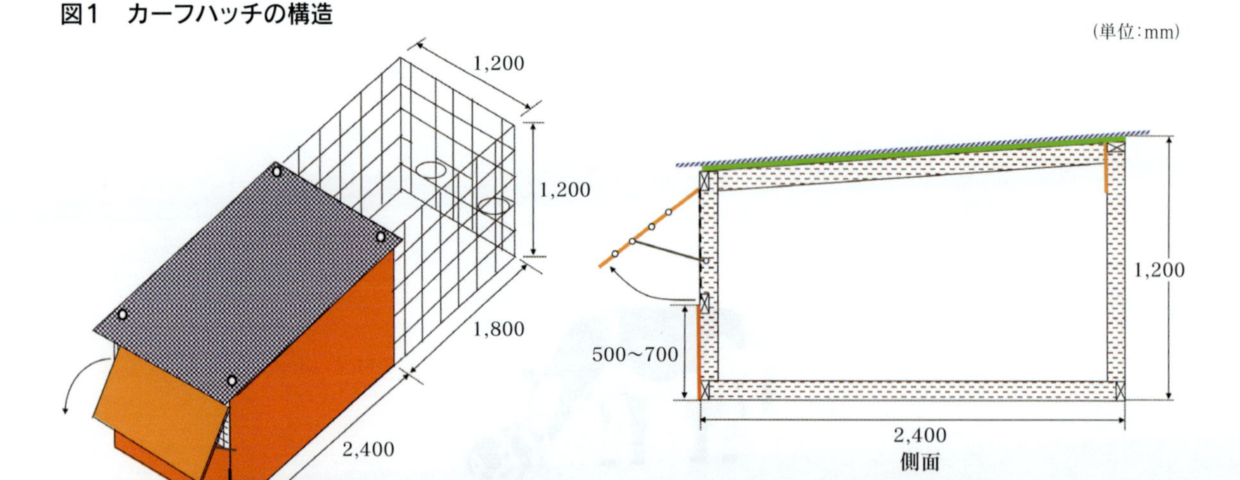

個別ペンはカーフハッチと異なり運動場がないため、毎日ペン内の汚れた敷料を排出し、新しい敷料を投入する必要があります。そのため、作業を簡易にできるようペンの後部から汚れた敷料を搬出できる構造が推奨されます。屋内への設置が前提となるため、夏季は後部を開放して風通しを良くし、冬季は後部、天井を合板などで囲んで冷気の侵入を抑えましょう（**図4**）。

屋内に設置する個別ペンは哺乳作業などの管理作業を天候に左右されずに実施できるのがメリットですが、施設内の温湿度や換気状

図2　カーフハッチの配置

（単位：mm）

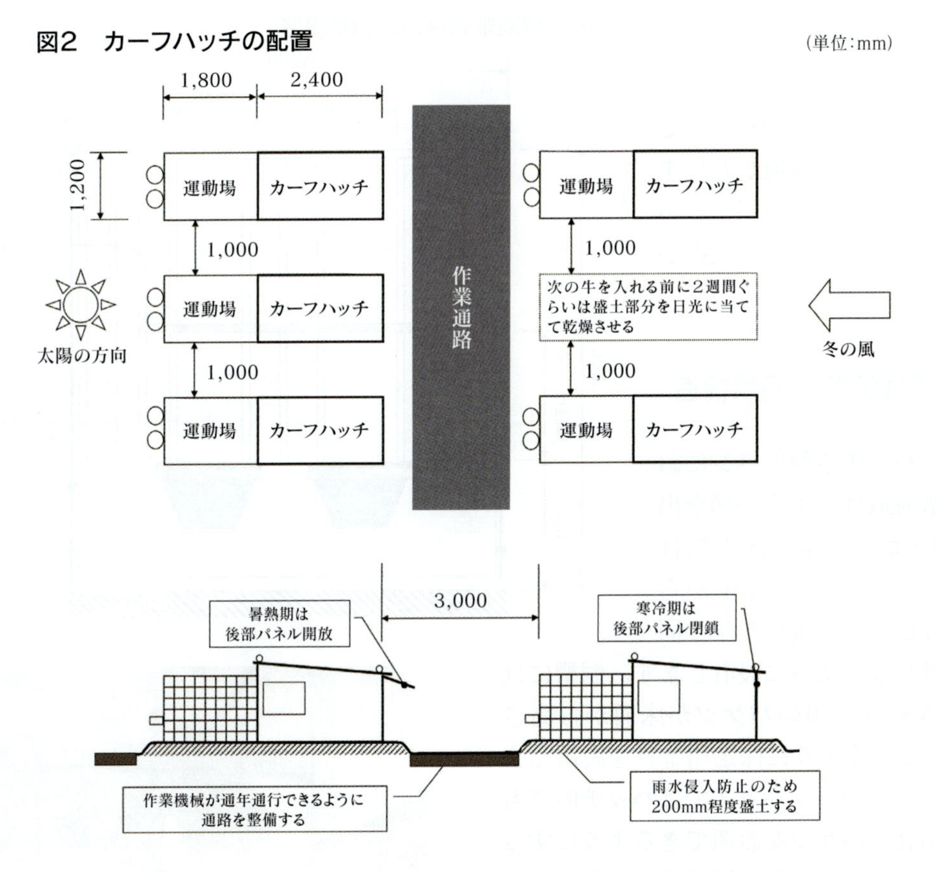

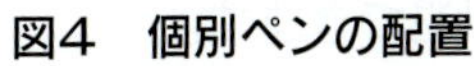

図4　個別ペンの配置

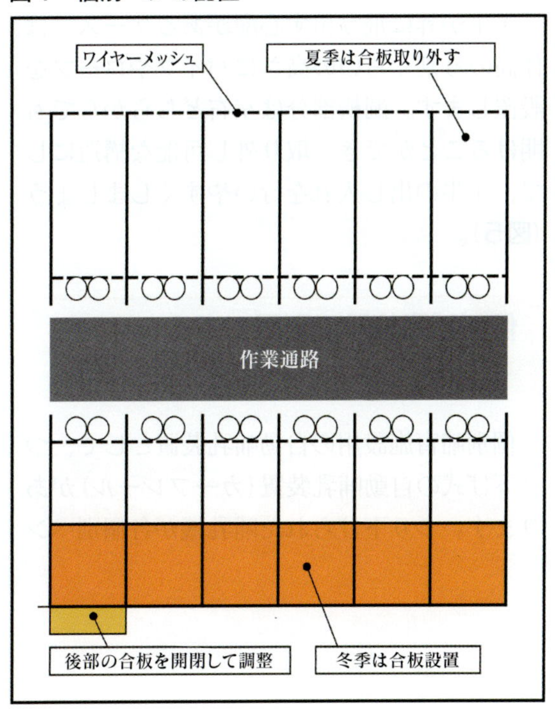

図3　個別ペンの構造

（単位：mm）

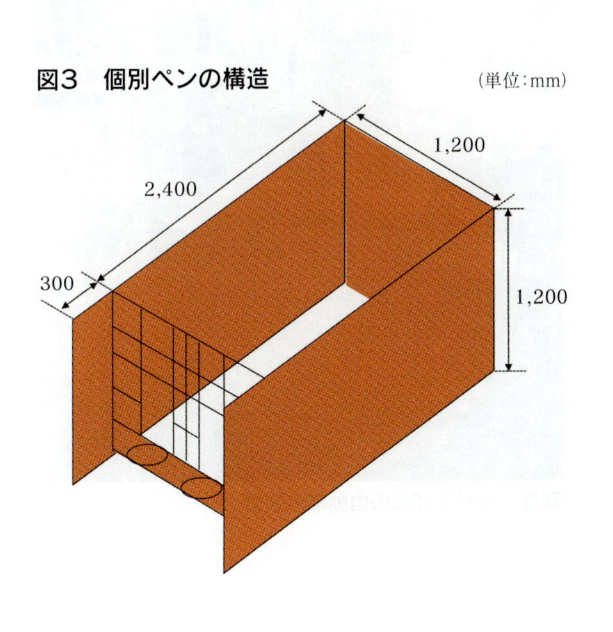

況の影響を受けやすいことに留意する必要があります。特に厳寒期に個別ペンが屋内の側壁へ面している場合は、個別ペンの天井部分を合板などで覆い、側壁の窓から侵入する冷気を抑えることが推奨されます。さらに北海道ではつり下げ型の赤外線ヒーターを設置できるように電気設備を設けることが推奨されます。マット式の床暖房は、床面の糞尿混合物からアンモニアが多く揮散して、子牛のいる空間の環境が悪化する恐れがあるので、使用する場合は小まめな除糞や敷料交換が必要です。

個別哺育施設の飼槽構造

カーフハッチや個別ペンにおける飼槽構造は、子牛が顔を出しやすいように開口部の幅は180mm、喉の高さは床から350mmとし、隣接した子牛同士が接触しないように設計します。飼槽には水とスターター用のバケツが床面から高さ350mmになるように保定用金具を設置します。加えて、カーフハッチではハッチ内でも水や代用乳のバケツを設置できるようにすると、天候や害獣の影響を回避できます。

子牛が外に飛び出す心配があるケースでは、体高の８割くらいの高さにパイプやロープを設置します。飼槽部分は左右どちらからでも開けることができ、取り外し可能な構造にして、子牛の出し入れを行いやすくしましょう（図５）。

個別哺育施設で利用できる自動哺乳装置

個別哺育施設用の自動哺乳装置として、つり下げ式の自動哺乳装置（カーフレール）があります。つり下げられた哺乳機が各個別ペンに移動し、子牛に哺乳させます（**写真**）。片側最大16頭、両側で32頭の哺乳に対応でき、１日最大８回の自動哺乳が可能です。個別管理であってもミルクの調製、哺乳作業、哺乳器具の洗浄といった作業を省力化できるメリットがあります。

図５　個別哺育施設の飼槽構造

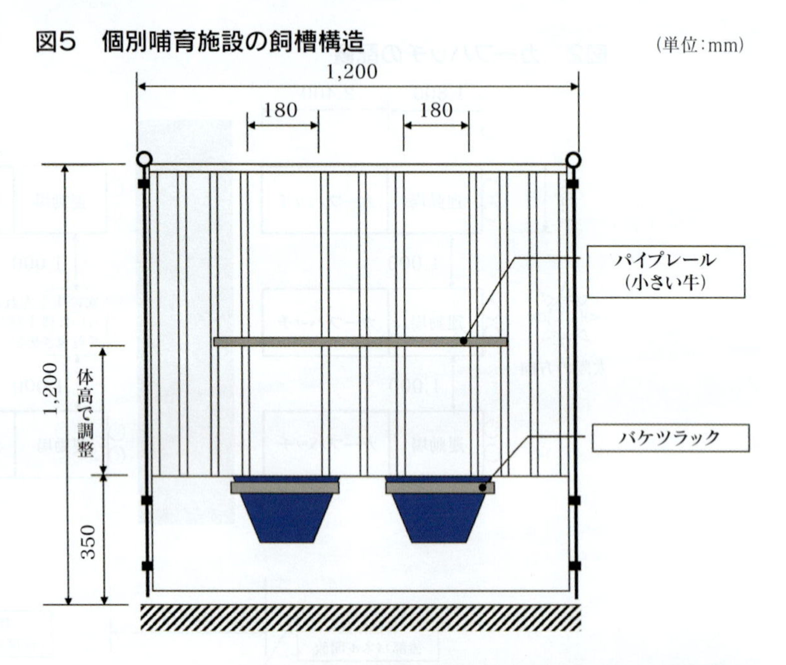

写真　つり下げ式の自動哺乳装置

第II章

哺育・育成牛舎の設計・レイアウト

❷集団哺育施設のレイアウトと換気

田辺　智樹

集団哺育施設のレイアウト

集団哺育施設は個別哺育施設と比べ、管理作業を自動哺乳装置（哺乳ロボット）などの機械によって省力的に行うことが可能ですが、個別管理と比べ子牛同士の接触機会が増加するので、疾病発生のリスクも増加することに留意して設計する必要があります。

集団哺育施設の１群の大きさは15頭程度（哺乳ロボット１台当たり最大20頭）が推奨されます。施設は、休息場所と採食場所に分け、子牛を移動させて除糞・消毒ができるように二重のゲートを配置します。ゲートは夏季の風通しが良くなるメッシュ構造にし、冬季は冷気の侵入を防げるよう合板を設置することが推奨されます（**図１**）。また、子牛の入れ替えや移動作業を簡易に行えるように休息場所の側壁側に作業通路を配置するのが望まれます。

休息場所の必要面積は１頭当たり3.0㎡（１群で45㎡）以上とします（**図２**）。分娩時期が集中し子牛の頭数が一時的に増える場合は、採食通路側に敷料を多く入れて休息場所のエリアを拡大し、

図１　集団哺育施設の矩形図　（単位：mm）

図２　集団哺育施設の平面図　（単位：mm）

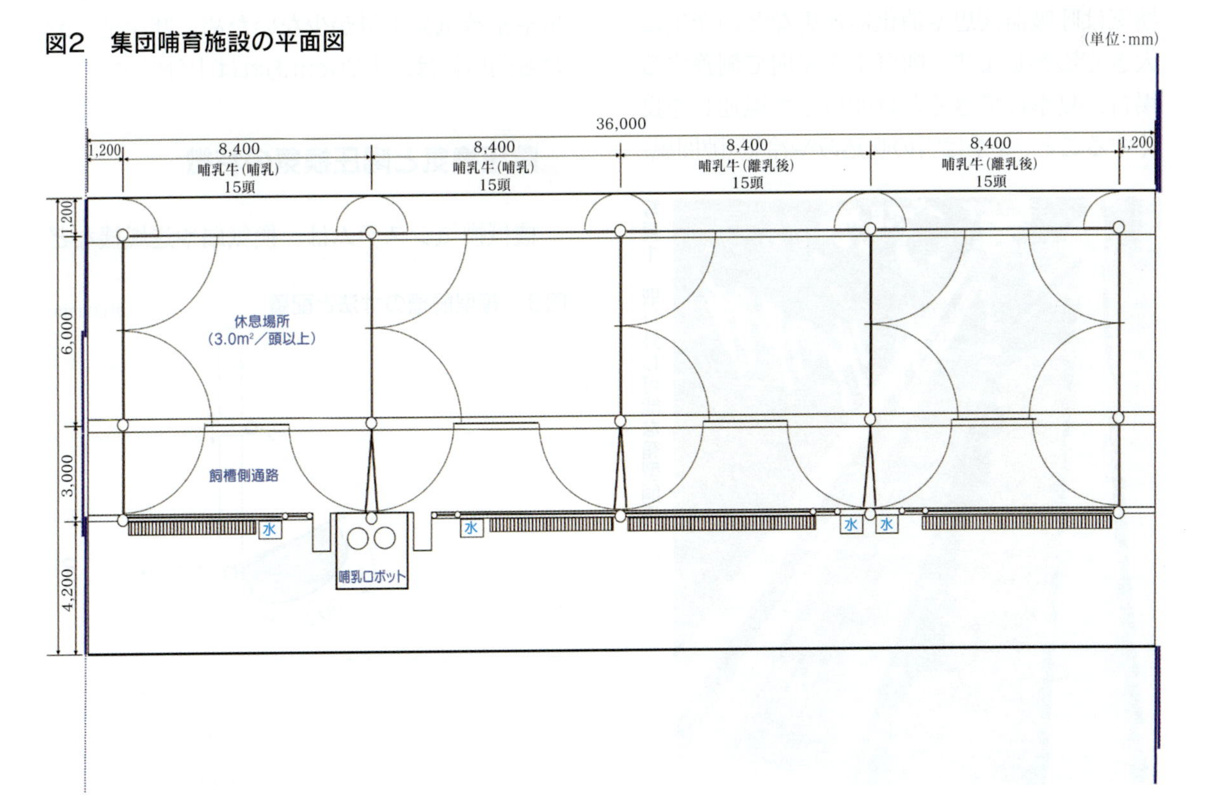

できるだけ過密にならないようにします。過密になると疾病リスクが増加することや哺乳ロボットの回転率が悪くなることが懸念されます。管理作業としては、子牛が汚れないよう糞尿の排出と敷料交換、消毒を実施します。

採食場所の通路幅は3,000mmとします（**図2**）。採食場所における飼槽部分には、取り外し可能な箱型飼槽を設置して定期的に洗浄・消毒ができるようにしましょう（**写真1**）。1頭当たり飼槽幅は300mm以上とし、人工乳（スターター）の給与時には群内の全ての子牛が並んで採食できるようにします。箱型飼槽の幅は500mm、設置高さは採食場所（牛側）床面から350mmとし、子牛が外へ飛び出すのを防ぐ飼槽柵（レール）を採食場所床面から700mmの高さに設置しましょう。給水器は凍結防止機能付きで、洗浄しやすいものを選択し設置する高さは飼槽壁と同様に350mmとします。飼槽壁の幅は150mm以下、高さは採食場所床面から350mmにします（**図3**）。

哺育牛舎における換気の目的

哺育牛舎における換気の目的は、子牛にとって快適な温湿度環境にし、病原菌の増殖を最小限にすることです。特に哺育牛にとって換気は呼吸器疾患や消化器疾患などの発生に大きく影響します。哺育牛を屋内で飼養する場合、夏季はできるだけ開放して風通しを良くすること、冬季は雪の吹込みや冷気（隙間風）の侵入を抑えながら、牛舎内の病原菌の発生を増加させない換気量を維持することが求められます。牛舎内に温湿度計や二酸化炭素ロガーなどを設置して、牛舎内環境を逐一把握できるようにするとよいでしょう。

写真1　取り外し可能な箱型飼槽

外気の風力と牛舎内外温度差を利用する「自然換気システム」

自然換気システムは外気の風力と牛舎内外温度差を利用して換気する方法です。夏季は換気量を最大化できるよう牛舎の側壁開口部は２段の巻き下げ式カーテンを設置し、一方の側壁開口部から外気を取り入れて、もう一方の側壁開口部から牛舎内の空気を排出するといった構造にします。牛舎の妻面開口部（給餌・除糞機械の出入口）のドアは完全に開放できる仕様にすることが推奨されます。さらに、屋根を断熱することで屋根の放射熱による牛舎内の温度上昇を抑制できます。

冬季は側壁上部の棟開口部と切妻屋根最上部の棟開口部を常時開放し、棟開口部から外気を取り入れ、牛舎内の空気と混合し、棟開口部から常時排出できる構造にします。開口幅は成牛舎と同様に間口３ｍ当たり５cm程度としますが、哺育牛は成牛と比較して熱発生量や水蒸気発生量が少ないため、寒冷地における開口幅は最大20cmあれば十分です。

陰圧換気と陽圧換気の特徴

機械換気システムは、換気扇や送風機など

図3　箱型飼槽の寸法と配置

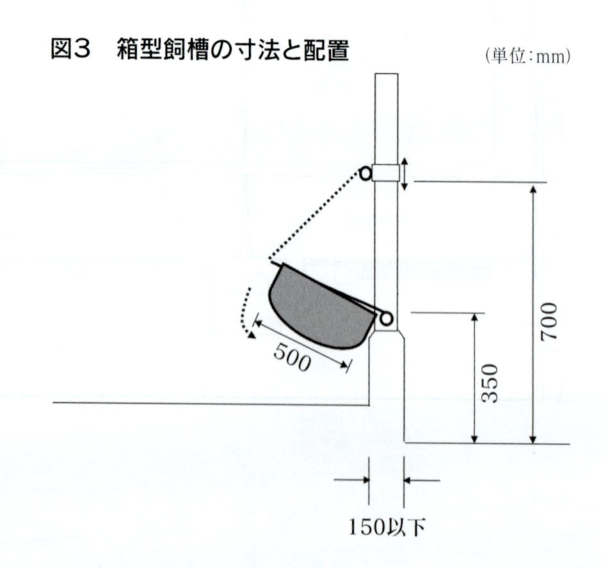

の機械換気設備を用いた換気方法です。機械換気システムを導入する場合の牛舎構造は、牛舎容積が大きいほど換気設備の必要能力が大きくなるため、天井の高さを低くするなど、牛舎容積をできるだけ小さくすることが望まれます。また、牛舎の気密性を高める必要があり、窓や側壁のドアなどからすき間風が入らない構造にしましょう。

【陰圧換気（トンネル換気）】

陰圧換気は、牛舎の妻面に換気扇を設置し、牛舎内の空気を排出することで牛舎内を陰圧にし、もう一方の妻面から新鮮な空気を取り入れて換気する仕組みで、トンネル換気とも呼ばれます（**写真2**）。外気を取り入れる給気口は換気扇の能力を低下させないため換気扇の合計面積以上を確保する必要があります。

【陽圧換気】

陽圧換気は牛舎に設置した換気扇と牛舎内に筒状のシートダクトを設置することによって外気を牛舎内に取り入れて換気する仕組みです（**写真3**、**図4**）。陰圧換気のように排気側の換気扇の設置は必須ではありませんが、設置することで効率的な換気ができることや、陽圧換気の設計がしやすくなるメリットがあります。大型の哺育牛舎において、冬季の自然換気では牛舎内の温度低下が大きく、陰圧換気では換気量の調整が難しいため、換気ムラが生じてしまう問題があります。陽圧換気の場合、シートダクトを通して外気を牛舎内に入れると、子牛を冷気に当てず牛舎内全体をムラなく換気することができます。

これまで、陽圧換気は海外における規格や設計が基本となっており、国内における設置方法や効果については明らかになっていませんでしたが、道総研の酪農試験場および北方建築総合研究所の共同研究によって、国内における陽圧換気の設計指針を提示するとともに陽圧換気の設計および設置方法を検討できる「哺育牛舎陽圧ダクト換気設計シート」を開発しました。このシートでは牛舎情報（寸法や飼養頭数など）や換気設計（必要換気量など）に応じて、シートダクトの設計および設置方法を検討できます。必要な場合は酪農試験場（konsen-agri@hro.or.jp）までご連絡ください。

写真2　陰圧（トンネル）換気牛舎

写真3　陽圧換気牛舎

図4　哺育牛舎の陽圧換気

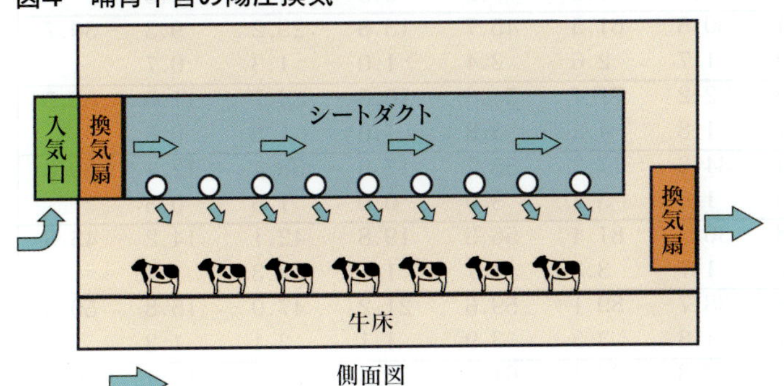

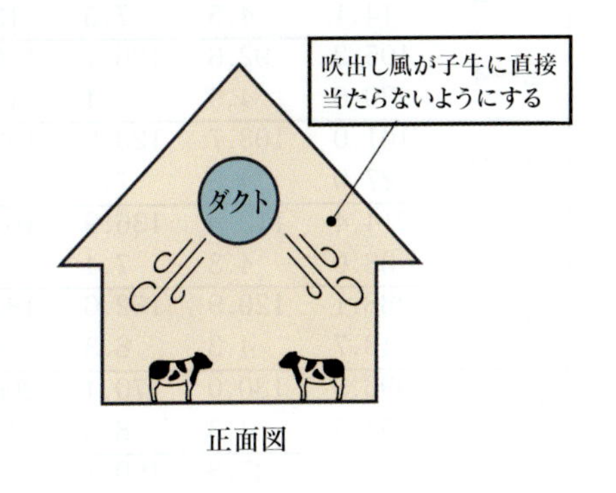

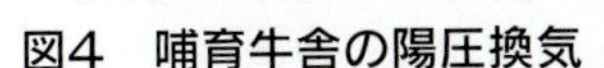

❸育成牛舎

高橋　圭二

施設設計の考え方

酪農経営の後継牛である育成牛は、将来の経営を左右する重要な存在であり、健康ですぐに乳生産に貢献できるように育てる必要があります。

離乳後から妊娠期までを育成牛とすると、育成牛頭数は経営規模によって**表１**に示した数が設計値となります。群分けする月齢範囲は乳牛の体格によって大きな差が生じないようにグループ分けすることが大切です。

経営目標を達成するための育成牛舎設計のポイントは、❶取り扱いや管理を容易にする❷確実に妊娠させる❸育成牛の観察を容易にする❹給餌、牛床管理、除糞が容易にできる―の４点です。身体をぬらさない、隙間風が当たったり吹きさらし状態にしないことも重要です。

月齢ごとの牛舎は、６～８カ月齢までは牛房式、９カ月月齢以降はフリーストール(FS)方式とします。成牛飼養頭数が少ないときには、全育成牛を牛房式にすることもできます。

月齢ごとの育成牛舎の構造やレイアウトを決定するための体格や各部寸法を**表２**に示しました。施設設計に必要な牛床各部諸元を**表３**に示しました。

月齢ごとの設計ポイントや共通項目は次のようになります。

３～５カ月齢は離乳後の群管理への馴致(じゅんち)を進めるための移行期とされ、できるだけ体格差のない子牛を４～６頭で群飼いし、プラスチック製の飼槽を高さ40cmで設置します。

６～８カ月と９～12カ月齢は成長も早く体格差も大きくなるので、できるだけ体格差

表１　飼養頭数規模と生育ステージ別育成牛頭数

育成牛の頭数	50	75	100	250	400	主な飼育施設
０～２カ月	4	6	8	20	32	カーフハッチ、哺育牛舎
３～５カ月	6	9	12	30	48	移行期の群飼い施設、牛房式
６～８カ月	6	9	12	30	48	育成牛舎(牛房式、FS)
９～12カ月	8	14	18	45	72	育成牛舎(牛房式、FS)
13～15カ月	6	9	12	30	48	育成牛舎(牛房式、FS)
16～24カ月	19	29	38	95	152	育成牛舎(牛房式、FS)

FS：フリーストール

(「MWPS-７」に一部追加)

表２　哺乳牛・育成牛の牛体寸法測定結果

(数値の上段は平均値、下段は標準偏差〈±〉)

月齢	体重(kg)	体高(cm)	胸囲(cm)	腹囲(cm)	膝高(cm)	肩高(cm)	胸骨高(cm)	顔幅(cm)	顔長(cm)	首幅(cm)	腹幅(cm)
0～2	54.4	80.8	85.3	92.8	30.2	59.9	45.6	13.8	27.3	8.7	21.2
	14.1	4.5	7.5	13.3	1.6	1.6	3.3	0.8	1.0	0.8	
2～4	105.2	92.6	106.4	130.4	30.5	61.5	45.7	13.8	29.2	9.3	30.7
	20.6	4.9	7.4	11.9	1.7	2.6	2.4	1.0	1.3	0.7	
4～6	161.0	103.7	123.2	153.5	32.2	71.4	54.6	16.5	34.7	11.0	33.5
	27.0	4.5	7.3	10.7	1.8	4.2	3.8	1.0	1.8	0.8	
6～9	214.4	112.9	136.9	168.4	34.6	77.3	55.7	17.9	38.4	12.4	39.6
	33.0	4.3	7.4	9.9	1.6	3.4	3.0	0.9	1.6	0.8	
9～12	288.1	120.9	152.6	185.8	36.3	81.4	56.3	19.8	42.1	14.2	45.5
	43.7	4.3	8.3	9.7	1.7	3.3	4.7	1.1	2.3	1.4	
12～18	396.3	130.0	170.4	206.8	38.7	89.1	59.6	21.2	47.0	15.8	50.6
	54.5	4.3	8.3	12.1	1.8	3.3	3.9	1.1	2.1	1.3	
18～24	543.4	137.8	190.4	235.1	39.8	93.4	61.0	22.3	50.6	17.4	56.5
	63.4	3.5	7.7	13.6	1.4	2.6	3.2	1.2	1.9	1.1	

表３　育成牛のFS寸法、牛房必要面積、飼槽幅

月齢	3～5	6～9	9～12	13～15	16～19	20～24
牛床幅(cm)	—	75	90	105	105	120
横臥(おうが)長(cm)	—	135	145	155	165	170
牛床長(cm)	—	180	185	190	200	210
飼槽幅(cm／頭)	45	55	65	72	75	81
牛房面積(㎡／頭)	2.3	2.5	2.5	2.9	3.6	3.6

注：牛床幅：腰角幅×2、横臥長：体高×1.2、牛床長：体高×2、飼槽幅：腰角幅×1.6として求めた。牛房面積は「MWPS-7(2013)」を基に算出した

の少ない群で管理するようにします。

13～15カ月齢は初回の人工授精期となります。育成牛頭数が多い場合には発情の有無や受胎したかどうかでさらに群を分けることができます。人工授精時に捕獲できるように飼槽にはセルフロックスタンチョンを設置します。

16～24カ月齢は受胎後、安定した発育を心掛ける時期でボディーコンディションにも注意を払う必要があり、牛体観察が容易な構造とします。

FSは除糞がしやすいように大きい牛の牛床長で牛舎幅をそろえ、各月齢の牛床長（横臥長）はブリスケット資材で調整します。牛床は適切な構造で正しく横臥できるようにマットレスやEVA（熱可塑性合成樹脂）などで快適に仕上げ、敷料を利用します。隔柵はU字型やワイドループの簡易な形状でも子牛は身軽なので対応可能です。

飼槽面高さは牛側から20～30cmと成牛の飼槽よりも高くして食べやすくします。飼槽部分は13～15カ月齢はセルフロックスタンチョンとし、その他はネックレール方式で採食姿勢が適切になるように高さは各月齢に合わせ前方に15～20cm出します。飼槽壁は子牛の膝の高さ以上の45cmとして設置して、食い負けが発生しないよう飼槽は全頭並べる幅にします。

通路目地は溝幅10～12mmで、間隔40～75mmの縦溝とします。体格が小さい育成牛が、ゲートや柵、柵と施設の隙間に頸を挟まないような寸法にするとともに、ゲートや柵の隙間に上部や下部から頸や肢が入らないような形状とします。工事後、仕上がり具合を見て、頸が入るような隙間がある場合には自身で、この危険な隙間をふさぐ必要があります。

月齢ごとの施設・寸法

【3～5カ月齢（移行期）】

離乳後の３～５カ月齢の子牛は、個別飼養から群飼いにならすため４～６頭でできるだけ月齢差１カ月以内の小さな群で管理します。管理の基本は子牛をぬらさない、隙間風や強風にさらし続けない、新鮮な空気環境と乾燥した状態に保つことです。

施設はスーパーハッチや牛房方式の移行期牛舎が利用できます。この時期の子牛にFSは適しません。スーパーハッチの休息スペースは１頭当たり2.7㎡確保し敷料をたっぷり入れ、天候に応じて子牛が最も快適な場所を見つけて休息できるようにします。幅4.5m

図１　スーパーハッチ外観図

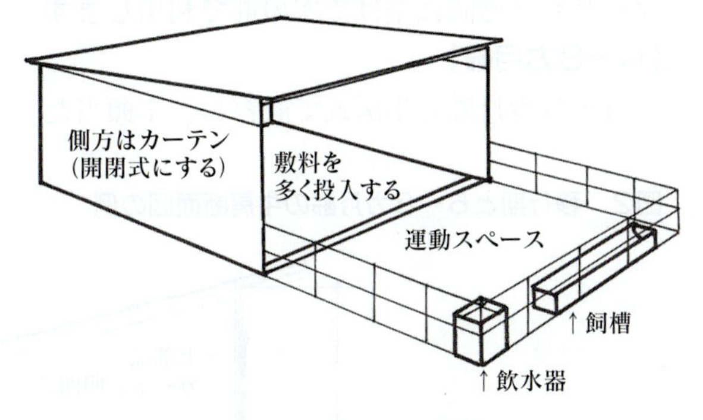

写真１　木製スーパーハッチを広めの運動場に設置した事例

写真2　1群6頭の移行期用牛舎の事例

×奥行き3.6mの大きさで前面は金網や柵で囲い、雨で泥濘(でいねい)化しないようにした運動スペースを設置(前ページ図1、写真1)。側面は固定壁または開閉カーテンとします。常に水が飲めるように飲水器を設置します。

移行期用牛舎は1群6頭で、間口7.2m、幅3mの牛房を基本とし(写真2)、必要な房数を設置した構造になります。成牛50頭当たり移行牛1群(6頭)なので成牛250頭で5房必要になります。寒冷対策として、隙間風・放射冷却防止のための覆いと壁でつくった避難スペースを設置(図2)。覆いはコンパネやアルミ蒸着シートなどを利用します。

施設はオールイン・オールアウトで利用します。一つの群の利用が終了したら消毒後少なくとも2週間は空けて次の群で利用します。

【6～8カ月齢】

6～8カ月齢も牛房式で収容し、1頭当たり2.5㎡で1房当たり10～12頭までとします。飼養頭数に応じ牛房数を増やします。寒冷対策は隙間風と放射冷却の防止となります。この対策として横臥エリアに移行期の牛房と同じ避難スペースをつくります(図2)。

【9～12カ月齢】

牛房式の場合は1頭当たり2.5㎡とします。FS式とする場合は、牛床幅90㎝、牛床長185cm、横臥長145cmとしてブリスケット資材を設置します(図3)。飼槽部分のネックレール高さは105～115cmです。

【13～15カ月齢】

初回の発情を見つけ人工授精をするための群です。人工授精のために捕獲できるように飼槽部分にはセルフロックスタンチョン施設を設置します。発情が来た牛や人工授精をした牛が区別できるようにしておきます。

牛房式にする場合は、1頭当たり2.9㎡とします。FS牛床とする場合は、牛床幅105cm、牛床長190cm、横臥長155cmでブリスケット資材を設置します。飼槽はセルフロックスタンチョンで全頭並べるだけの幅と数が必要で、前方に傾斜させます。

【16カ月齢～分娩】

頭数が多くなり体格差も大きくなるので、20カ月前後で2群に分けると管理がしやすくなります。

牛房式とする場合は、1頭当たり3.6㎡とします。FS牛床とする場合は、16～19カ月

図2　移行期と6～8カ月齢の牛房断面図の例

(単位：mm、冬季の覆い設置時)

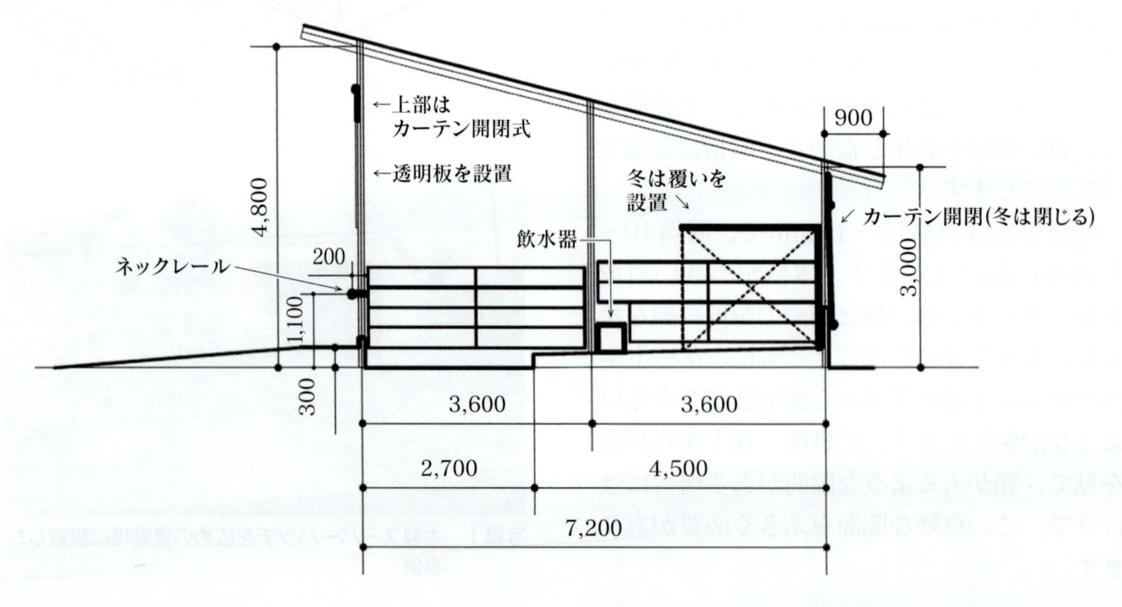

図３　９～12カ月齢のFS牛舎平面と断面図

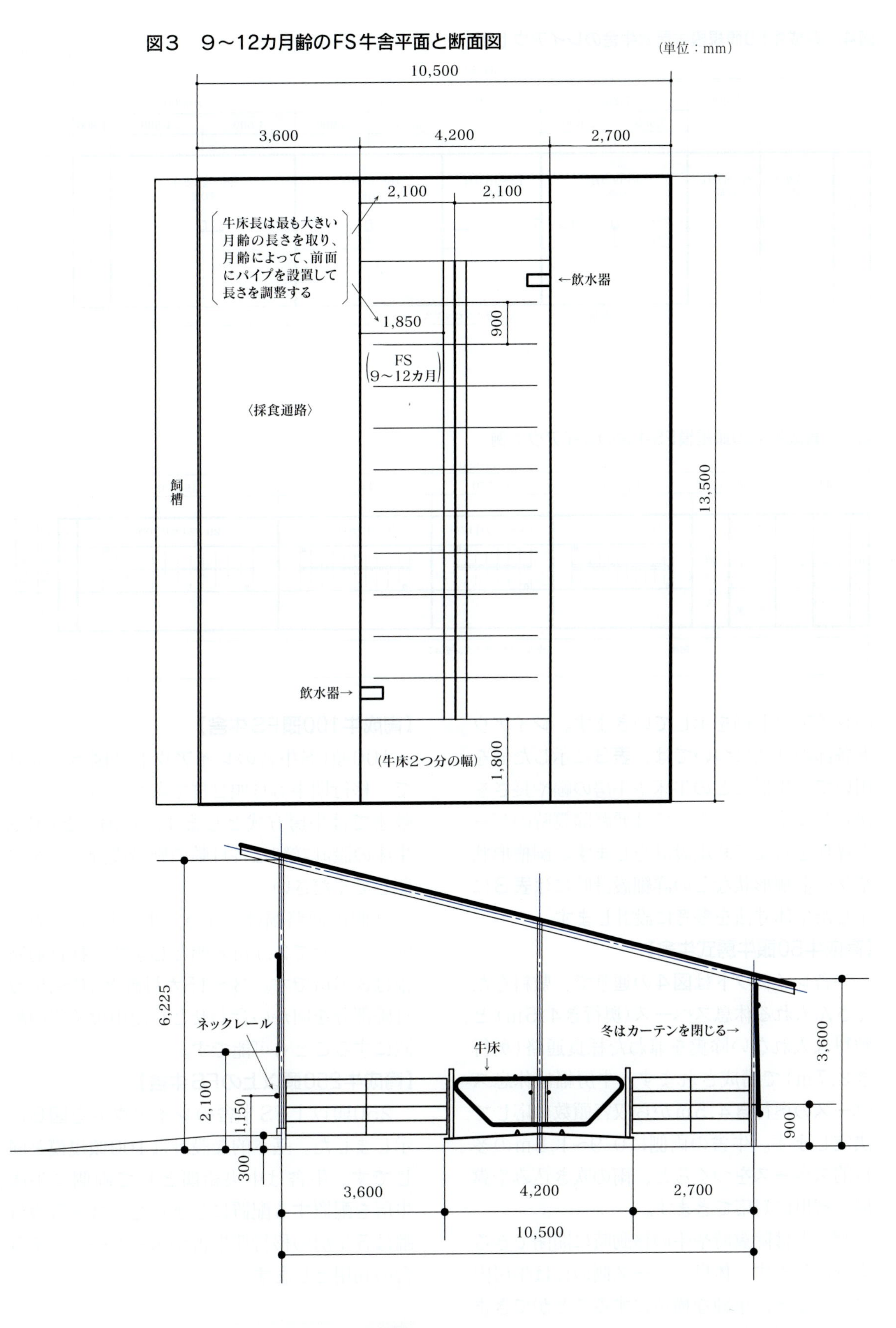

齢だと牛床幅105cm、牛床長200cm、横臥長165cmでブリスケット資材を設置します。20～24カ月（分娩）齢の場合は、牛床幅120cm、牛床長210cm、横臥長170cmでブリスケット資材を設置します。

規模別の牛舎レイアウト例

全体の頭数が50頭（成牛がつなぎ飼養）の牛房式牛舎、100頭および250頭のFS牛舎

図4　育成牛50頭規模牛房式牛舎のレイアウト例

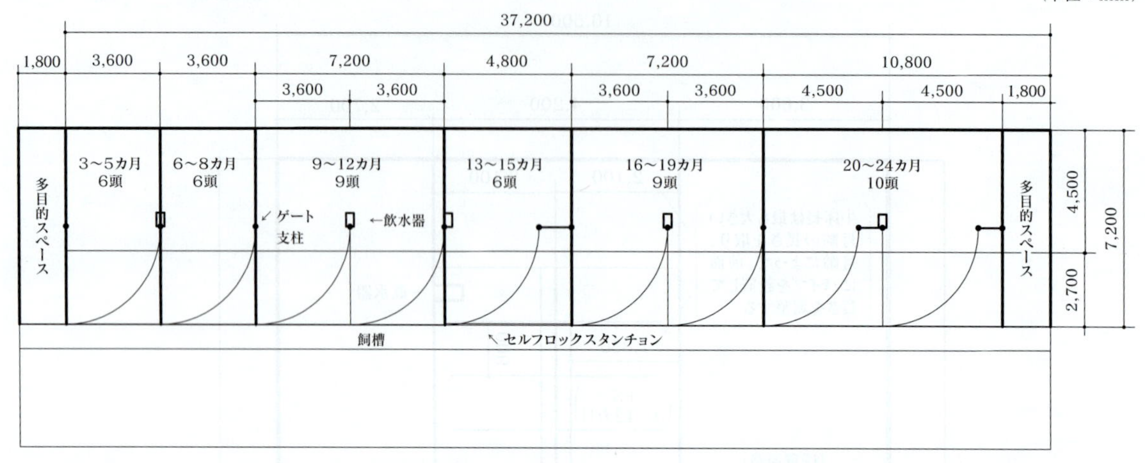

図5　育成牛100頭規模FS牛舎のレイアウト例

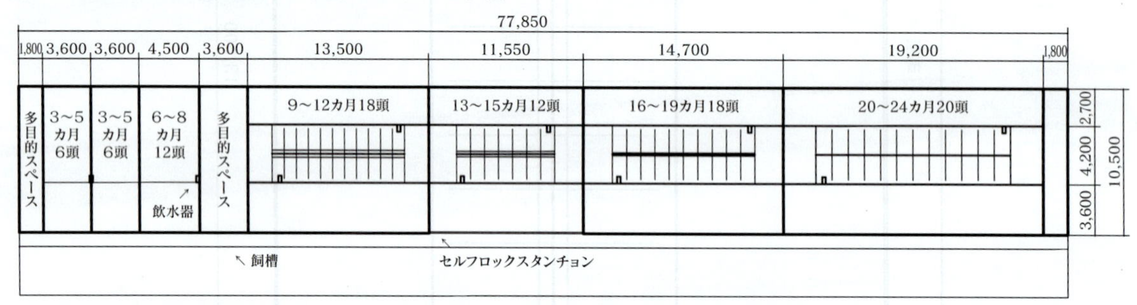

のレイアウト例を示していきます。レイアウト各部の寸法については、**表3**に示した値を用いて、牛群ごとの牛床や牛房の幅や長さを決定します。牛房方式では通路除糞時のゲート操作を考えて詳細設計をします。飼槽形状やゲート柵形状などの詳細設計時には**表3**に示した牛体寸法を参考に設計します。

【育成牛50頭牛房式牛舎】

牛舎レイアウトは**図4**の通りで、敷料をたくさん入れる休息スペース（奥行き4.5m）と、敷料は入れない除糞を兼ねた採食通路（奥行き2.7m）で構成されます。牛房幅は休息スペースの奥行き4.5mから収容頭数に応じて決定します。牛舎の両側に0.9～1.8mの多目的スペースをつくると、雨の吹き込みや糞尿の流出に対応できます。

ゲートは除糞時や牛の移動時に開閉できるようにします。休息スペース側の柱は牛房内に立てると、単純な構造にすることができます。飲水器は休息スペースの端に設置します。除糞や給餌は月齢の小さい方から大きい方へ向かって作業します。月齢の大きい側に糞尿積み込みを容易にする高さ1.5mのコンクリート壁をL字に設置します。

【育成牛100頭FS牛舎】

100頭FS牛舎のレイアウトは**図5**の通りで、移行期牛も6頭2群で収容し6～8カ月齢までは牛房方式とします。月齢ごとのFS牛床の設計詳細は各月齢の施設設計の項を参照してください。

壁側の通路幅は2.7m、牛床長は24カ月齢に合わせて2.1m／頭とします。採食通路幅は3.6mです。3～15カ月齢と16～24カ月齢部分を向かい合わせとした中央給餌の配置にすることも可能です。

【育成牛250頭以上のFS牛舎】

250頭以上FS牛舎のレイアウトを**図6**に示しました。基本的な設計は100頭規模と同じです。牛舎は中央給餌として両側に牛床、牛房を配置する配置にしました。3～5カ月齢は5牛房の移行期牛舎かスーパーハッチ5台の利用とします。

古い牛舎・施設利用時の留意点

古い牛舎や施設を再利用する場合には、除糞、給餌、牛の移動、飼槽掃除などの作業が効率的にできるかどうかに重点を置いて検

図6　育成牛250頭規模FS牛舎のレイアウト例　（3～5カ月は移行期牛舎かスーパーハッチ利用、単位：mm）

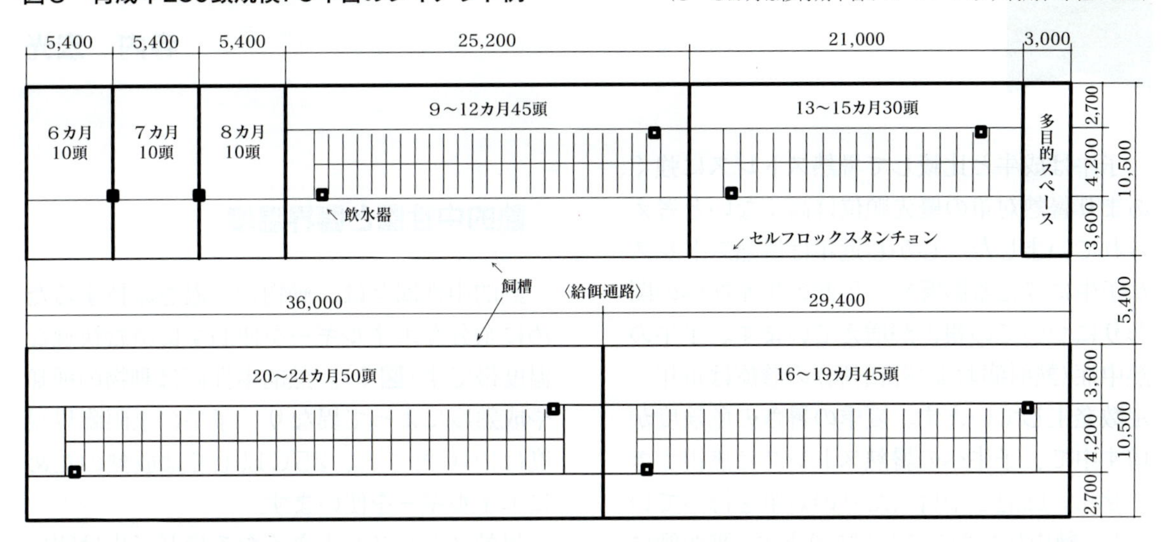

討します。施設の改造費が安くとも作業がしにくく時間ばかりかかるのでは大きな問題です。換気が適切にできるのかも重要です。これらについては、改造コストと新築コストの比較とともに、牛にとっても十分に快適な環境にできるのかをしっかり検討します。

牛舎整備では換気、採光、保温、隙間風防止、放射冷却防止、暑熱対策など季節によって異なる管理ができるようにすることが必要です。子牛の死廃率が高いことが問題となっていることから、いずれの季節であっても清潔で新鮮な空気の確保と、冬季はたっぷりの敷料による保温が第一です。

❹暑熱対策

寺内　宏光

子牛は成牛と比較して暑熱ストレスに強く、あまり暑熱対策の優先順位は高くないと考えられていました。しかし近年は暑熱ストレスが子牛に与える影響や、生涯の生産性への関わりについての報告が増えています。子牛の熱中症（熱射病および日射病）の診療は毎年一定数発生しています。夏季の暑さの危険度が増す中で、子牛への暑熱ストレスは無視できません。風通しや日当たりの対策を行っていても、熱中症になることがあります。獣医師に診療を依頼しないレベルで成長を阻害するような潜在的な被害はもっと存在するでしょう。

子牛への暑熱ストレスは成長への阻害要因となるため、将来の乳生産に直接的な悪影響を及ぼします。暑熱ストレスにより、子牛は体温を調節するために余分なエネルギーを消費し、その結果、成長速度が低下します。

本稿では、子牛への暑熱ストレスの影響と対策について、熱的中性圏、ストレス判定法、生産性への影響に着目して、現場での対策にも触れながら解説します。

図1　熱的中性圏（TNZ）とストレスの関係

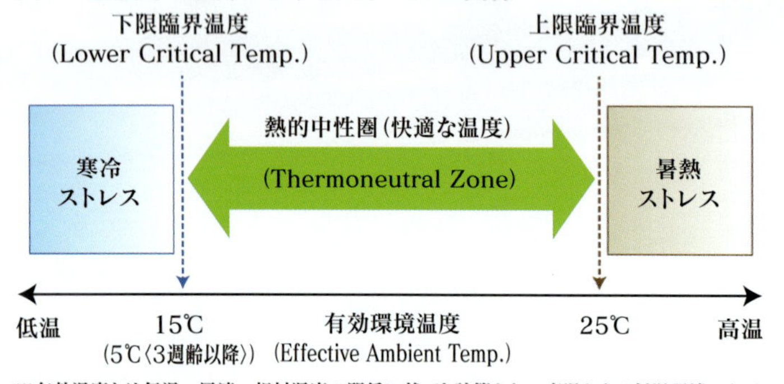

※有効温度とは気温、風速、相対湿度の関係に基づき計算され、高温および低温環境における熱的快適性の分析に適している
(NRC,1981,Effect of Environment on Nutrient Requirements of Domestic Animals)

表1　上限臨界温度を超えると見られる変化

〈行動の変化〉	〈体内の変化〉
・発汗（牛は汗をかきにくいが、汗腺はある）	・体表の血流増加
・開口呼吸	・体温の上昇
・頭をうなだれる	・栄養代謝の変化
・姿勢を変える	・ホルモンの変化
・食欲不振	・成長の阻害（将来の乳生産の低下につながる）
・水を多く飲むようになる	・維持に必要な代謝エネルギーの増加

熱的中性圏と臨界温度

熱的中性圏とは、動物が体温を維持するために余分なエネルギーを使わずに済む快適な温度帯です（**図1**）。熱的中性圏は動物の種類や成熟度によって異なり、子牛の上限臨界温度は25℃とされ、25℃以上では放熱のためにエネルギーを使います。

暑熱ストレスが大きくなるほど子牛は開口呼吸や食欲不振を示し、代謝の変化が起こり、維持エネルギーが増大して成長を阻害します。子牛の暑熱ストレスはTHI（温湿度指数）で評価され、THIが78～82を超えると、呼吸数や直腸温度が上昇し、心拍数や唾液中のコルチゾール値も増加します。THI88を超えると顕著なストレス反応が認められます（**表1**）。THIを計算する方程式は数多くありますが、結果はおおむね似通っています。子牛用のストレスメーター（**写真1**）やTHI表を参考に、飼養環境がTHI78以下に抑えられるよう対策を行いましょう。

当院（㈱寺内動物病院）がある栃木県でも6月で湿度60％気温30℃を超えるTHI80以上の時間帯が発生するようになりました。実際に熱中症の症状での診療が増えてい

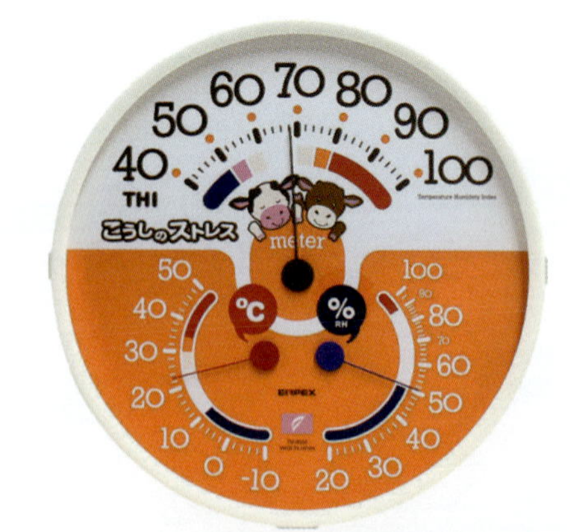

写真1　子牛のストレスメーター。子牛の疾病発生および発育と環境要因の関係を基に宮崎県畜産試験場が開発した

ます。子牛のストレスを目で見えるように、子牛エリアにもTHIの測定計を設置しましょう。

子牛と親牛の違い

成牛はMaderら（2006）の基準でTHI65以上からストレスを感じ始めるのに対し、Kovacsら（2020）はTHI78から子牛の暑熱ストレスが始まると評価しています。

体が小さいことで体積当たりの表面積が大きくなり、放熱効率が良いことや、ルーメン発酵が未熟であること、子牛に与える飼料は消化率の高いものが多い、といった理由で、子牛は成牛よりも暑熱ストレスに対する抵抗力が高くなります。

子牛が大きくなり、飼料中の草の割合が大きくなるほどストレスを受け始めるTHIは低くなっていきます。

暑熱期の管理戦略

飼養環境や栄養管理の工夫から、子牛への暑熱の影響を軽減し、成長と飼養効率を改善する方法について空気、日陰、敷料、栄養の観点から紹介します。

【空気の流れ】

ハッチで飼養されている場合、空気の流れはハッチの形状によって異なります。空気の通り道の多さが重要なので、コンクリートブロックを下に敷いてハッチの背面を高くすることはハッチ内の換気改善に有効です。温度の低下と空気の清潔さが改善されます。熱のこもりやすいドーム型ハッチで実践している人が多い対策です。

図2　冷却の有無による飼料摂取量などへの効果

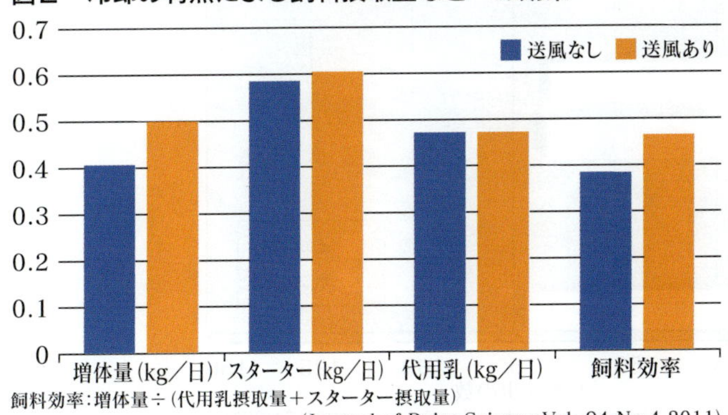

飼料効率：増体量÷（代用乳摂取量＋スターター摂取量）
（Journal of Dairy Science Vol. 94 No.4.2011）

子牛に扇風機で送風することも効果的です。ただし、ハッチの風通しが良く、敷料が適切であることが条件です。**図2**は清潔な麦稈がふんだんに敷かれたハッチで、夏季の56日間に扇風機による冷却の有無で、成長の違いを比較したものです。冷却された子牛は、冷却されていない子牛に比べて、スターター摂取量が多く、1日平均体重増加量も高くなりました。冷却されると維持に要するエネルギーが少なくなり、成長効率が改善されたことが示唆されました。

空気の流れを邪魔しないように牛舎内を整理して清潔にすることや、無駄なものを置かないことも大切です。送風機設置の際は自然換気を妨げないことが基本です。壁のない牛舎では、送風機の風が自然風と打ち消し合っているケースも見られます。子牛への送風については、ハッチ内に風が当たらない場所をつくることが重要で、涼しく感じたら子牛自身が風から逃げられると、夜の冷え過ぎを防止できます。

【日陰の確保】

子牛に直射日光が当たる時間帯はないか確認し、特に西日は必ず遮光しましょう。寒冷紗、遮光シート、よしずやすだれは積極的に利用するべきです。日に照らされて飲み水がお湯になっていることもあります。野外にハッチを設置する場合、夏は北向き、冬は南向きに方向を変えることも効果的です。

写真2　寒冷紗の設置例

ドーム状のハッチには半透明で光と熱を通しやすいものがあります。この場合、ハッチ内が非常に暑くなります。屋根の下でも、一部半透明の屋根で子牛が熱中症を起こしているケースがありました。寒冷紗の設置で人間の作業時の快適性も改善されました（前ページ**写真2**）。

【敷料管理】

敷料も暑熱ストレスに大きく影響します。冬季は稲わらや麦稈が最も暖かく最良の敷料になりますが、夏季は不快である恐れがある上、他の敷料よりもハエを繁殖させやすくなります。Panivivatらの研究では、岩粉末、砂、もみ殻、麦わら、カンナくずを比較して、麦わらの温度が最も高くなっています。岩粉末や砂は最も涼しいものの、最も汚れやすく下痢の治療も多くなっています。子牛の成長成績に違いは認められませんでした。

敷料の種類とハエの関係について、Schmidtmannらは多くの酪農場で子牛のハッチがイエバエやサシバエの主な発生源となっていると報告しています。**図3**は、さまざまな種類の敷料に発生したハエ幼虫について３年間にわたり調査した結果です。ハッチから採取した敷料約１Ｌ当たりの幼虫数を示しており、いずれの場合も、麦わらが多くのハエが発生しています。まとめると、わらは熱を持ちやすくハエの発生が最も多い敷料なので、夏季に使用する場合は送風などによる冷却と入念なサシバエ対策が必要になります。わらは他の敷料と比較してアンモニアの発生が少なく、呼吸器感染症の発生率が低下するという報告もあるので、適切に管理できれば悪い敷料ではありません。

もみ殻や木質系（オガ粉、カンナくず）は涼しく、わらに比べてハエの発生が少なく、また比較的清潔でもあるため、夏季に適した敷料といえるでしょう。本州において消毒されていないオガ粉の中には線虫が大量に含まれているケースもあるので、子牛の健康への影響が疑われる場合は予防措置が推奨されます。砂、砂利は涼しくハエの発生が少ないものの、固まって不衛生になるので敷料にはあまり使われません。

どの敷料であってもハエ対策として餌や水のこぼれを最小限に抑えることが重要です。十分な大きさのバケツで水を清潔に保ち、適切な高さに置いて、いつでも飲めるようにしましょう。ハッチから外へ排水される緩やかな傾斜があり、ハッチの水はけが良いことはウジの発生抑制に貢献します。夏は２週間ごとに敷料を全て取り換えるなど、頻繁に清掃すればハエの繁殖を確実に抑えられます。加えて、IGR剤（昆虫成長制御剤）や殺虫剤を使用して、環境中のハエを減らしましょう。

【栄養管理】

水分：夏季の栄養管理で一番重要なのは水です。暑熱下では飲水量が劇的に増加するからです。３日齢から清潔な水を自由飲水できるようバケツを設置しましょう。気温が上昇するほどに飲水量は増える傾向にあります。飲水できる時間を制限すると、一気に飲水し

図3　子牛ハッチで調査した敷料種類別のイエバエとサシバエの幼虫密度

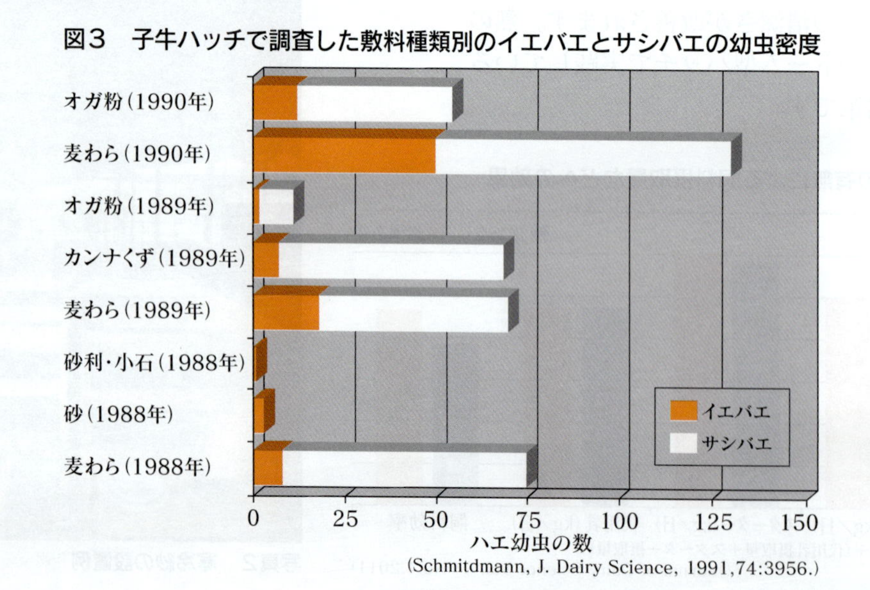

(Schmitdmann, J. Dairy Science, 1991,74:3956.)

て水中毒を起こし、死亡してしまう場合もあるので、哺乳直後以外は自由飲水が基本です。

電解質：気温が上昇し、子牛の呼吸と発汗量が増えると、水分損失も増加するため、通常の哺乳に加えて電解質の経口補液を行うことも脱水予防に有効です。夏季だけ固形塩を子牛がなめられるようにしておくのもよいでしょう。電解質は朝晩の哺乳の間に与えることが多いですが、夕方の涼しい時間帯に与える方法や、バケツで自由に飲めるよう置いておく方法もあります。電解質は決して全乳や代用乳に添加してはいけません。ミルク本来の消化吸収ができなくなってしまいます。

ミルクとスターター：子牛は暑熱ストレス下では、体温を維持するためエネルギー消費量が増えます。一部の研究者は、その増加率は20～30%に達する可能性があると指摘しています。従って、要求量は増すのにスターター摂取量が減少する可能性を考慮し、子牛の成長に十分なエネルギーが確保できるよう、ミルクを追加で与えることも検討されています。

Dado-Sennらの研究では、子牛を送風機で冷やす場合と冷やさなかった場合を比較すると、冷やした方がミルクおよびスターターの摂取量が増えています（**図4**）。この摂取量の違いは、ルーメンの発達や離乳のしやすさに大きく影響する可能性があります。しかし、離乳までの子牛の体重増加などの成績については、CL-CL（出生前冷却-出生後冷却）が最も良いというわけではありませんでした。今後、子牛の暑熱軽減が離乳以降の成長、将来のパフォーマンスに及ぼす長期的な影響について評価されることが期待されます。

Rivasらによる研究では、暑熱期に追加給餌を行うことが有益であることが示されています（次ページ**表2**）。この試験では暑熱ストレス下において、子牛に3つの哺乳パターンで給餌して、その成績を示しています。追加の哺乳は、1日当たりの体重増加と飼料効率にプラスの効果をもたらし、スターターの摂取量を減らすことはなかったことが分かります。

飼料添加剤：子牛の暑熱対策効果をうたう添加剤はあるものの、その根拠を裏付ける科学的なデータはあまりないのが現状です。

暑熱ストレス下の牛に使用する多くの飼料添加剤は、生菌剤などルーメン機能をサポートするように設計されています。また、暑熱ストレス時に起こる「リーキーガット（漏れやすい腸という意味）」は近年注目を集めており、その影響を最小限に抑え、腸の健康をサポートする飼料もあります。残念ながら、リーキーガットが子牛に起こるかどうか、どのTHIで起こるのか、代謝にどのような影響を与えるのかについては、あまり情報がありません。そのため、現時点では暑熱ストレス下の子牛に特定の添加剤を推奨するのは困難です。

子牛が熱ストレスを感じていることは間違いありません。しかし本稿で述べた適切な管理を行えば、その影響を軽減し良好な成長と発育を維持できます（次ページ**表3**）。

熱中症になりやすい子牛

体温は生産する熱と失う熱の引き算でだい

図4　暑熱ストレスとミルクおよびスターター摂取量の関係

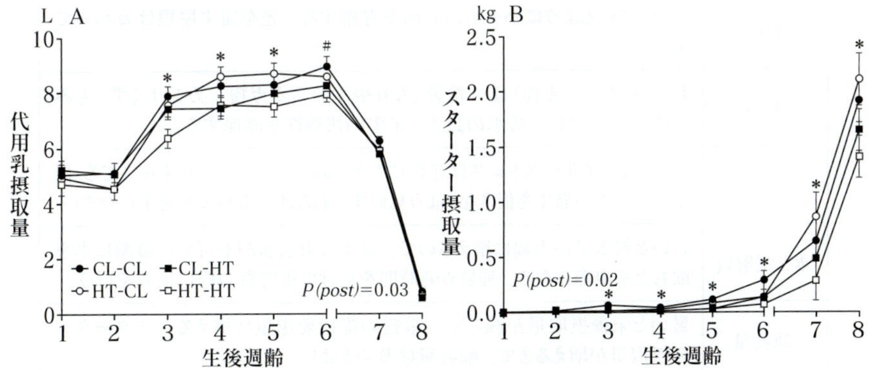

乳用子牛の（A）代用乳摂取量および（B）スターター摂取量。出生前（乾乳）と出生後（子牛）でそれぞれ冷却を行ったか、暑熱ストレス下にあったか、4つのパターンの試験
CL-CL：出生前冷却-出生後冷却　CL-HT：出生前冷却-出生後暑熱　HT-CL：出生前暑熱-出生後冷却
HT-HT：出生前暑熱-出生後暑熱
（Dado-Senn et al,. 2020）

たい一定の水準が維持されます。暑い時期は熱生産を抑えるか、熱放出を大きくすることで体温が上がり過ぎないよう調節します。

熱中症という言葉は、ここでは直射日光により発症する日射病と、高温多湿により熱放出が追い付かずに発症する熱射病をまとめた病態として用います。主な症状は高熱と脱水です。子牛であっても長時間の高体温は臓器に負荷がかかり、いずれ多臓器不全などの不可逆的な障害を起こし死に至ります。適切な暑熱対策と、適切な応急処置で夏の子牛の健康を守りましょう。

まず、雨上がりの後の炎天下は一段と湿度が高く熱射病のリスクが上がります。そこへ次の諸条件が当てはまる牛は熱射病を発症しやすくなります。それは既に下痢で脱水傾向がある、呼吸器疾患で呼気での排熱が難しい、新生子で肺機能が未熟、熱中症罹患（りかん）歴がある、群飼養で弱く換気が悪い場所や日の当たる場所に追いやられがち、というものです。特に一度熱中症を発症した牛は再発しやすいので注意し、小まめに検温しましょう。

熱中症になった場合の対応

子牛が熱中症を疑う状態になったら、まず獣医師へ相談し、診断してもらうことが大切です。しかし、すぐに往診できない場合もあるため、獣医師と相談の上、農場でできる対応を行いましょう。

【体温が40℃以上でうなだれている】

次の手順ですぐに冷却しましょう。❶子牛を日陰で水はけのよい場所に移動する。敷料をぬらしてはいけないので必ず場所を移動する❷頭と首を中心に水をかける。５分おきに検温し、平熱になったら中止する❸冷却後は水を拭き取ってから送風機に当てる（ずぶぬれのままでは乾かず、水が断熱材となってまた体温が上がる）❹乾いた敷料の上で送風機に当てる。ぬれているとおなかが冷えて免疫

表2　暑熱期の哺乳プログラム試験

	CON	IL	HL	P値
代用乳摂取量（kg／日）	0.466	0.555	0.615	0.01
スターター摂取量（kg／日）	0.413	0.417	0.393	0.93
平均日増体量・ADG（kg／日）	0.34	0.47	0.46	0.05
飼料効率・ADG／DMI（kg／日）	0.338	0.441	0.446	0.02

生後３日目から３つの哺乳内容で比較した試験。対照群（CON：１日当たりDM0.55kgのCP20％、脂肪20％の代用乳）。中間群（IL：１日当たりDM0.66kgのCP26％、脂肪17％の代用乳）。高群（HL：１日当たりDM0.77kgのCP26％、脂肪17％の代用乳）。42日齢まで１日２回哺乳、42日以降は１日１回哺乳、49日目に離乳。56日目までハッチ飼育。スターターと水は自由摂取
（Rivas et al., 2020）

表3　暑熱ストレス下の子牛管理まとめ

風通し	室内は扇風機を設置する。屋外はコンクリートブロックを使いハッチの裏側を高くする。ハッチは風が抜ける構造にして窓を開ける
日陰	日陰をつくるようにハッチの方向を考慮する。光を通す屋根はカバーで覆う
敷料	わら（稲わら、麦稈）は一番暑くなりやすい。オガ粉、カンナくず、もみ殻はちょうどよい。排水の良さ、子牛の快適性を確保する
ハエ対策	ハエによる子牛のストレスは非常に大きいので、総合的な対策を立てる。餌や水がハエの発生を促さないよう見直す。わらは一番ハエが発生しやすい
水と電解質	暑いと飲水量が大幅に増えるので、夏は自由飲水が不可欠。急激に水を飲むと水中毒になる。哺乳から時間を空けて電解質の経口補液を行う
哺乳量	暑いと栄養摂取量が減るが、栄養の維持要求量は増える。スターターの摂取量が増えるまで、哺乳量は多めがよい
飼料添加剤	成牛用の添加剤が子牛には同じように作用しない可能性があることを考慮して使用する

力が下がる❺電解質（できればビタミン剤と強肝剤も）を経口投与する❻翌日元気でも必ず検温する。

【体温は40℃未満だが呼吸が荒い】

頸に保冷剤入りタオルを巻いて送風機に当てる。水をかけるほどではないが心配、という状況であればこれで十分です。ただのぬれたタオルでも送風がしっかり当たっていれば、水が蒸発する際に熱を奪ってくれるので効果があります。送風がなければ逆効果の場合もあるので注意してください。

他の疾病との鑑別

子牛を観察する上で、子牛の熱中症に関する知識は欠かせないものになっています。分かりやすい症状としては呼吸数の増加、腹で大きく呼吸する、元気がない、食欲不振です。風邪ではないので基本的に鼻水やせきはありませんが、ほこりっぽい環境であればせきが出る場合もあるので鑑別が必要です。熱中症は抗炎症剤の投与では解熱されないことが多いものです。

一方、暑熱ストレスによって結果的に体内が炎症状態になることがあります。離乳後の育成牛であれば暑熱ストレスによるルーメンアシドーシスの悪化の結果として鼻からサラサラの粘液を垂らし、軟便になります。感染性の肺炎および腸炎と勘違いされる場合もありますが、重篤な暑熱ストレスと亜急性ルーメンアシドーシスの特徴的な症状です。

【参考文献】

Kovács et al., (2020) Short communication: Upper critical temperature-humidity index for dairy calves based on physiological stress variables

Dado-Senn et al. (2020) Pre- and postnatal heat stress abatement affects dairy calf thermoregulation and performance

Coleman et al., (1996) Supplemental Shade for Dairy Calves Reared in Commercial Calf Hutches in a Southern Climate

Hill et al., (2011) Comparisons of housing, bedding, and cooling options for dairy calves

MACAULAY et al., (1995) Comparison of Calf Housing Types and Tympanic Temperature Rhythms in Holstein Calves

Panivivat et al., (2004) Growth Performance and Health of Dairy Calves Bedded with Different Types of Materials

SCHMIDTMANN et al., (1991) Suppressing Immature House and Stable Flies in Outdoor Calf Hutches with Sand, Gravel, and Sawdust Bedding

Rivas et al., (2020) Effects of milk replacer feeding levels on performance and metabolism of preweaned dairy calves during summer

Quigley et al., (2006) Effects of Additional Milk Replacer Feeding on Calf Health, Growth, and Selected Blood Metabolites in Calves

Jim Quigley (2020) Calfnote.com (https://www.calfnotes.com/en/2020/09/19/calf-note-219-calf-management-in-summer-part-1-physiology-of-heat-stress-in-calves/〈2024年6月20日参照〉)

家畜感染症学会（2014）『子牛の医学』pp.162-163

⑤寒冷対策

寺内　宏光

子牛は成牛に比べて寒さに弱く、体温が下がるほど免疫が低下します。摂取エネルギーが体温維持にギリギリでは、子牛の免疫低下と成長停滞は著しいものとなります。このような事態に陥らないために、子牛を内側（栄養面）と外側（環境面）から守らねばなりません。

もし冬の子牛管理において昨年よりも良い結果を望むなら、冬に入る前からの周到な計画と準備が必要です。まず設備の点検、修繕は早めに行いましょう。来春までの分娩頭数に対して、ジャケットの在庫は足りるでしょうか。本稿を参考に計画と準備を進め子牛が昨年よりも健康な冬を過ごせたら幸いです。

３週齢までは15℃以上保つ

どんなに環境を整えても、初乳の吸収が十分でなければ子牛の健康的な成長は困難です。どの寒冷対策よりも適切な初乳給与が大切です。もちろん、初乳摂取前に病原体を取り込んでしまえば致命的となるため、分娩環境も大切です。こうした子牛の健康を守るための基本を励行することが、寒冷期にはより大事になります。

前項（第Ⅱ章❹「暑熱対策」36㌻）図１「熱的中性圏（TNZ）とストレス」に示したように、子牛の有効環境温度（EAT：子牛の体感温度）が15℃を下回ると体温を維持するためにエネルギーを使います。実際の下限臨界温度（LCT）は栄養状態、成熟度、皮下脂肪量、その他の要因によって変化します。

乳牛栄養要求（NASEM）2021年度版では、飼料摂取量が増加していくと耐寒性が強くなるため、３週齢までのLCTは15℃、３週齢以降は５℃を基準としています。３週齢までは特に寒冷ストレスを受けると考え、なるべく快適な環境を整えることと、LCT以下でも成長できる栄養管理を行いましょう。なお、成長した子牛や餌の摂取量が多い子牛の場合、LCTは－10～－５℃まで下がる可能性があります。

写真１　子牛を温める保温ボックスの例

冬の新生子マネジメント

寒冷期の新生子には特に注意深いケアが必要です。初乳の給与は免疫グロブリン（IgG）の摂取に加えて、脂肪摂取という点でも重要です。エネルギー（＝脂肪）の不足が、寒冷期には生命維持に直結します。出生から６時間以内に３Ｌを給与し、さらに６時間後程度に２～３Ｌ与えるのが目安です。

生後直後の子牛の被毛がぬれたままでは体温が奪われていき、寒冷ストレス下の新生子牛は立ち上がるのも初乳を飲むのも遅くなります。冬は被毛が自然に乾きにくいので、最悪の場合、低体温で死亡します。乾いた被毛は体温維持の機能を果たします。可能な限り早く乾かしましょう。

動物は小さいほど体温が失われやすく、新生子牛は圧倒的に寒さに弱い状態です。さらに難産で生まれた子牛は、筋肉の活動が低下し、体温を維持する能力が正常子牛に比べて約36％低下すると推定されています。新生子牛が体内に備蓄するエネルギーは、栄養が与えられずLCT以下の環境では、１日も持たずに枯渇します。

子牛を温めるための保温ボックスが普及しています（**写真１**）。加温および乾燥させると初乳への反応が良くなる手応えを感じています。もし低体温になってしまった子牛を温める場合は、風呂に入れることも有効です。ただし、40℃など平熱以上のお湯で一気に温めてしまうのは危険です。ぬるめのお湯から数時間かけてゆっくり温めましょう。

初乳給与後のケアとして、移行乳の給与が寒冷期には有効だと思います。生後数日間は消化管が未成熟で、初乳や移行乳に含まれる成分によって消化機能を発達させます。そのため生後1週間程度は哺乳量を増やさず移行乳を給与することが理想的です。

子牛に与える生乳を全乳といいます。バルク乳や汚染されていない廃棄乳を指す場合が多く、代用乳とはいわゆる粉ミルクのことです。脱脂粉乳に植物性油脂や濃縮ホエイなどを添加して製造されているため、全乳に比べ子牛が消化しにくい特徴があります。

最初の初乳の後に初乳や移行乳を飲ませると消化管が成長していくのに対して、全乳や代用乳へすぐ切り替えてしまうと小腸の絨毛（じゅうもう）が退化してしまうことが確認されています（**図1**）。生後数日間は代用乳だけでは消化吸収しにくい状態と考えられます。移行乳が手に入りにくい場合は、初乳と代用乳を混合した疑似移行乳や移行乳製剤を使用して、下痢せず消化吸収できる腸管を発達させることが、冬の哺乳期を健康に乗り切る準備になります。

栄養管理のポイント

【哺乳プログラム】

冬季の子牛の栄養管理において大切なのは、寒さによる維持エネルギー要求量の増加分を考慮して飼料を増給することです。子牛が摂取した栄養は、まず生命の維持に消費され、余剰が成長に回ります。特に生後3週齢までは摂取したエネルギーやタンパク質が体の維持、つまり体温の維持、免疫システム、ストレス対応に多く利用されます。冬に子牛を成長させるためには夏とは違う哺乳プログラムが必要です。

図2はコーネル大学で行われた研究で、1年間の異なる時期に同じ栄養プログラムを与えられた子牛について、その後の初産乳量へ

図1　生後2時間での初乳に続いて、初乳（A）、初乳と全乳を1：1で混合したもの（B）、全乳（C）を給与した子牛の小腸（HE染色）

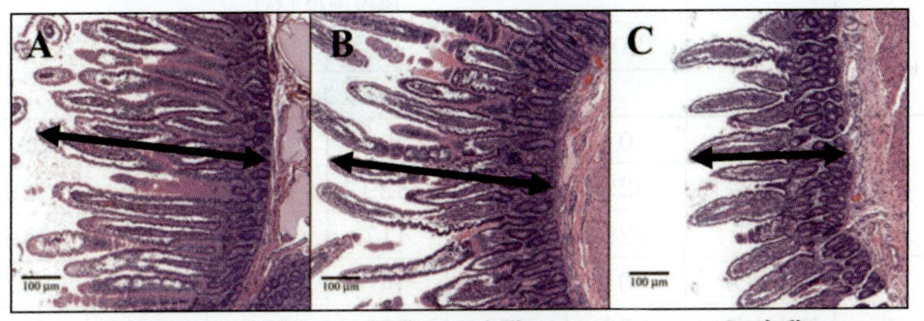

A：初乳　腸絨毛が成長
B：初乳50%全乳50%　腸絨毛が成長
C：全乳　成長した腸絨毛が退化
（Pyo et al.,2020）

図2　出生時の気温別に見た初産乳量への影響（TDM平均値）

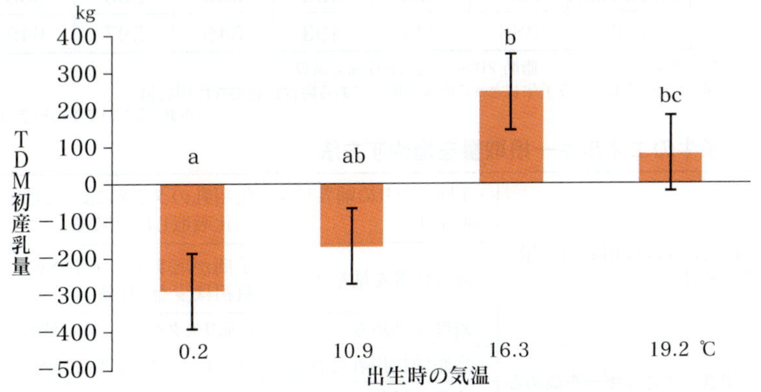

※異なる文字（a〜c）が付いた列は、統計的に有意（$P<0.05$）。TDM（Test-day model）とは長期間の調査において生産データへ影響する多様な要素を考慮した計算モデル。乳量測定日、年齢、分娩後経過日数、月齢、妊娠、遺伝、時間経過、農場ごとの管理の影響を考慮している
（*Soberon 2012 J. Dairy Sci.* 2012 95783-793DOI:〈10.3168/jds.2011-4391〉）

の影響を比較したものです。子牛がLCT以下で生まれた場合は維持に栄養を必要として成長が遅れ、泌乳量も低下しています。寒冷ストレスは哺乳期間の疾病にとどまらず、将来的に永続的な悪影響を及ぼすことが示唆されます。

表は子牛の生時体重と環境気温ごとの維持に必要な代用乳の粉の量について、標準的な栄養濃度の代用乳で示したものです。寒くなるほど生命維持だけで使用する栄養が顕著に増大することが分かります。

1日に摂取するエネルギーを増やすには、代用乳の給与量を増やすだけでなく冬用の高脂肪のものに替えるか、脂肪酸を添加することも有効です(**図3**)。代用乳の濃度を高める場合は、標準的な代用乳において、125g／Lで溶解するところを、最大150g／Lにして一度に3Lまでの給与は可能とされています。しかし、消化器疾患のリスクが高まる可能性があるため推奨されません。

【ミルクの温度】

冬の哺乳管理に関してはミルクの温度管理も重要です。調乳時の温度管理は説明書通りに実施できているか、子牛が飲む際の温度は最初から最後の子牛まで冷めずに一定の温度で給与できているか、年に一度は確かめましょう。飲むときに子牛の体温より低くては体が温まらず、エネルギーを無駄にしてしまいます。哺乳バケツで給与する場合はミルクが冷めやすいため、ふたをするか2回に分けて給与するなどの工夫が必要になります。

【温水とスターター】

冬は飲水用にお湯を設置しましょう。特に小さな子牛は温かい方がよく飲みます。冷たい水では体温が奪われてしまいますし、バケツの水が凍ったままなら水を与えないのと同じです。

スターター摂取量は飲水量に依存し、その比率は4倍、つまりスターター1kg摂取するためには4Lの飲水が必要です。3週齢程度まではスターターをあまり栄養源にできませんが、少しずつでも固形飼料が水とともにルーメンに流入することが、ルーメン絨毛の発達を促して第一胃での栄養吸収を行う準備

表　気温別に見た子牛(3週齢未満)に必要な代用乳量

出生体重(kg)		環境温度(℃)					
		20	15	10	5	0	−5
		代用乳の重さ(DMg／日)					
40	増加分	0	44	88	132	177	221
	熱的中性圏	329	329	329	329	329	329
	合計	329	373	417	461	505	549
45	増加分	0	48	96	145	193	241
	熱的中性圏	359	359	359	359	359	359
	合計	359	407	455	504	552	600
50	増加分	0	52	104	157	209	261
	熱的中性圏	388	388	388	388	388	388
	合計	388	441	493	545	597	649

代用乳成分：タンパク質24%、脂肪20%、TDN107%で試算
熱的中性圏：15〜25℃という子牛にとって快適な環境にある場合に必要な代用乳量
(出典：新しい子牛の科学 3-1)

図3　子牛のエネルギー摂取量を増やす方法

①1日当たりの代用乳給与量を増やす	・1回当たりの哺乳量を増やす	代用乳のタイプによっては消化吸収しにくくなる
	・哺乳回数を増やす	手間が増すが、子牛への負担は少なく有効
	・濃度を高める	疾病リスクを伴う。自由飲水必須
②代用乳のエネルギーを高める	・高脂肪代用乳に替える	コスト、在庫管理に課題
	・油脂の添加	代用乳を替えなくてよい
③スターター摂取量を増やす		有効だが、固形飼料を消化吸収できるのは4週齢以降

になります。早い段階からスターター、乾草、水へ自由にアクセスできる環境を用意することが推奨されます。

寒冷ストレスを抑える環境管理とは

冬の子牛の環境管理において大切なのは、寒冷ストレスを最小限に抑えて、保温と換気のバランスを適切に取ることです。寒さにより子牛が必要とするエネルギー量が増えてしまうのをなるべく抑制することで、子牛の疾病予防や成長を後押しできます。

単純な工夫として、冬はハッチの入り口を南向きあるいは風下に向けることを勧めます。換気は確保した上で、北風はなるべく遮断することも大切です。

【敷料管理】

衛生、乾燥も重視して、床の冷たさが子牛まで伝わらないように、敷料を厚く入れて温かさを確保します。目安として８cm以上の厚さがあると、床面がコンクリートでも熱が奪われにくいとされます。

敷料は稲わらや麦稈が理想です。ストロー状の敷料は中の空気が断熱材となり高い保温効果があります。特に新生子は深くわらを敷き、敷きわらの中に熱の層をつくり出して、熱損失を最小限に抑えることが推奨されます。わらは一度に大量に追加するよりも小まめにつぎ足す方が、表面がふかふかして保温性が高まります。

床の冷たさを遮断する方法として、クッション性のバスマットの利用を勧めます（**写真2**）。断熱性が抜群で、洗いやすい上に安価なのでワンシーズンで使い捨てでき衛生的です。尿が流れ落ちやすいようにすのこ状に穴の開いているものを選びましょう。

敷料の保温効果に関するネスティングスコアという指標があります（**図4**）。生後３週間までは寝ている子牛の肢が隠れている「スコア３」を目指しましょう。敷料の種類については、もみ殻は水分を吸わないため、糞尿で冷たくなりにくいのはよいのですが、その形状からネスティングスコアは低くなります。オガ粉は水分を吸い、敷料が子牛のおなかを冷やしてしまう恐れがあるため冬は勧めません。

敷料管理が十分であるかどうかの一つの指標として作業者が行う「膝つきテスト」があります。子牛が入っている敷料に20秒間、膝

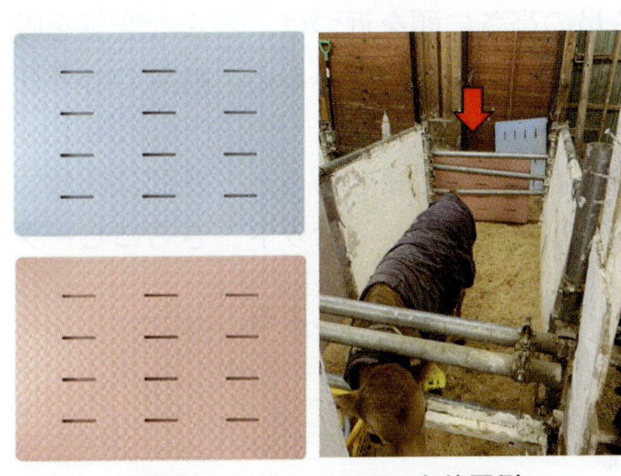

写真２　断熱材としてのバスマット使用例

写真３　カーフジャケットの例

図４　ネスティングスコア（巣ごもりスコア）１～３の目安

スコア	目安
スコア1 △	寝ている子牛の肢が全て見える。オガ粉やもみ殻ではスコア1になりやすい
スコア2 ○	寝ている子牛の太もも下半分が敷料で隠れている状態
スコア3 ◎	敷料で肢が見えない状態。非常に温かい

※敷料の厚さが8cm以上あることが前提

少し敷料を追加すればスコア3になる状態

をつきます。表面は清潔で乾いているように見えても、膝が汚れるようであれば子牛が病原体に常にさらされており、膝がぬれれば子牛は熱を奪われていることを意味します。敷料の量や交換頻度などを改善する目安となります。

【敷料と呼吸器】

ネスティングスコアは呼吸器病にも関係しています。**図5**はネスティングスコアが低いほど呼吸器病の有病率が高いことを示しています。この試験では、子牛の間にパネルを設置するかどうかも比較しており、子牛の環境を個別管理にすることでさらに呼吸器病を減らせることが示されています。

【カーフジャケットの効果】

カーフジャケット（前㌻**写真3**）は子牛の体感温度を約5℃上げる効果があり、ネスティングスコアを1段階高めます。つまり、寒冷地でオガ粉などの敷料を使用する場合はジャケットが必須といえます。ネックウオーマーも効果的です。

ただしジャケットには注意点が二つあります。一つは昼夜の寒暖差が大きい時期は、夜にジャケットを着せておきたいが、昼に着せたままだと汗をかき、かえって夜に冷やしてしまうことです。もう一点はジャケットではおなかが守られないことです。敷料が不十分だとおなかを冷やして消化不良や免疫低下を招いてしまうかもしれません。

【腹を冷やすと免疫力が落ちる】

子牛のおなかを冷やさないことを意識するのは、子牛の健康への影響が大きいからです。腸にはGALT（腸管関連リンパ組織）と呼ばれる免疫の中心があり、腸が冷えると免疫能力が低下します。同時に消化器の能力も低下して下痢をしやすくなり、下痢の状態では栄養も吸収されにくくなります。糖と脂肪は体温維持の燃料、アミノ酸は免疫の材料ですから、免疫低下と栄養吸収阻害は致命的な影響を及ぼします。

【保温よりも換気】

換気方法については深く触れませんが、原則として保温のために換気をおろそかにしてよいことはありません。子牛に与えるべき環境として1頭当たり約3.3㎡以上の十分なスペースを確保して、常に新鮮な空気を与えなければいけません。寒いからといってハッチを完全に覆ってしまうと、空気中の細菌やアンモニアの濃度が高まって肺を傷つけてしまいます。しかし、隙間風が子牛に当たると体温を奪います。子牛が風速を感じることがないレベルで、1時間に4回以上空気が入れ替わる換気量が求められます。一度子牛の寝ている鼻の高さに顔を近づけ、どんな空気を吸っているのか体感してみると、換気の必要性がよく分かります。

環境面についてまとめると、空間は開放的で、豊富な敷料とジャケット、さらにヒータ

図5　ネスティングスコアと子牛ペン間のパネル有無の組み合わせによる、空気中細菌数と子牛呼吸器病有病率の関係

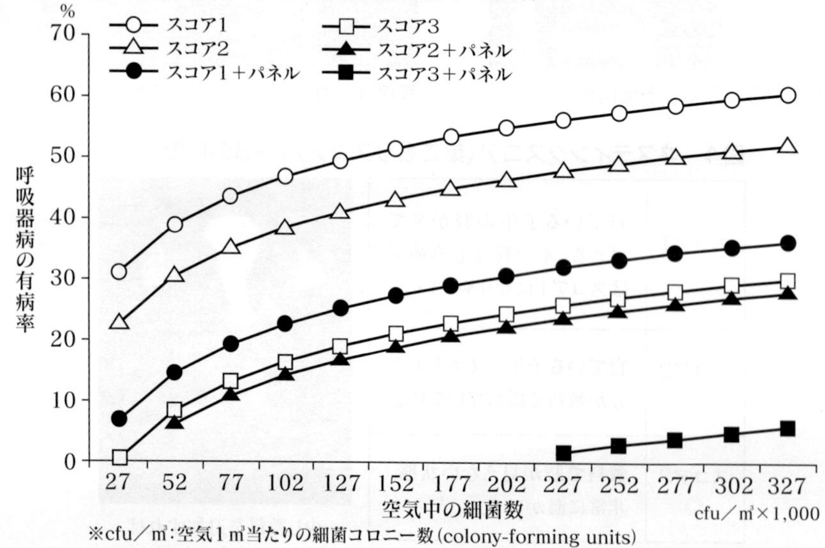

※cfu／㎥：空気1㎥当たりの細菌コロニー数（colony-forming units）
（Lago 2006 J. Dairy Sci. 89:4014-4025）

ーなどで体を温めながら新鮮な空気が流れる環境が推奨されます。図6に栄養管理と環境管理を整理しました。

◇

最後に冬の子牛の健康を守るための工夫を二つ紹介します。

一つ目は加湿です。哺育舎に環境用の消毒薬を含んだ加湿器を設置している牧場が増えてきました。私見ですが、消毒の効果もさることながら空気を加湿することは、子牛の呼吸器の健康にとても良いだろうと推察しています。乾燥した空気は呼吸器粘膜を破壊し、感染症への抵抗力を著しく低下させることは私たちも体感しています。ただし子牛においてこの効果を裏付ける文献は見つけることができませんでした。

もう一つは床暖房です。哺育舎を新築する場合でないと参考にならないかもしれませんが、簡易的にでも床下に配管を巡らせることで冬も温かく、敷料が乾きやすく、とても良い印象です。中古の大型給湯器や、給湯機能付きの焼却炉と組み合わせることで、ランニングコストを含めて安価に抑えることができるかもしれません。

【参考文献】

Roland (2016) Influence of climatic conditions on the development, performance, and health of calves

Soberon (2012) Preweaning milk replacer intake and effects on long-term productivity of dairy calves

Quigley (2024) An evaluation of EFSA opinion on calf welfare from a nutritional and management perspective

Lago (2016) Calf Respiratory Disease and Pen Microenvironments in Naturally Ventilated Calf Barns in Winter

家畜感染症学会（2021）『新しい子牛の科学』

HOARD'S DAIRYMAN Caring for calves in cold weather

ウィスコンシン大学ホームページ（The Dairyland Initiative）

コーネル大学ホームページ（College of Agriculture and Life Sciences PRO-DAIRY）

図6　寒冷対策のまとめ

【栄養管理】	【環境管理】
・初乳摂取が一番大切	・生まれたらまず保温と乾燥
・移行乳で下痢対策	・敷料は衛生的で乾燥したものを厚く敷く
・寒冷ストレスの影響は長く残る	・バスマットの断熱効果
・寒いほど栄養が必要	・ネスティングスコア3を目指す
・ミルクの温度、水の温度	・カーフジャケットで温めつつ、腹を冷やさないことに注意
・スターター摂取には飲水が必要	・保温より換気で呼吸器病予防

NDTS の検査で 肺炎被害を最小限に

子牛の肺炎に伴う経済的損失

治療費 平均治療日数　6～7日

1 頭あたり平均治療費　16,000 円

肺炎を拗らせると 180,000 円のケースも

生産性 【子牛での肺炎罹患による増体への影響】

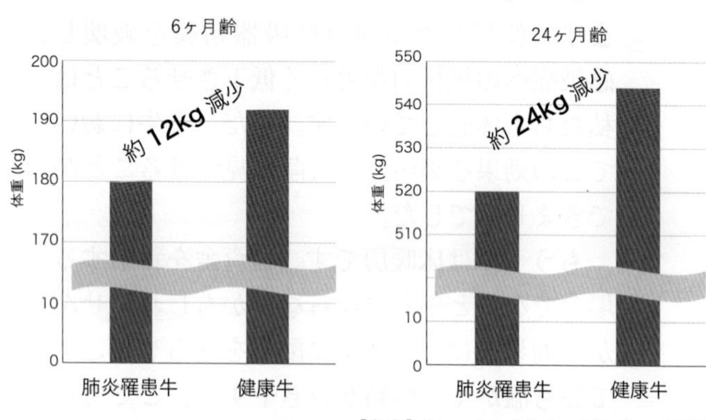

【参考】Strapák, Juhás, & Bujko, 2013

農家様の ” どうしよう・・”
にお応えします！

増体が悪い＝ 成長の遅延
飼料効率の低下
栄養不良・免疫力低下⇒罹患率増加

わずか ¥3,300（税抜）で肺炎リスク牛・原因菌の特定が可能！

Mycoplasma bovis
Pasteurella multocida
Mannheimia haemolytica
Histophilus somni

PCR 検査で早期発見
&
薬剤感受性試験で有効な薬剤を選択

NDTS が
感染拡大防止と効果的な治療を
サポートします

分析メニューは
こちらから

NDTS　N D T S 株式会社
https://www.ndts.co.jp
北海道札幌市厚別区下野幌テクノパーク２丁目６番８号
TEL 011-376-0601 / FAX 011-376-0605 / ✉ info@ndts.co.jp

第III章 重要疾病の基礎知識と予防策

❶子牛の免疫とワクチン

今内　覚

突如として現れたCOVID-19(新型コロナウイルス感染症)が全世界で猛威を振るい残念ながら多くの死者が出ました。しかし、カタリン・カリコ博士らが開発したmRNA(伝令リボ核酸)ワクチンが、超法規的措置として短時間で人類に導入されてからは、一定の効果を示し、重症化抑制および死者数減少に貢献していることは皆さんの理解の通りです。COVID-19との戦いはいまだ続いていますが、カリコ博士らが開発したmRNAワクチンの人類への貢献は大きく、2023年にノーベル賞が授与されました。

古くは天然痘などが挙げられますが、人類は感染症に対しワクチンによって対抗してきました。1900年代後半、抗生剤の登場で感染症の時代は終わったといわれる中、COVID-19やサル痘などの人獣共通感染症や薬剤耐性菌の出現などさまざまな感染症問題が世界規模で再燃し、対策の必要性、重要性も再認識されています。これは畜産領域でも全く同じです。本稿では、子牛の感染症対策においても重要なワクチンについて概説します。

子牛の免疫と感染症～尊い母の初乳～

どんな哺乳動物でも生後間もなくは虚弱で、感染症が一番の脅威となるのですが、偉大なる母は子を守るため自ら得た防御法を子に授けます。それが母子免疫で、母が獲得した抗体を胎盤や初乳を介して子に授けることをいいます。母から譲り受けた抗体や、ワクチンによって誘導された抗体は、侵入してきた病原体に結合し、中和(不活化)したり、免疫細胞を介して排除したり、補体という因子を介して溶解したりして感染を防ぎます(**図1**)。

ただし、母から譲り受けた抗体は、全ての感染症に対し万能というわけではなく、母がこれまでの生活の中で自らが感染して抗体を得た感染症に限られます。動物の種類によって胎盤の構造が違うため、母から子への抗体の授け方も異なります。人、サル、ウサギは体内で抗体が母から子(胎児・胎子)へ移行します。すなわち生後、既に抗体を持って生まれてくるのです。犬、猫、マウス、ラットは一部の抗体が体内で移行し、生後も初乳を介して抗体が移行します。一方、牛の場合、母の抗体は体内で全く移行せずに生後、初乳を介し全ての抗体が子牛に移行することになります。従って、残念ながら子牛は全く病原体と戦う準備がされないままにこの世に娩出されるのです。

無防備な子牛は、生まれてすぐに飲む母からの初乳によって抗体を獲得し、初めて病原体と戦う術を得ます。これが子牛への初乳給

図1　免疫による感染防御(ワクチン効果による病原体排除機構)

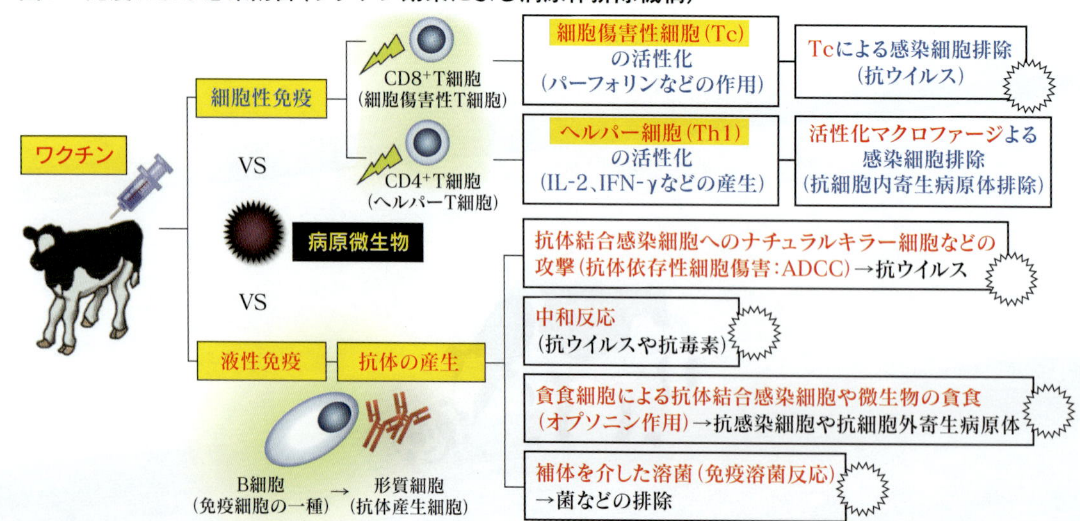

与の重要性が強調されるゆえんです。子牛が母牛からの抗体を吸収できるのは、生後間もなくの子牛の腸管構造が未熟なため、大きいタンパク質である抗体が通過できるからです。このため子牛が哺乳によって抗体を獲得できる期間には時間的制限があり、生後12〜48時間で抗体の移行は停止します。

これ以上の時間が経過してから抗体が含まれる母牛の乳をたくさん飲んでも手遅れで、病原体と戦うのに必要な抗体は獲得できません。十分な武器を持たずに外敵だらけの外界へ放り出された子牛たちを待つ運命は、容易に想像がつきます。初乳を飲んでいない子牛は、褥瘡（じょくそう、皮膚の血流が滞ってしまうことで生じる皮膚病変）やけがを原因とする些細な感染症でも命を落とします。

外界で待ち受ける牛の病原体は80種類くらいといわれます。0カ月齢から2カ月齢の子牛に多発する致死的な下痢を起こす病原体としては牛下痢症（BVD）ウイルス、牛ロタウイルス、牛コロナウイルス、牛トロウイルス、サルモネラ菌、大腸菌、原虫であるコクシジウムやクリプトスポリジウムなどが挙げられます。0〜4カ月齢に多発し呼吸器に障害（肺炎など）を起こす病原体にはパスツレラ菌、牛RSウイルス、マンヘミア菌、マイコプラズマ菌、パラインフルエンザウイルス、牛アデノウイルス、牛コロナウイルス、牛ライノウイルス、ヒストフィルス菌、アルカノバクテリウム菌、IBRウイルス、BVDウイルス（肺炎も下痢も起こす）など多数あります。

母牛はそれまで生きてきた中で、病原体との攻防で得た病原体に対する抗体を子牛に託し、成長を願っているのです。母牛は全ての病原体と戦ってきたわけではなく、一部の病原体との戦歴で得た特定の抗体のみ保有し、それを子に授けるので、それ以外の病原体に対する抗体を授けられません。

そこで、妊娠末期の母牛にワクチンを接種し、あらかじめ人工的に抗体を準備させた後に分娩させて、初乳を介して抗体を授けるというワクチンプログラムが行われています。感染症の例として、ロタウイルス、コロナウイルス、大腸菌などによる子牛の下痢症や、IBRウイルス、BVDウイルス、パラインフルエンザウイルス、牛RSウイルス、牛アデノウイルスなどのウイルス性肺炎などがあります（**図2**）。なお、妊娠牛へのワクチンの接種は、分娩時に抗体の量（抗体価）がピークになるよう時期が設定されており、多数の幼弱な子牛たちが死に至る重篤な下痢や肺炎から守るには効果的な方法といえます。

初乳による移行抗体とワクチン接種との兼ね合い

母牛から初乳を介して与えられた子牛への抗体を移行抗体といいます。日々、子牛はさまざまな病原体にさらされますが、移行抗体というバリア機能によって感染症から防御されます。しかし、母からもらった移行抗体で守られる期間は未来永劫ではありません。抗体の種類によりますが、移行抗体は日に日に減り数カ月で消失してしまいます（**図2**）。哺

図2　子牛の感染予防ワクチンプログラム

（福山氏の報告〈2008〉を改変）

乳後期は感染症にかかりやすく、子牛の死廃率が最も高い時期です。

子牛に対するワクチンはこの時期に、子牛自身が免疫を得るために利用されます。現在、育成期の感染予防を目的とするさまざまなワクチンプログラムが行われています。子牛は免疫系が未熟で肺炎などの感染症に罹患（りかん）しやすいため、生後のワクチンは疾病予防と集団感染拡大防止の観点から必要不可欠です。

代表的な牛用市販ワクチンの対象疾病を図3に示しました。ワクチンが効果を発揮するには接種時期が重要で、母牛からの移行抗体がワクチンに含まれる抗原（子牛に病原体を記憶させるための成分）の作用を妨げる点に留意しなくてはなりません。母牛からの移行抗体が病原体の侵入と勘違いして、ワクチンの効果を不活化してしまわないよう、接種は

図3　代表的な牛用市販ワクチンの対象疾病

呼吸器病	下痢症	流死産　生殖障害	乳房炎	急性死　その他
・牛伝染性鼻気管炎 ・牛RSウイルス感染症 ・牛ウイルス性下痢 ・牛パラインフルエンザ ・牛アデノウイルス感染症 ・牛流行熱 ・パスツレラ症	・牛ロタウイルス病 ・大腸菌性下痢 ・サルモネラ症 ・牛コロナウイルス病	・アカバネ病 ・チュウザン病 ・アイノウイルス感染症	・黄色ブドウ球菌性乳房炎 ・大腸菌性乳房炎	・牛クロストリジウム感染症 ・ヒストフィルス・ソムニ感染症 ・ボツリヌス症 ・イバラキ病

（動物用ワクチンとバイオ医薬品―新たな潮流―〈2017〉から）

- 牛の感染症24種類に対して、30種類のワクチンが市販されている
- 農場の大規模化に伴い、ワクチンによる感染症の予防は必要不可欠になっている
- 効果がより高く、使いやすいワクチンへと改良を進める必要性が指摘されている
- 現状として、多くの家畜感染症において有効な治療法やワクチンがない疾病が多い

図4　移行抗体のワクチンへの影響

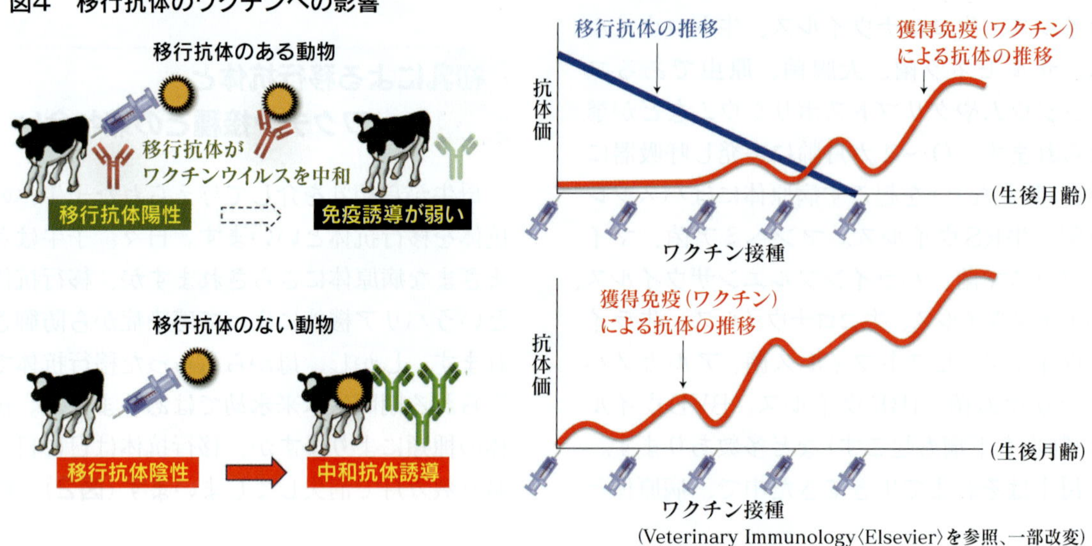

（Veterinary Immunology〈Elsevier〉を参照、一部改変）

図5　移行抗体のワクチンへの影響と追加接種の意義

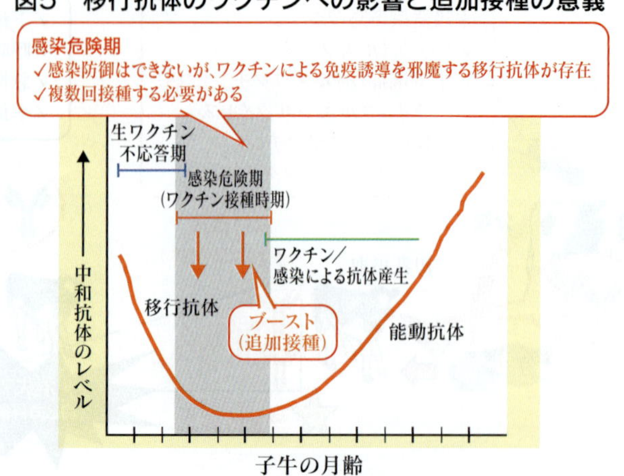

移行抗体が低下または消失するまで控えなければなりません（**図4、5**）。哺乳類の場合、母から授かる移行抗体の消失時期は動物種によって異なり、犬で約30日、豚で約60日、牛は約100日とされているので、これを考慮してワクチンを接種します。

ワクチンの種類と特徴

注射などを用いて「ある物（人工物）」を接種し疾病予防を図る行為をワクチンと呼ぶ場合もありますが、これは正しくありません。正確にはこの行為を予防接種（ワクチネーション）といいます。ワクチンとは、予防接種（ワクチネーション）に使用する人工物を指すのです。原料（構成成分）の由来は、病気を起こす病原体です。当然ながら、そのままの病原体だと、病気を発症するので、病原体を弱毒化また不活化したものがワクチンになります。病原体由来の人工物であるワクチンを接種し、前もって免疫の記憶を子牛や人などに付与し病原体感染への素早い免疫応答を促すことが疾病予防につながります。ワクチンによる効果は、感染自体を防御するものと、感染は許容するが発症を防ぐものに大別されます。ほとんどのワクチンは後者で、子牛用ワクチンは生ワクチンか不活化ワクチンに分類されます（次ページ**表**）。

【生ワクチン】

生ワクチンとは自然界に存在する病原性が弱い病原体か、長期継代培養などによって人為的に病原性を弱くした病原体を使用するワクチンです。種類によって異なりますが、生体内での増殖能を有しているため免疫持続時間が長く、いろいろな免疫細胞を活躍させる細胞性免疫も誘導します。

よって生ワクチンはアジュバント（ワクチンの免疫応答を効率良く強める物質）の必要がなく、抗体が活躍する体液性免疫および細胞性免疫の両方を誘導するなどの利点がありワクチン効果が大きいとされます。しかし、移行免疫の影響を受けやすく子牛などの幼若動物へ接種した時の効果低下や、免疫不全動物や妊娠動物へ接種した場合の発症可能性などを考慮した上で使用する必要があります。

【不活化ワクチン】

病原体全体または一部の成分をワクチンの主成分とするもの（死滅させたウイルスや細菌など）をいいます。一般的に不活化処理として薬品（ホルマリン）が使用され、病原体は生体での増殖能を失うものの、免疫原性（免疫を付与〈誘導〉する能力）は保持しており、病原性復帰の可能性はありません。不活化ワクチンは接種によって主に抗体が主役の体液性免疫を誘導し、産生された病原体に対する抗体によって病原体を不活化します。しかし、生ワクチンより多めの接種量やアジュバントおよび免疫持続のための再接種が必要になります。

【アジュバント】

不活化ワクチンは生ワクチンと比べ免疫原性が弱いことから、多くの不活化ワクチンには、強固な免疫を付与するためアジュバントが添加されています。語源はラテン語のadjuvate（助ける）で、ワクチンの免疫応答を効率良く強める物質のことをいいます。アジュバントをワクチン抗原と混合して使用すると、接種部位に抗原を長く残留させ、持続的に免疫担当細胞を刺激する効果があります。

ワクチンの目的は、接種した動物に病原体への免疫をあらかじめ与えることです。これまで、ワクチンの種類は、用いる病原微生物を不活化するか否かで生ワクチンか不活化ワクチンに大別されてきました。しかし現在は、病原微生物を使わず遺伝子情報から設計されたmRNAワクチンのような、既存の概念にとらわれない革新的なワクチン開発も進んでいます。既に人用ではいろいろなmRNAワクチンが開発されています。近い将来、畜産分野でも有効かつ安全なmRNAワクチンが登場するかもしれません。今後の研究に期待しましょう。

【ワクチンの持続性】

一般的に不活化ワクチンの効果は短期間しか持続せず、生ワクチンは長期にわたって免疫を維持します（**表**）。しかし、その効果は永久ではなく、追加免疫（再接種）が必要になります。ワクチン免疫応答は、ワクチンの種類や接種動物側の要因（年齢、飼養状態、免疫抑制を誘導する病原体感染動物、過去にワクチンの標的病原体と同じ病原体に感染した動

表　不活化ワクチンと生ワクチンの比較

項目		不活化ワクチン	生ワクチン
特徴	体内増殖 アジュバント 投与量	ない 必要 多い	ある 不要 少ない
有効性	誘導される免疫 免疫の持続 移行抗体の影響	液性免疫 短い 小さい	液性・細胞性免疫 長い 大きい
安全性	病原性復帰 過敏症 病原体迷入	ない ある ない	可能性あり ほとんどない 可能性あり
経済性	開発コスト 製造コスト	低い 高い	高い 低い

物、免疫寛容という免疫が不応答になる病原体の感染）によっても異なりますが、接種後２～４週間後にピークに達します。これを１次免疫応答といいます。１次免疫応答はやがて消失するため、ワクチン再接種によって免疫を維持させます。再接種による追加免疫のことをブースターといいます。一般的に１次免疫応答の持続は、不活化ワクチンより生ワクチンの方が長くなります。

【追加接種の重要性】

ブースター（booster）は増幅器の意味で、ブースター接種とは、初回のワクチン接種による免疫応答を増強・持続させるために行うワクチンの追加接種のことをいいます（**図4、5**）。COVID-19に対するmRNAワクチンを例に概説すると、ワクチン接種後の抗体量は個人差はあるものの、時間経過とともに緩やかに低下し、２回目接種後も感染するブレークスルー感染が世界中で問題となりました。これを防ぐことや重症化軽減を目的に、３、４回目の接種が行われました。２回目の接種から時間がたった人にブースター接種をすると、２回目直後よりも高い抗体の量を獲得できることや、３回目接種で10万人当たりの重症化患者数が、２回目接種のみの対象者と比べ約１／12に減少することが報告されています。

子牛を含む動物用ワクチンも全く同様で、ワクチン接種後、一定期間を経ると抗体量の減少に伴い疾病防御効果が低下します。感染症予防には、ワクチン効果の持続を常に意識したブースター接種を含む適切なワクチンプログラムを考える必要があります。ワクチン接種により“終生免疫”が成り立つとされてきた人の麻疹でさえ、接種後30～40年以上もたって発症するケースが近年問題になっています。ウイルスと遭遇しない環境では免疫記憶は低下し、感染を許すことになるのです。繰り返しになりますが、母牛からの尊い初乳で守られた子牛たちを、適正な衛生環境維持と適正なワクチンプログラム実施によって、外敵から守り続けることが求められます。そのためにも使用方法に応じたワクチンの追加接種が非常に重要なのです。

【初乳加熱殺菌の重要性】

残念ながら、ワクチンが存在しない牛の感染症はたくさんあります。乳汁を介して感染する疾病は多くあり、母牛からの初乳を介した感染を垂直感染といいます。例えば、ヨーネ病、大腸菌症、マイコプラズマ症、サルモネラ症などの細菌感染症や牛伝染性リンパ腫（旧・牛白血病）などですが、これらの感染を恐れて感染症予防に極めて重要な初乳給与を中止するのは本末転倒。乳汁を介した感染を防ぐには初乳の加熱殺菌が有効です。パスチャライザーは子牛へ給与する初乳や移行乳を60℃・30分で加熱殺菌する機器です。これを用いた適正な処理によって細菌などを不活化し感染を防御できます。なお、牛伝染性リンパ腫ウイルスについてはパスチャライザーによる殺菌で感染細胞を死滅させる効果があります。古くからある方法ですが、使用している農場からは「子牛の下痢が減った」「肺炎が少なくなった」など効果を実感する声が多く聞かれます。北海道釧路総合振興局のホームページでは初乳の加熱殺菌効果を紹介しています。ぜひ参考にしてください（https://www.kushiro.pref.hokkaido.lg.jp/ss/nkc/gijyutu/H30/JA09tyu.html）。

初乳や移行乳の凍結は、牛伝染性リンパ腫ウイルスの感染防止には有効ですが、ヨーネ病、大腸菌症、マイコプラズマ症、サルモネラ症などの細菌感染症の起因病原体は死滅できないのでご注意ください。

動物の病原体を用いたワクチン研究は人の健康に貢献し続けてきましたが、残念ながら獣医領域では有効なワクチンがない疾病が数多くあります。それでも動物用ワクチンは抗生物質の使用量を減らし、昨今、世界規模で問題となっている薬剤耐性微生物出現のリスクを軽減できる極めて重要な疾病防御法です。現在、「One Health」という言葉が注目されています。「One Health」とは人、動物、環境の健康(健全性)に関する分野横断的な課題に対し関係者が協力し、解決に向けて取り組むことを指します。この動きは世界的に広がっています。感染症対策は牛などの動物の健康だけでなく、人にとっても食品生産や公衆衛生の安全のためにも不可欠であることから、動物用ワクチンの重要性が高まり、その需要(動物ワクチン市場)も急速に伸びていくと予想されています。今後もさらに効果を高めるようなワクチンの登場が期待されます。

【参考文献】

1）福山新一(2008)「子牛の感染予防ワクチンプログラム」『Journal of the Japanese Society for Clinical Infectious Diseases in Farm Animals』Vol3, No.2 2008
2）小沼操ら(2017)『動物用ワクチンとバイオ医薬品—新たな潮流—』文永堂出版
3）明石博臣ら(2013)『牛病学』近代出版
4）獣医衛生学教育研修協議会編(2024)『動物衛生学 第2版』文永堂出版
5）北海道釧路総合振興局のホームページ(https://www.kushiro.pref.hokkaido.lg.jp/ss/nkc/gijyutu/H30/JA09tyu.html)

❷免疫を向上させる飼養管理見直し法

大塚　優磨

感染症対策は牛の健康性や免疫力から

感染症対策を考える際、まず思い浮かぶのは“消毒、抗菌剤、ワクチン”ではないでしょうか。しかし、これらの対策は必ずしも感染症の根本的な予防にはならず、特定の病原体にしか有効でない場合が多いです。特に酪農畜産現場では病原体の曝露(ばくろ)を完全になくすのは困難なことがほとんどです。そのため筆者らのチームでは牛の健康性や免疫力を高め、感染症の発症予防や軽症に抑えることが最も重要だと考え、病原体への対処に加えて子牛の発育や乾乳期管理などの飼養管理全体を見直します。本稿では感染症対策(免疫力)を軸とした管理全般の見直しについて解説します。

例えば哺育期の下痢が多発する農場の場合、乾乳期群への移動時期や栄養、分娩環境、初乳給与、哺乳方法、哺育舎の環境などを総合的に評価すべきです。ただし、農場の労力や設備は限られており、全てを完璧に評価・改善するのは難しい。そのため、数ある評価項目の中から厳選して❶出生時体重❷初乳吸収❸増体とルーメン発達─を定期的に測定することで乾乳期から育成期の管理が適切かどうかを確認します。これらに異常がある場合、感染症への直接的な対策と並行して、栄養や環境など飼養管理を見直すことをお勧めします。

❶の出生時体重は胸囲推定尺や体重計で実測します。出生時体重が小さい場合、乾乳期の栄養管理が不適切な場合や暑熱ストレスを強く受けていることが多く、その後の疾病罹患(りかん)率や発育に強く影響するため肉牛出荷や生乳生産にとって重要な要因となります。

また、哺乳担当者が初乳給与を適切に行っていても子牛が十分に吸収

図1　農場の月別新生子牛体重の例

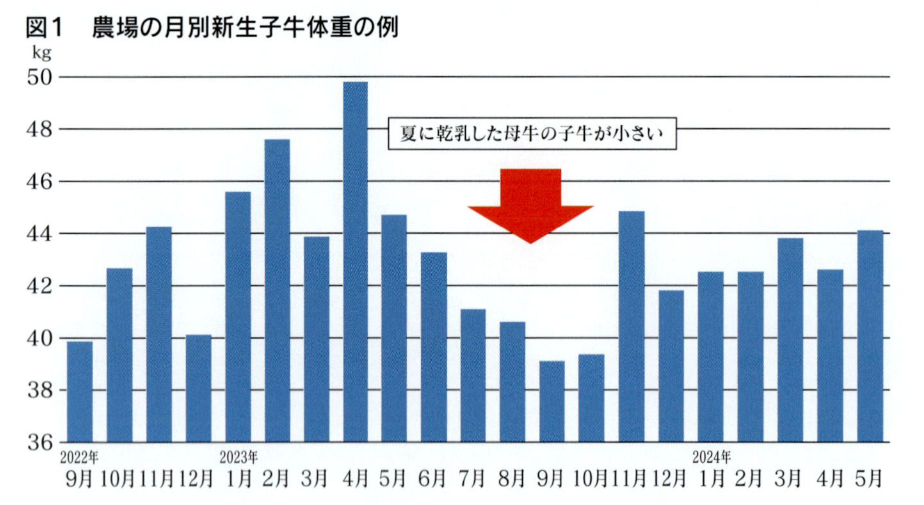

図2　子牛IgG濃度と総タンパク質濃度およびγグロブリン濃度の関係

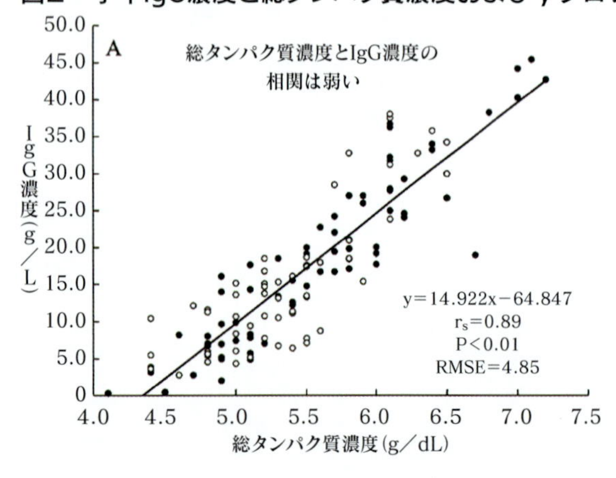

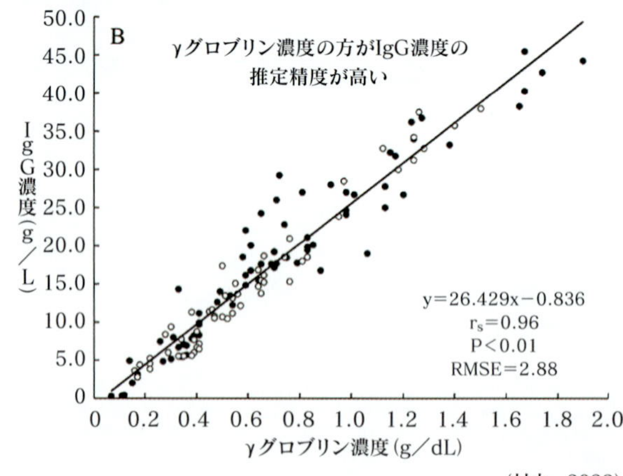

(村山、2023)

できていないことがあり、給与方法の聞き取りだけでは本当の課題が見つからないことが多い。理由は出生時の低体重や活力減弱、分娩環境の汚染状況によって初乳摂取量や吸収率が減少するためです（**図1**）。そこで、❷の初乳吸収を評価するため、子牛の血中IgG（免疫グロブリン）濃度をモニタリングします。具体的には1週齢未満（理想は1～2日齢）の子牛を採血し、総タンパク質濃度ではなくγグロブリン濃度からIgG濃度を推定するのが低コストかつ高精度です（**図2**）。

初乳吸収レベルを高める

新生子牛の血中IgG濃度を10g／L未満をPoor（不良：受動免疫不全）、10～18g／LをFair（普通）、18～25g／LをGood（良好）、25g／L以上をExcellent（優良）と区分した場合、優良牛は生存率だけでなく疾病に罹患しない割合も高い。また牛群内のExcellentの割合は40％以上が理想とされています（**図3**）。筆者が担当する農場では❶の出生時体重と❷の初乳吸収のモニタリングに加え、スタッフへの聞き取り・観察から課題を明らかにし、乾乳期管理・分娩管理・初乳管理を徹底したことでほとんどの牧場で全頭がExcellentとなり、子牛の疾病が減少し発育が向上しました（**図4**）。

適切な初乳給与の条件は糞尿の汚染や乳房炎がなく、十分な抗体を含む良質初乳（初乳IgG50g／L以上≒Brix値20％以上）を、IgG量300g以上となる量で（必要に応じ初乳製剤を添加）、出生後3～6時間以内に給与することです（**図2、3**）。この時、やみくもに「出生後すぐに腹いっぱいの初乳を飲ませよう」とすることには注意が必要です。前述した通り、そもそも新生子牛が小さい、または不適切な分娩介助によって弱っていると初乳を自力で飲めないことが多いからです。

分娩場所の汚染が重度な場合は、たとえ自

図3　移行抗体（生後2～7日目の血清IgG濃度）のクラス分けと非罹患率および生存率の関係

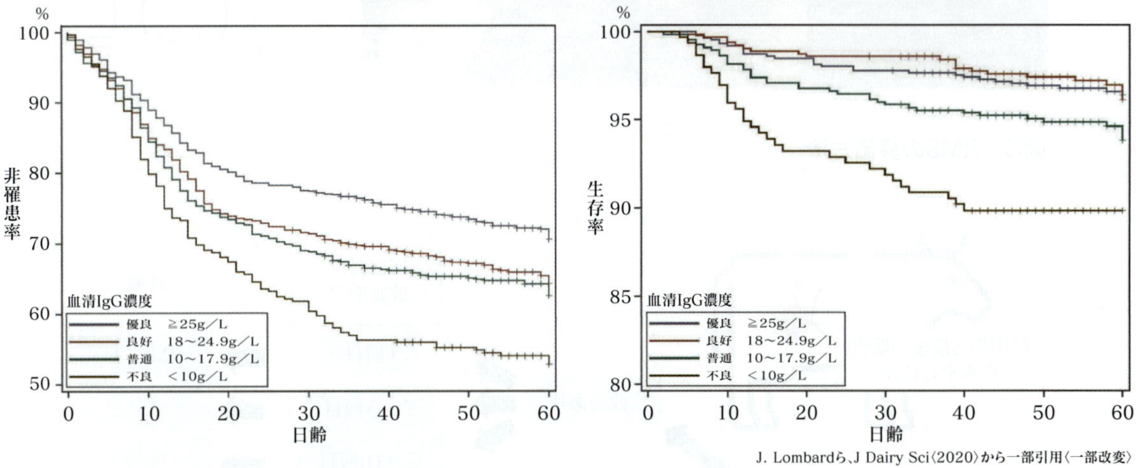

J. Lombardら、J Dairy Sci（2020）から一部引用（一部改変）

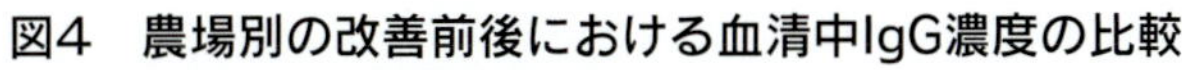
図4　農場別の改善前後における血清中IgG濃度の比較

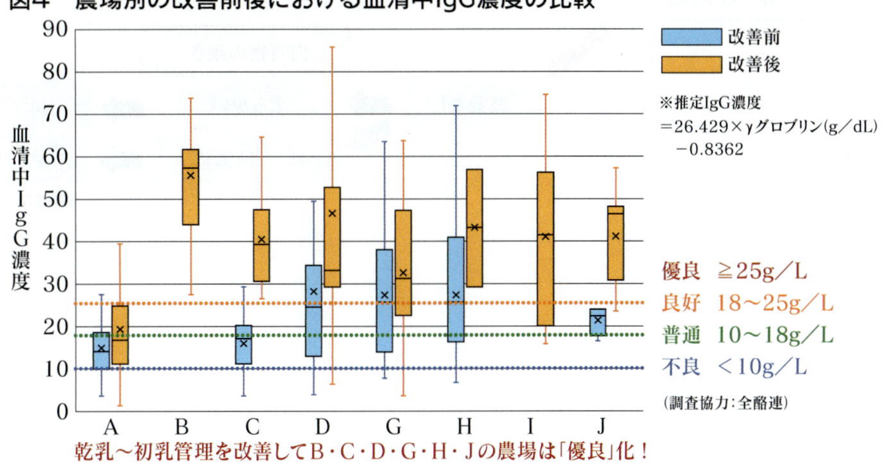

力で初乳を哺乳できたとしても吸収率は低下します。一方、新生子牛の活力が正常なら、カテーテルで給与しても初乳吸収率が低下しないと報告されています。そのため出生した時刻（深夜や早朝）によってはカテーテル給与を組み合わせると作業性が向上し、安定した初乳管理が可能になります。子牛の血清IgG濃度が低いときは、これら管理の中でどこかに重大な欠点があることがほとんどなので、最も重要な欠点を解決しながら初乳吸収レベルを高めてください。

❸の増体とルーメン発達をモニタリングするために、離乳以降の体重、腹胸比、ルーメンマットスコア（RMS）を測定することで、哺育期から育成期の発育やルーメン発達を評価できます（図5、6）。適切なルーメン発達を達成すれば呼吸器病が激減すると報告されており、亜急性ルーメンアシドーシス（SARA）の低減にもつながることから、病原体への感染や生産性向上のために非常に重要な評価項目です。

図5　胸囲と腹囲の比較方法

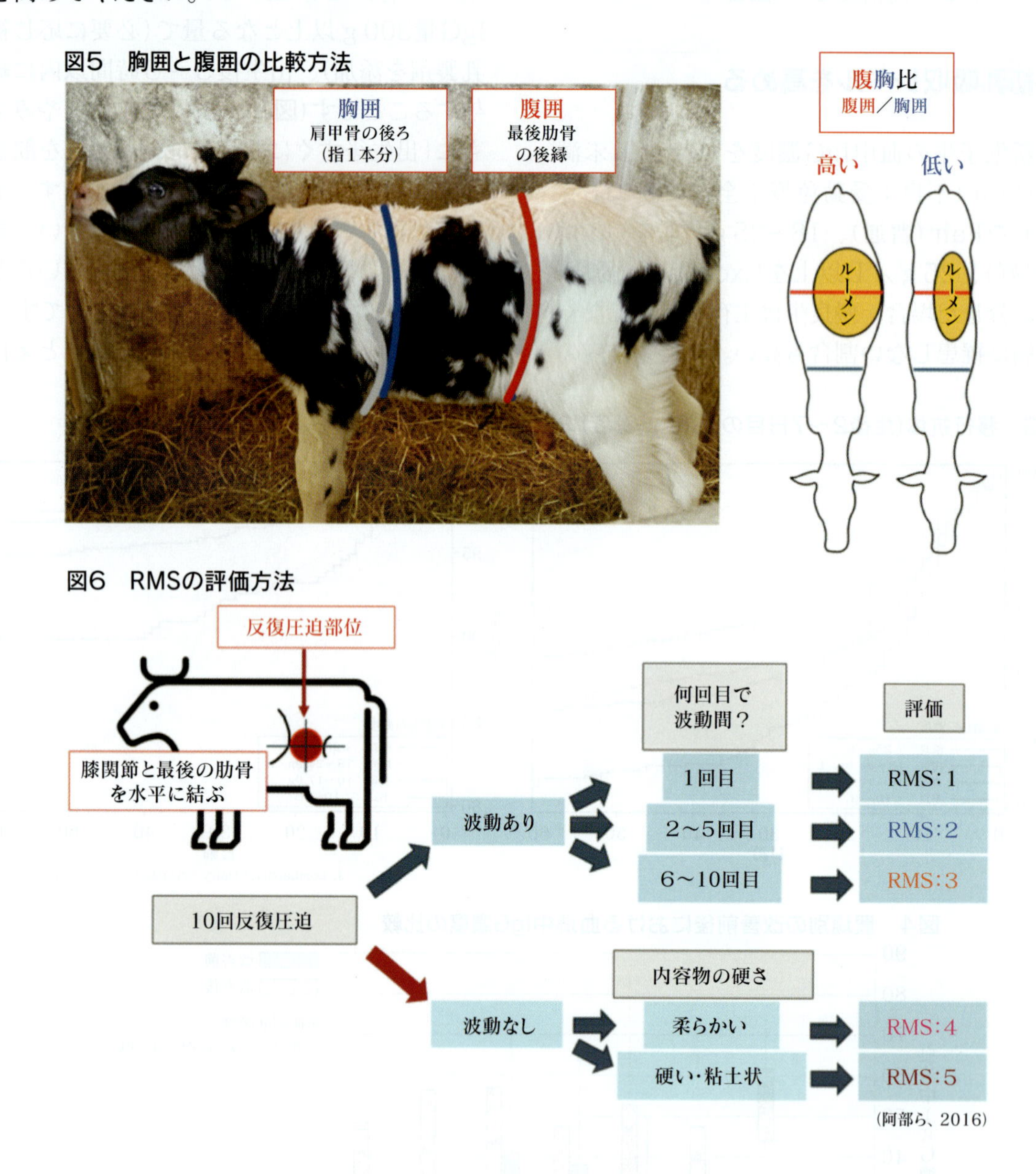

図6　RMSの評価方法

（阿部ら、2016）

重要疾病の基礎知識と予防策

❸下痢

大塚　優磨

原因となる病原体と発症しやすい日齢

消化器疾患の種類は感染性下痢、消化不良性下痢、第四胃潰瘍および食滞、腸捻転、臍帯（さいたい）炎から波及した肝炎など多岐にわたります。

感染性下痢の原因となる病原体は主に、病原性大腸菌、クロストリジウム、サルモネラなどの細菌、ロタウイルス、コロナウイルスなどのウイルス、クリプトスポリジウム、コクシジウムなどの寄生虫があり、これらの病原体ごとに発症しやすい子牛の日齢があります。一般的に病原性大腸菌は生後３日以内、ロタウイルスやクリプトスポリジウムは生後１～２週齢、コロナウイルスは１～３週齢、コクシジウムは３～４週齢、クロストリジウムやサルモネラは生後数日齢から成牛までと幅広く発症します（**図１**）。しかし、いずれの日齢もあくまで目安であり、子牛の免疫力や病原体の種類によって農場ごとに発症の多い日齢は異なります。

また、下痢の糞便性状は軟便、水様便、血便、偽膜が混じるといった違いがあり、腐敗臭、白色または灰白色などの特徴を呈する場合もあります。観察力が熟練されると糞便性状から病原体を推測することも可能になりますが、筆者は適切な対応を検討するため糞便検査および抗体検査を行っています。これらを踏まえ本稿では、感染性下痢における各病原体の基礎情報を簡単に解説した上で、筆者が現場で得た経験や実践している対策を紹介します。

下痢の種類と予防法

【大腸菌性下痢】

大腸菌性下痢の多くは出生後３日齢以内までに発症します。発症した場合、重度の水様性下痢と脱水、ショック症状を呈することが多く、死廃事故につながりやすい危険な疾病です。ただし北海道、青森県、関東地方における調査では、哺育期の感染性下痢の中で細菌性下痢は全体の6.0～6.4％で、中でも病原性大腸菌は１週齢以内にのみ検出されています。筆者が行った調査でも、２カ月齢までの下痢子牛の中で病原性大腸菌（K99線毛産生大腸菌）が検出されたのは5.6％（２／36頭）でした。これらのことから、下痢子牛に対する抗菌剤投与は必須ではなく、１週齢以内の全身症状の強い下痢牛に限定するのが適切と考えます。ただし、後述するクロストリジウム症やサルモネラ症の場合は抗菌剤投与の検討が必要なため、糞便検査や抗体検査による病原体のモニタリングが必要になります。

抗菌剤の多用は病原性大腸菌の耐性獲得を促進し、投薬終了後も耐性菌が残存して投薬前の腸内細菌叢（そう）には戻りません。一方、事前に生菌剤を投与してから抗菌剤を使用すると耐性菌出現が緩やかになるとともに、投薬終了後の耐性菌が減少し、投薬前の腸内細菌叢に回帰します。これらのことから、新生子牛に生菌剤を先行投与しておくと、抗菌剤を投与した際の耐性菌増加や腸内細菌叢の乱れを低減できます。

大腸菌性下痢が多発する場合、乾乳期から初乳給与までの管理が不適

図１　各病原体の発症日齢

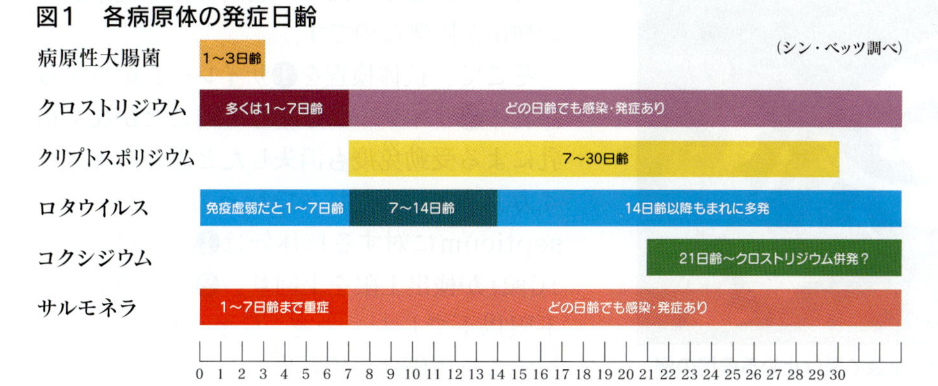

切だったことにより、子牛の免疫が低下しているケースがほとんどです。前項（56～58ページ）で紹介したように乾乳期管理から初乳給与までを適切に行い、十分な出生体重と初乳吸収を達成すれば大腸菌性下痢は激減します。

大腸菌性下痢を考える上で重要となる分娩場所の清潔さについて述べます。分娩場所は単に消毒を徹底するのではなく、母牛の牛体が糞尿で汚れていないか、過密にならずゆったり横臥（おうが）して反すうできるかなどを確認し、快適かつ清潔な場所で分娩できるようにしましょう。ある農場では新生子牛の感染を防ぐため、分娩時に新生子牛を飼料の紙袋で受け止めていました（**写真１**）。しかし、乾乳後期牛に生菌剤を給与し、コンポストバーンの状態が改善してからは、たとえ自然分娩させても出生後数日間の子牛が下痢になることは激減しました。

K99線毛産生大腸菌を含むワクチンを母牛に接種することで初乳中の抗体価が増加し、その初乳を摂取した子牛の抗体価増加と下痢減少が多数報告されています。母牛へのワクチン接種による大腸菌性下痢の予防は非常に有効だと考えられますが、初乳を適切に給与することが前提となります。

繰り返しになりますが、大腸菌性下痢の対策は乾乳期から初乳管理を見直した上で、抗菌剤投与に頼り切らず生菌剤を給与することで腸内細菌叢を整えることが重要です。

【クロストリジウム感染症】

クロストリジウムは土壌に常在する嫌気性菌の一種です。一般的にクロストリジウムが病原性を示すケースとして、成牛におけるClostridium（C.）chauvoeiによる気腫疽（きしゅそ）、C.septicumやC.perfringensによる悪性水腫、C.perfringensによる出血性腸炎やエンテロトキセミア（腸内毒素血症）がよく知られています。しかし近年、哺育期から育成期における下痢でもクロストリジウム感染が疑われる事例に遭遇しています。筆者が経験したケースでは、哺育期における他の病原体（ウイルスやクリプトスポリジウム）とクロストリジウムの混合感染、搾乳牛におけるクロストリジウム感染による突然死や下痢多発が見られました。

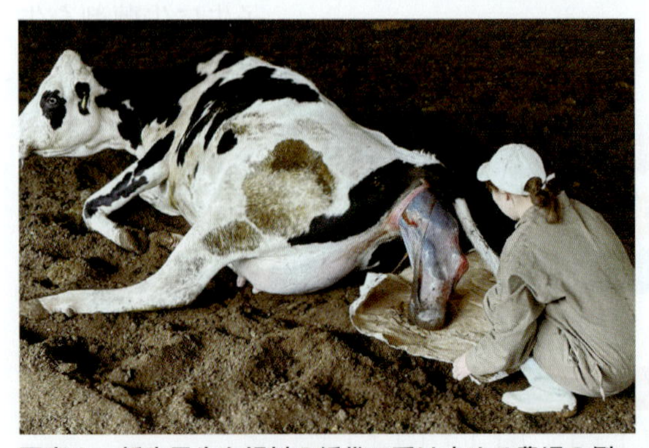

写真１　新生子牛を飼料の紙袋で受け止める農場の例

クロストリジウムの関与を疑うきっかけは、2023年に２農場で受動免疫モニタリングのため、哺育牛の抗体検査を行った際にC.septicumへの抗体価が異常な高値を示したことです。離乳前の子牛でこの抗体価が測定上限を上回った割合は、A農場で83.8％（31／37頭）、B農場は100％（９／９頭）でした。検査時（23年11月）には突然死や重度の下痢が観察されなかったものの、A農場では24年２～３月に搾乳牛の重度下痢多発や突然死が発生し、１週間で６頭の搾乳牛が死廃となりました。哺育牛でも普段とは症状の異なる重度の下痢が散発していました。一方、B農場では24年３月に５～７日齢の哺育牛にて重度の下痢、血便、突然死が発生し１週間で３頭が死亡しました。感染が疑われる子牛は２カ月間で15頭に及びました。

ここからは筆者が対策に介入したA農場の対応について紹介します。病原体を特定するために糞便やサイレージを用いてクロストリジウムの検出を試みましたが、C.perfringensが少量検出されるのみでC.septicumは検出されません。C.septicumはクロストリジウム属菌の中でも特有の栄養要求や嫌気性要求を持っており、培養する際にその条件を満たすのが難しいため一般的には環境中からの検出が困難なのです。

そこで、抗体検査を❶サイレージ給与する搾乳牛❷サイレージを給与したことがなく初乳による受動免疫も消失したと思われる３～４カ月齢の育成牛―で行ったところ、C.septicumに対する抗体価は❶の70％（７／10頭）が検出上限を上回り、❷は全頭が検出下限以下でした。一方、C.perfringensに対する抗体価は、搾乳牛で一部高値を示したものの一定の結果にはならず、育成牛では全頭が検出下限以下でした。これらのことから、A農場ではC.septicum感染が下痢や突然死の原因だと推定し、発症牛へのペニシリン投与とクロストリジウムワクチンを接種しました（**図2**）。併せて亜急性ルーメンアシドーシス（SARA）を低減させるためPMR（部分混合飼料）に含まれるトウモロコシを減らし輸入エン麦を1kg追加、搾乳ロボットの配合飼料給与量を1kg減らし、飼槽の一部に輸入チモシーを給与して自由採食させました。これらの対策の結果、搾乳牛では重度の下痢や突然死がなくなりました。

一方、哺育牛ではその後も生後2～5日齢における下痢が散発しており、治療的診断のためペニシリンを投与したところ7／7頭で著効を示し、投与後1～2日で全身症状と下痢が改善しました。一方、9～10日齢での下痢ではクリプトスポリジウムとクロストリジウムが糞便から検出されており、これらの牛にはペニシリンが有効であるものの即日完治はしませんでした。そのため、鶏卵抗体（IgY）製剤（「グローアップ88」、EWニュートリション）を添加することで完治を促しました。

このように、クロストリジウムは哺育牛から搾乳牛まで幅広く病原性を発揮します。特にC.septicumは通常の糞便検査では検出できず、抗体検査は初乳抗体が消失し切らない2カ月齢以内では感染の有無を明らかにできないことから、ペニシリンによる治療的診断が有効となります。

また、牛群内でクロストリジウム感染を疑う症例が散発する場合は、飼養管理改善と合わせてクロストリジウムワクチン（「“京都微研”キャトルウィン－Cl5」、ささえあ製薬㈱）の接種も効果的と考えます。同ワクチンは、各種クロストリジウムが産生する毒素に対するトキソイド（免疫原性を有した状態でその毒性を消失したもの）ワクチンで、十分な抗体価の上昇を維持させるため適切な間隔で接種します。推奨される接種時期は、初回接種後の1カ月後に再接種、その後は半年に1回となります（**図2**）。ワクチンのコストや接種の労力を考慮して、農場に合った方法を検討しましょう。

【クリプトスポリジウム症】

クリプトスポリジウムは直径4～6μm（マイクロメートル）の非常に小さな寄生虫で、人獣共通感染症の一つです。この寄生虫は農場における完全防除が極めて難しく、その理由として❶感染牛は1日に100億個もの虫卵を排せつする❷虫卵は非常に感染力が強く10～100個の虫卵を他の子牛が経口摂取するだけで感染が成立する❸湿潤環境中では虫卵が数カ月間生存し続けるため、感染リスクも長期間続く―が挙げられます。

特に1～4週齢の子牛は感染しやすく、さらに子牛の体内で自家感染を引き起こすため、感染が約1週間持続します。正常な免疫を獲得できていれば1カ月齢以降で感染・発症することはまれですが、さまざまな要因で免疫不全を起こしている場合は、1～2カ月齢での感染・発症が確認されることもあります。

クリプトスポリジウムには抗菌剤や一般的な消毒薬が効きません。虫卵を効果的に殺滅するには、火炎滅菌や72℃で1分間の加熱が必要ですが、これらの方法を牛舎内で行うのは現実的ではありません。石灰乳塗布で感

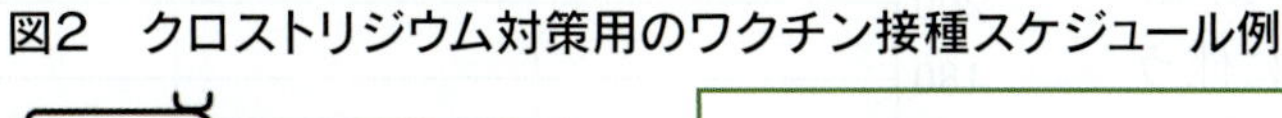
図2　クロストリジウム対策用のワクチン接種スケジュール例

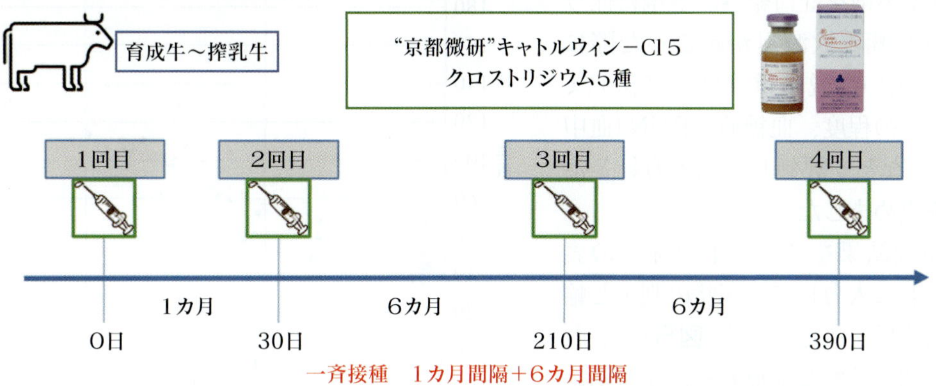

染を防止できた事例もあるものの、感染子牛からの虫卵排せつが続くため、感染の連鎖が断ち切れず、牛舎内でのまん延を防ぐことが非常に困難です。

クリプトスポリジウムの陽性率および重症度は子牛の血中IgG（免疫グロブリン）濃度によって異なります（Lora、2018：Renaud、2020：Lise A. Trotz-Williams、2007）。筆者の調査では２カ月齢以内の下痢子牛を対象とした糞便検査におけるクリプトスポリジウム陽性率は55.6％（20／36頭）でした。また感染牛は離乳後77日齢までの発育が低下することが知られています（**図3**）。筆者の巡回するC農場でも、クリプトスポリジウムによる下痢が多発した時期では、子牛の発育が停滞していました（**図4**）。このため、クリプトスポリジウムの対策は感染後の子牛の損耗を減らすことが重要です。

まずは初乳給与方法を見直し、血清IgG濃度を高めました。さらに、生後直後から２～３週齢までの下痢好発時期にIgY製剤を給与。それでも下痢になる子牛には経口電解質を与えました。この時、自力での補液量が少ない子牛には脱水対策としてカテーテルを使って強制補液を行いました。これらの結果、下痢の発生は落ち着き、輸液回数は激減し、発育停滞を軽度に抑えることができました。

D農場ではポータブル血液検査機（iSTAT）を用いて現場で血液検査し（**写真2**）、静脈内輸液を含む自家治療を行いました。この農場では乾乳期管理（バイパスアミノ酸添加、牛床環境整備、乾乳前期の給餌回数増加）と初乳管理の改善（IgG給与量の増量、カテーテル活用）に加えIgY製剤を経口給与。下痢に伴う体調不良や哺乳欲減退が起こった際にiSTATを用いて脱水重症度、アシデミア（酸血症）の程度、血糖値、BUN（血中尿素窒素）などを評価して治療方針と治癒判定を決めました。

血液検査結果をスマートフォンの表計算ソフトに入力して、病状の判定と輸液剤や輸液量を決定します（**図5**）。これにより早期の診断と治療方針決定が明確になり、輸液後の治癒判定が的確になりました。これらの結果、対策前は２年間で哺育牛が７頭死亡していましたが、対策後は１年間で腸炎や呼吸器病による子牛の死廃事故がなくなりました。

以上のように、クリプトスポリジウムは完全な感染防止を達成することが難しい病原体のため、乾乳期と初乳管理を徹底し、IgY製剤の使用や早期診断・治療で子牛の損耗を軽減することが重要です。

【ロタウイルス下痢症】

ロタウイルスは主に１～２週齢で感染しやすいのですが、幼若牛だけでなく離乳後の育成牛や搾乳牛でも感染による下痢が多発することがあります。ロタウイルスの感染率は14.7～28.6％（Lora、2018）、または94.2％（Renaud、2020）と報告がまちまちで、筆者が行った２カ月齢以内の下痢牛を対象とした糞便検査では36.1％（13／36頭）でした。ロタウイルスの単独感染ではそこまで重症化しませんが、クロストリジウムやクリプトスポリジウムとの混合感染や寒冷ストレス

図3　クリプトスポリジウム感染による離乳後の発育低下状況

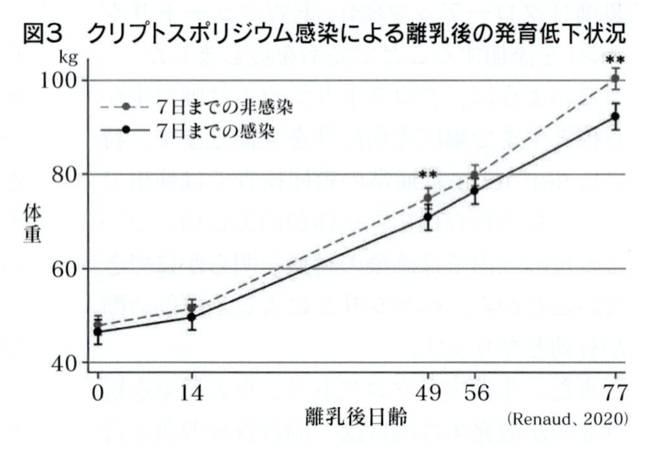

図4　C農場におけるクリプトスポリジウム感染牛と非感染牛の増体状況

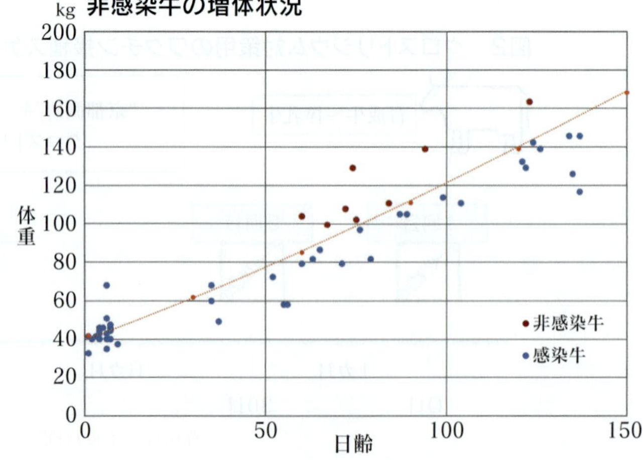

などにより重篤化します。

哺育期のロタウイルス感染への一般的な対策は、乾乳期管理や初乳管理の見直し、寒冷対策、早期発見・適切治療など他の下痢対策と共通します。

一方、筆者が巡回する２農場では、３～５カ月齢の育成期でもロタウイルスによる下痢が多発することがありました。食欲不振になるような全身症状はほぼなかったものの、１週間以上軟便や下痢を繰り返していました。ロタウイルスに対する抗体価を調査したところ、育成舎に移動した３カ月齢以上の牛で全頭が測定上限以上を示し、糞便検査でロタウイルスとコクシジウムが検出されました。

抗コクシジウム剤の投与だけでは完治しなかったことから、嗜好（しこう）性の高い粗飼料への変更と乳酸菌・枯草菌・酵母を含む発酵飼料給与による対策で、下痢の発生が収まりました。育成期や搾乳期のロタウイルス感染は免疫低下に由来すると考えられるので、特に飼養管理を見直すべきでしょう。糞便検査で病原体を特定し、感染症を併発させないことが重要となります。

【コクシジウム症】

コクシジウム症の原因はEimeria属の原虫で、石灰乳やオルソ剤（オルトジクロロベンゼンとクレゾールの主成分から成る合剤）による消毒が一部有効という報告がありますが完全防除が難しい疾病です。コクシジウムに感染した牛の症状は、必ずしも血便だけでなく軟便や下痢便など多岐にわたります。

子牛がコクシジウムのオーシスト（接合子嚢〈のう〉）を経口摂取し、糞中に未成熟オーシストを排せつするまでの期間は原虫の種類によって異なりますが、おおむね３週間とされることから、好発日齢は３～４週齢が多いです。一方、成牛はコクシジウムの虫卵が糞便中から検出されても下痢になることはまれです。コクシジウムは15種類ほど報告されていますが、病原性が強いとされるのはE.zuerniiやE.bovisです。

コクシジウムによる下痢を重篤化させる要因として、前述したクロストリジウムの混合感染があります。コクシジウム感染の指標である糞便１ｇ中オーシスト数（OPG）が1,000個／ｇ以上になると下痢が発症。単独感染の場合、血便まで至るのは少ないのですが、OPGが10^5個／ｇ以上ではクロストリジウムとの混合感染が増え症状が重篤化します。

一般的な対策はトルトラズリル製剤などの抗コクシジウム剤の経口投与が用いられ、最適な投与時期はコクシジウム感染による下痢好発時期の１週間前とされます。農場によって好発時期が３～４週齢と10週齢のように２回の場合もあります。その場合は１回目の好発時期に抗コクシジウム剤を投与し、その効果が減弱した時期（４～６週間後）に２回目を投与すると有効な場合があります。ただし、用法は単回投与なので、２回目以降の投与は獣医師の指導の下、行ってください。トルトラズリル製剤は原虫の核膜腔、ミトコンドリア、小胞体に作用し、子牛体内の全ステージのコクシジウムに有効性を発揮します。一方、コクシジウムに有効とされるサルファ剤は葉酸合成阻害により２回目のシゾント（繁殖体）形成のみを阻害するため、コクシジウムの発

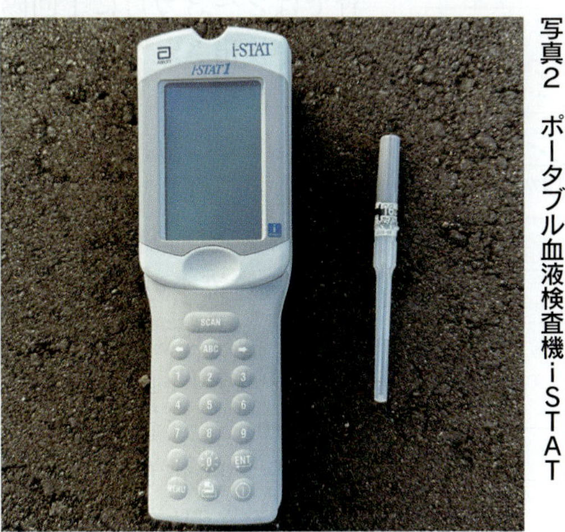

写真２　ポータブル血液検査機i-STAT

図５　表計算ソフトのイメージ

耳4桁	9197

初診		
体重	40	kg
出生日	2024/3/19	
検査日	2024/3/27	
病日	2	病日
日齢	8	日
Ht	22	%
K	4.1	mEq/L
BUN	13	mg/dL
pH	7.41	
BE	3	-3

初診		
体重	40	kg
出生日	2024/3/19	
初診日	2024/3/26	
病日	1	病日
日齢	7	日
Ht	39	%
K	4.6	mEq/L
BUN	63	mg/dL
pH	7.133	
BE	-14	14

輸液翌日		
体重	40	kg
出生日	2024/3/19	
検査日	2024/3/27	
病日	2	病日
日齢	8	日
Ht	36	%
K	4.2	mEq/L
BUN	47	mg/dL
pH	7.265	
BE	-8	8

脱水レベル	貧血	
採血失敗？		
脱水時期	早期発見	
アシデミア	なし	
等張重曹注投与量	0	ml
輸液剤	酢酸リンゲル糖	
輸液量	0	ml
輸液総量	0	ml
輸液速度	急速＆緩徐	

脱水レベル	重度脱水	
採血失敗？	採血成功	
脱水時期	慢性脱水 ＆ 2日点滴	
アシデミア	中度アシドーシス	
等張重曹注投与量	1500	ml
輸液剤	酢酸リンゲル糖	
輸液量	2500	ml
輸液総量	4000	ml
輸液速度	急速&緩徐	

脱水レベル	脱水	
採血失敗？	採血成功	
経過	改善弱	
アシデミア	軽度アシドーシス	
等張重曹注投与量	1000	ml
輸液剤	等張リンゲル糖	
輸液量	2000	ml
輸液総量	3000	ml
輸液速度	緩徐	

育ステージがその時期に該当するまで連続投与が必要なことに注意が要ります。これらの方法で下痢が予防または治療できない場合、多くはクロストリジウムをターゲットにしたペニシリン投与が著効を示します。完全防除ではなく混合感染を防ぎ、軽症化させながら対処していくのも一つの手です。

【サルモネラ症】

サルモネラ症は人獣共通感染症の一つで、近年増加傾向にあり、その中で３菌種（S.Dublin、S.Enteritidis、S.Typhimurium）が届出伝染病です。感染力や病原性の強さに加え、搾乳牛への抗菌剤投与や牛の移動規制による作業性悪化により農場が受ける被害は甚大です。哺育牛から成牛で発症し、症状は下痢、食欲不振、突然死、肺炎、流産など幅広い。感染経路としてサルモネラを保菌した野生動物が関与していると考えられますが、正確な感染経路が不明な場合も多いです。

サルモネラは感染してから牛体内で生きているものの培養はできない状態（viable butnon-culturable）になることがあり、抗原検査で感染牛を正確に摘発するのが難しいです。また、S.Typhimuriumの血清型はⅠ型～Ⅸ型に分類されており、近年の北海道ではⅦ型とⅨ型が増加しています。これらの血清型は、保有する血清型特異的病原性プラスミドにより多剤耐性を獲得していることから、抗菌剤でサルモネラを殺滅するのは容易ではありません。

対策は消毒、ワクチン接種、抗菌剤投与、淘汰が一般的ですが、コストと労力が大きく、他の損害リスクも伴います。

筆者が経験したサルモネラ対策について解説します。23年10月に哺育牛でサルモネラ発症牛および糞便検査陽性牛が発見された前述のA農場では、筆者が介入する前には石灰大量塗布による牛舎消毒と同牛舎全頭へのニューキノロン系注射用抗菌剤の５日間投与と、経口抗菌剤（サルモネラにあまり感受性のないペニシリン、ストレプトマイシンの合剤）を常時投与し、治療後も完治しない牛は淘汰していました。しかし、２週間おきのスクリーニング検査では２～３カ月に１回陽性牛が検出され、半年近く終息には至りませんでした。この農場では初乳のBrix値を測定・記録しており、サルモネラ発症直前（23年９月）から対策変更前（24年４月）まで安定しておらず、Brix値20％を下回る低品質初乳も多かったです（**図６**）。

そこで24年５月から筆者が介入を開始し、乾乳後

図６　A農場の初乳Brix値の推移

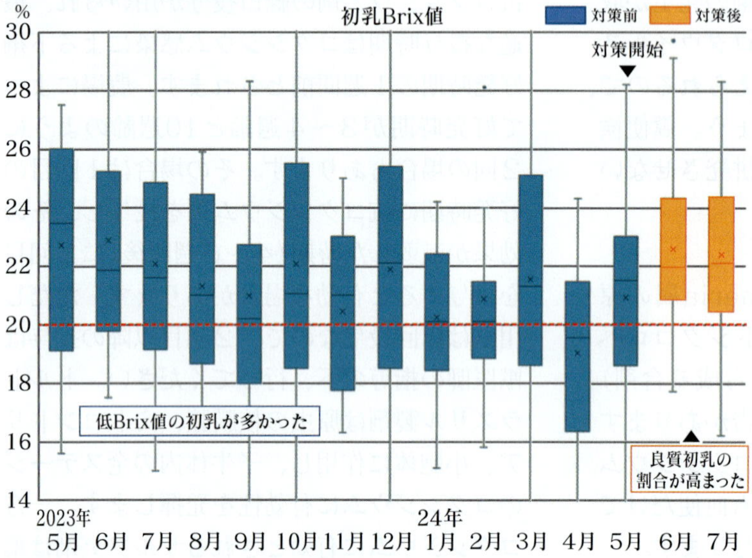

初乳Brix値　対策前　対策後

対策開始

低Brix値の初乳が多かった

良質初乳の割合が高まった

2023年 5月 6月 7月 8月 9月 10月 11月 12月 24年 1月 2月 3月 4月 5月 6月 7月

※2023年10月にサルモネラ症、24年２月にクロストリジウム感染症発生

図７　A農場におけるホル雌の発育曲線

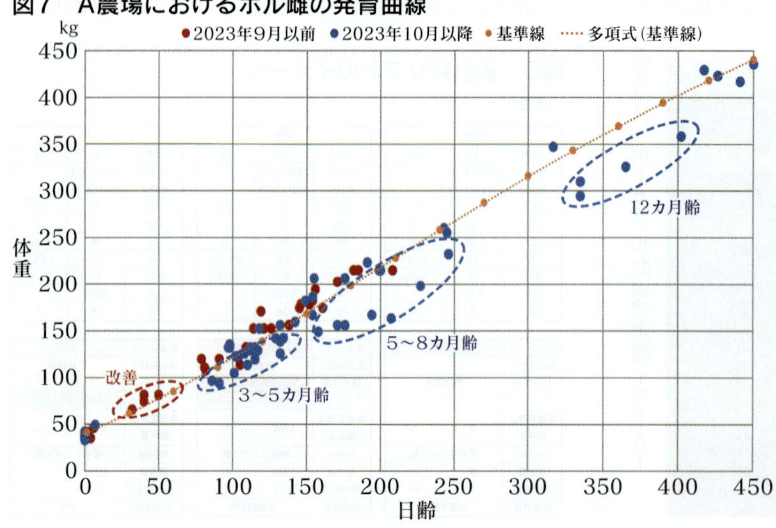

写真３　石灰塗布による目の充血と目周囲のただれ

期牛に対しバイパスコリンと酪酸菌を含む生菌剤を給与し、哺育牛にも生菌剤を給与しました。抗菌剤投与はサルモネラ陽性牛のみとし、同牛舎の全頭への注射用および経口抗菌剤は中止。牛舎内への石灰塗布については、哺育牛の目の充血と目の周囲の白いただれが見られ(**写真３**)、環境の常在細菌叢も乱して逆にサルモネラを生存させてしまうと考え、ハッチ内やスタッフが通る通路に限定しました。これらの結果、現在まで半年以上続けているスクリーニング検査では陰性が続いているのに加え、初乳Brix値はほとんどの牛で20%以上、目の充血牛もいない状態となっています。

サルモネラ陽性牛の発見から全頭抗菌剤投与が行われていた期間の牛は、育成期までの発育が停滞しており(**図７**)、ルーメン発達も低下していましたが(**図８**)、対策を講じたことで体重充足率と腹胸比が向上しました(**図９**)。発育停滞の要因としては、サルモネラ感染による直接的影響に加え、抗菌剤多用によるルーメン内の細菌叢や絨毛(じゅうもう)の発達不良という間接的影響があったと考えられます。離乳前後や搾乳牛でのサルモネラ感染が認められる場合、SARAや大腸アシドーシスも感染を助長させる要因になることから、飼料や牛舎の管理改善、ルーメンと腸内の細菌叢の健常化は非常に重要になります。

以上のことから、環境中や牛個体内のサルモネラを絶対的に排除するには限界があるため、乾乳期から哺育期の健康性や腸内細菌叢および環境中細菌をコントロールすることが重要です。サルモネラ症発生時の初動として、牛群内での感染を食い止めるための消毒や抗菌剤投与は必要ですが、その後は飼養管理改善や生菌剤投与へとシフトしてサルモネラが多少存在しても感染しない状態をつくるのが最適な対応だと考えます。

図９　A農場におけるサルモネラ発生前後の体重充足率

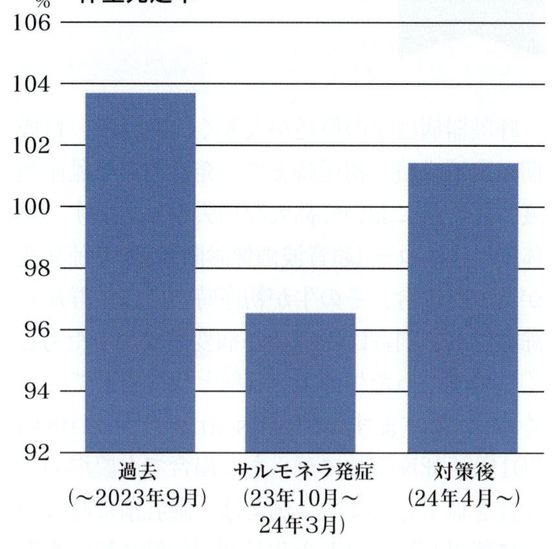

図８　サルモネラ発生前後の腹胸比

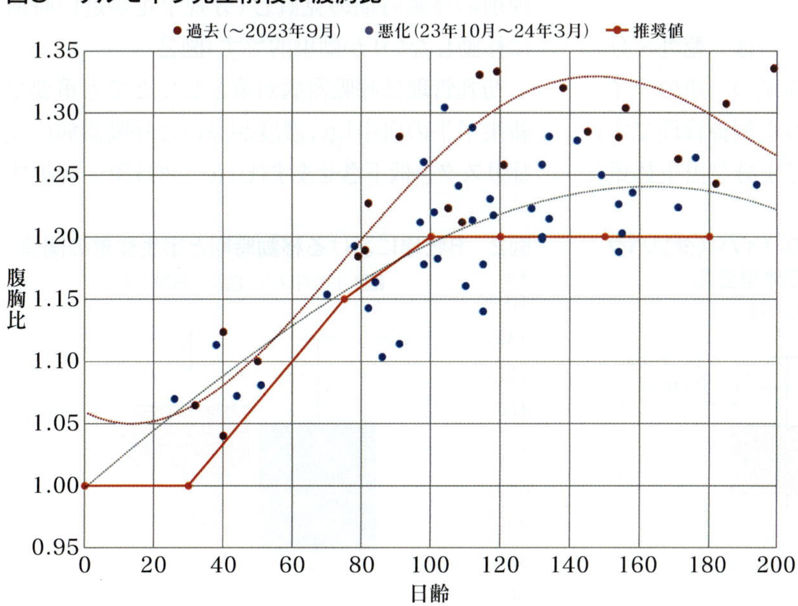

④呼吸器病

大塚　優磨

呼吸器病は牛の損耗が大きく、除籍率、育成期の繁殖成績、初産時までの発育停滞と難産頻度、泌乳量において甚大な損失を与えます。具体的にはエコー（超音波画像診断装置）で肺病変があった場合、その牛が初産時までに牛群から除籍される割合は26％と、病変のなかったもしくは軽度だった牛の１～５％と比べてとても高くなっています（Adams and Buczinski、2016）。死廃事故に至らない場合でも農場の生産性を低下させます。例えば、離乳前に呼吸器病に罹患（りかん）した牛は初回授精や初産を迎える月齢が遅れ（Stanton、2012：Abuelo、2021）、初回授精時体重が約16kg低下し、難産の頻度が約1.5倍増え（Stanton、2012）、初産乳量が526kg低下すると報告されています（Dunn、2018）。

子牛の呼吸器病は多くの要因によって発症することから、Bovine Respiratory Disease（BRD）と呼ばれ、抗菌剤投与やワクチン接種といった単一の対策では大きな効果を得られないことも多い。本稿では、呼吸器病のリスク要因を整理してから、筆者が経験した事例を基に「どのように対策を決め、モニタリングして改善に向かったか」について解説します。

呼吸器病のリスク要因

呼吸器病の予防で最も重要なのは、乾乳・分娩・初乳・哺育・離乳という環境の一連のサイクルをイメージした以下のような飼養管理です。

・適切な乾乳期管理によって十分な出生体重と活力のある新生子牛を分娩させる

・分娩環境を整え必要に応じた介助によって、死産率を減らし出生子牛が弱らないようにする

・初乳を適切に給与し、子牛の免疫力とその後の発育を高める

・十分な哺乳量を給与した上で固形飼料の摂取量を確保し発育とルーメン発達を促す

・離乳前後の移動・群編成・餌の変化によるストレスを軽減させる

・換気と寒冷ストレス対策を両立した牛舎構造と管理をする

【出生体重と初乳吸収】

呼吸器病のリスク要因を個別に調査すると、出生時の低体重、血中IgG（免疫グロブリン）濃度の低下（受動免疫不全または不十分）が報告されていますが（Urie、2018）、これらは乾乳期の栄養（例・バイパス〈ルーメン非分解性〉タンパク質の給与）や牛舎の管理を見直すことで、改善が期待できます（**図1**）。近年は遺伝的改良が進みやすい育成牛には雌雄選別済み精液を授精して後継牛を生産し、経産牛には和牛精液の授精や和牛受精卵移植を行うことで、牛群改良と肉牛出荷による収益増加を両立させる農場が増えています。その際、初産牛が分娩したホルスタイン雌子牛の出生体重は小さくなる場合があり、対策として育成期管理の見直しや初産分娩前の移動時期の見直し（分娩予定が近い時期に移動しない）が効果的です（**図2**）。

初乳管理は呼吸器病対策としてとても重要で、新生子牛の血中IgG濃度が高いと呼吸器病の発症リスクを低下させます（Urie、2018）。後述す

図1　A農場における乾乳牛へのバイパスタンパク質給与による１週齢子牛の体重変化

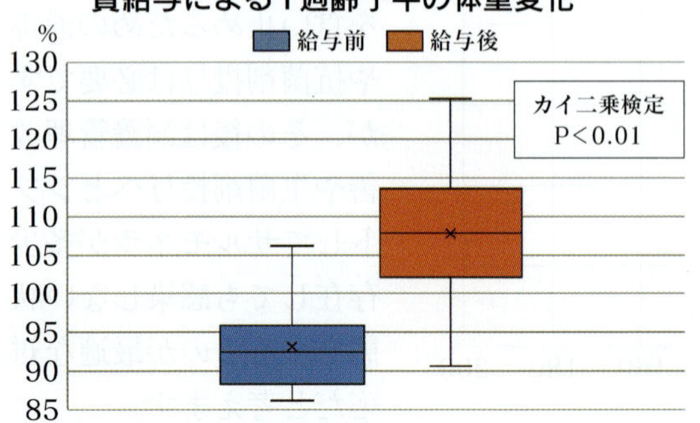

図2　B牧場における移動時期と出生体重の関係

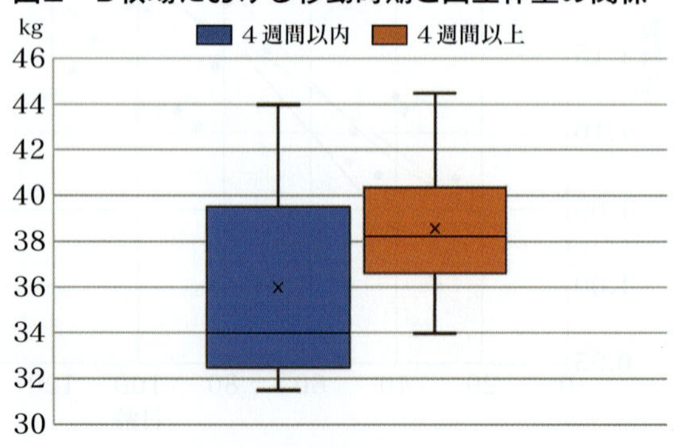

るワクチン接種に際しても、十分な初乳の吸収でIgG複合体形成を促進し、B細胞による抗原の免疫記憶が向上してワクチンの有効性を高めます(Kang、2016)。

【移行乳給与と初乳製剤添加】

移行乳給与や代用乳への初乳製剤の添加は、呼吸器病を減少させると報告されています(Chamorro、2017 : Soest、2022)。哺育初期に移行乳または初乳製剤を添加すると、エネルギーやタンパク質含量が増加し、腸絨毛(じゅうもう)発育の促進や腸粘膜細胞での免疫細胞が活性化するため、子牛の増体や疾病予防につながります(Soest、2022)。製氷機を用いて初乳を凍結させ、代用乳に数個添加するのも有効です(**写真1**)。

【ルーメンマットの形成】

育成期では離乳前後からのルーメン発達が非常に重要で、交雑種の肥育農場において十分なルーメンマット形成を促す飼養管理によって呼吸器病が激減した報告があります(阿部、2016)。この事例では「ルーメンマットスコア(RMS)が低いのはTMR中の粗飼料割合が低過ぎるため」だと推測し、粗飼料割合を高めることでRMSの改善と呼吸器病の低減に成功しています。

離乳前後の子牛は飼料内容の変化によって、亜急性ルーメンアシドーシス(SARA)を発症することがあります。SARAによってルーメン中のグラム陰性菌が死滅しやすくなり、LPS(エンドトキシン)毒素が血中に移行して体のさまざまな部位での炎症も引き起こします。同時に炎症を抑制する働きも起こるため免疫機能が低下し、呼吸器病に罹患(りかん)しやすくなると

写真1　製氷トレーを使った凍結初乳

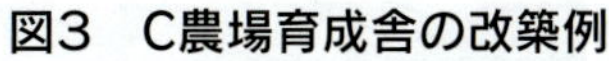

図3　C農場育成舎の改築例

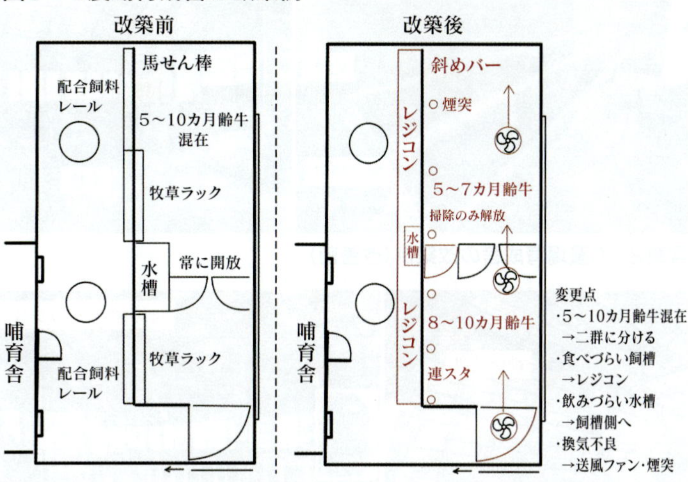

考えられます。これらのことからも、ルーメンマット発達の重要性が分かります。

【哺乳プログラム】

全乳給与や哺乳量増量が呼吸器病発生の低減につながることが報告されており(Durovsky、2019・2020)、哺乳量と固形飼料の摂取量には密接な関係があることからも哺乳プログラムとルーメンマット発達は組み合わせて検討します。

哺乳プログラムには、主に2種類のパターンがあると考えています。一つ目は1日2回給与で、高脂肪代用乳を用いて最大800～900g(体重の15～18%)を給与して50日齢前後で離乳する方法。二つ目は哺乳ロボットを用いた1日4～5回給与で、低脂肪高タンパク質代用乳を用いて最大1～1.2kg(体重の20%)を給与して60日齢以降で離乳する方法。いずれの場合も離乳前にスターターを1.5kg以上食べられていれば発育だけでなくルーメンも十分発達し、離乳前後の発育停滞や下痢が起こりにくくなります。

【換気と敷料】

牛舎環境も非常に重要です。空気中の浮遊細菌数が高まると、呼吸器病の発生率も上昇しますが(Lago、2006)、対策として屋外にハッチを設置して自然換気にするのが有効です(Urie、2018)。しかし農場の牛舎配置や作業性の問題から、牛舎内で飼養することも多いでしょう。その場合、1頭当たりの飼養面積が重要になります。空気中の浮遊細菌数を5～10×10^4cfu／㎥ほどに抑えられると呼吸器病リスクが低減するため(Lago、2006)、それを満たすには1頭当たり3.0㎡以上を確保し、冬でも換気効率

写真2　C農場育成舎の改築例(改善前)

写真4　C農場の寒冷対策

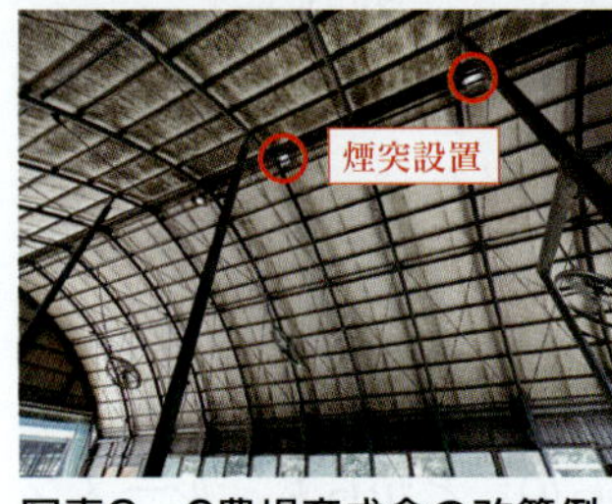

写真3　C農場育成舎の改築例(改善後)

写真5　寒冷対策が不十分で下腹部の毛が伸びた牛

図4　採光を活用した寒冷対策

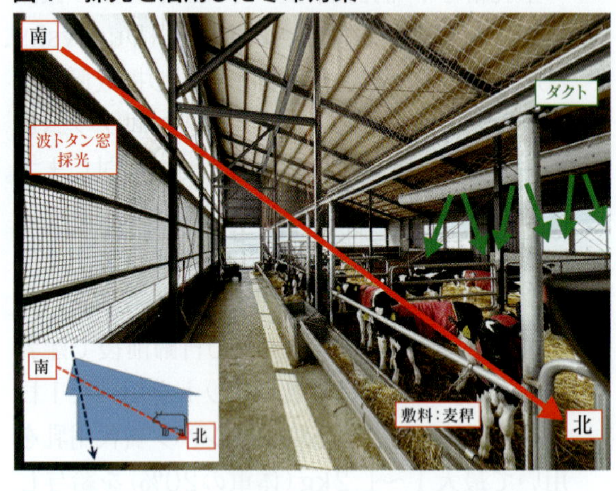

を約60～70%(1時間に3～4回空気が入れ替わる)を維持することが重要です。このとき、特に麦稈は空気中の浮遊細菌数が多くなりやすく(Lago、2006)、敷料の頻回交換が呼吸器病の低減と関連するという報告もあります(Durovsky、2019)。

【飼槽へのアクセスと群編成】

一時的な過密は、授精時に選択した精液やその時の受胎成績によってバラツキが生じ、防げない場合が多い。過密が生じた場合は牛群編成や飼槽、換気、牛床の状態を改善することで健康悪化を防ぐことができます。例えば、5～10カ月齢牛を1つのペンに入れていたC農場では、ゲートで2つに区切りました(1つの群の月齢差を3カ月以内にする)。また食べにくかった飼槽と牧草を入れるラックをやめてレジンコンクリートの飼槽にし、さらに送風ファンを設置しました(前ページ**図3**、**写真2**、**3**)。これにより呼吸器病と発育のムラが減少しました。

【寒冷対策】

換気を考えるあまり、風が直接牛に当たると、特に冬では呼吸器病が悪化することが多い。寒冷対策としては❶牛をぬらさない❷隙間風や直接当たる風を防ぐ❸日光をうまく取り入れる―が大切です。十分な量の麦稈を敷くことで糞尿が直接牛に触れることによる牛体のぬれと風を防げます。適切な麦稈量を評価する方法はネスティングスコア(巣づくりスコア)が有効です。横臥時の肢の見え方によって、スコア1(ほぼ全て肢が見える)、スコア2(一部肢が見える)、スコア3(肢がほぼ見えない)に分類します(**写真4**)。下腹部の被毛が伸びることがありますが(**写真5**)、これが見られた場合は敷料が少なく掃除の頻度が不足しており、腹部が汚れる環境であると判定できます。

安価ですぐ取りかかれる対策として、扉やハッチから隙間風が入り込む位置への断熱材や板の設置が挙げられます(**写真6**、**7**)。日光は適切に取り込めば寒冷対策として非常に有効で、牛舎構造とハッチやペンの位置を考慮して夏は牛に日光が当たりにくく、冬は当たりやすくなるように設計しましょう。例えば北側に牛を配置し、南側を飼槽やスタッフの通路として、南側の壁や扉を波トタンにすると、これらを実現しやすくなります(**図4**)。

北海道の農場での対策事例

以上のように乾乳期から離乳前後の飼養管理や牛舎環境整備が、子牛の疾病対策の土台となります。ここからは筆者が呼吸器病対策を講じた農場の事例を紹介します。

C農場では春と秋に、特に5～7週齢で呼吸器病が多発していました（**図5**）。まずは基礎的な免疫力を高めるため、子牛の血中推定IgG濃度を確認したところExcellent（優良：≧25g／L）の牛がいなかったことから初乳給与方法を変更しました。初乳量4LでIgG量が300g以上となるようBrix値に応じて初乳製剤の添加量を調整したところ、血中IgG濃度が向上し全頭Excellentとなりました（**図6**）。

次に、各種呼吸器病原体に対する抗体価を測定しました。対象は牛伝染性鼻気管炎ウイルス（IBR）、牛ウイルス性下痢ウイルスの1型（BVD1）、および2型（BVD2）、パラインフルエンザウイルス3型（PI3）、牛アデノウイルス（AD7）、牛RSウイルス（RS）です（**図7**）。初乳吸収が良好になったことを反映して、生後1～2

図5　C農場の呼吸器病発生状況

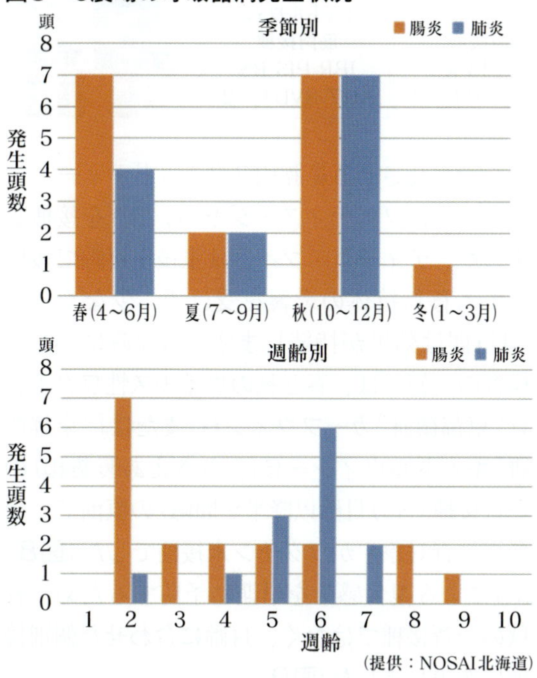

図6　C農場における血中IgG濃度の推移

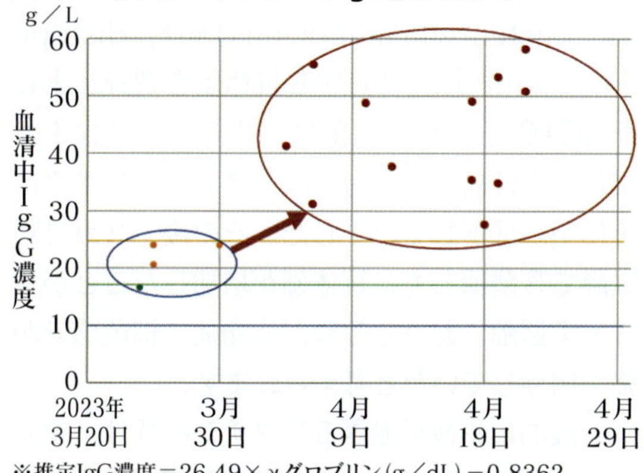

※推定IgG濃度＝26.49×γグロブリン（g／dL）－0.8362
Excellent ≧25g／L　Good 18～25g／L　Fair 10～18g／L　Poor ＜10g／L　（検査協力：全酪連）

図7　各ウイルスに対する抗体価の推移

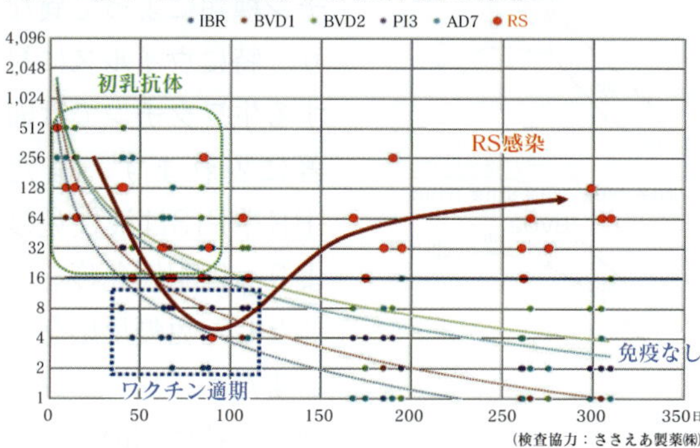

写真6　哺育牛の寒冷対策

写真7　哺育牛の寒冷対策

図8　春秋ワクチン定期接種の問題点

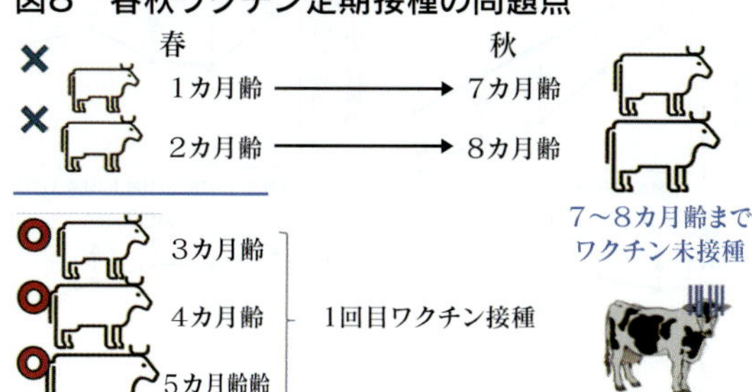

図9　呼吸器病対策のワクチン接種スケジュール

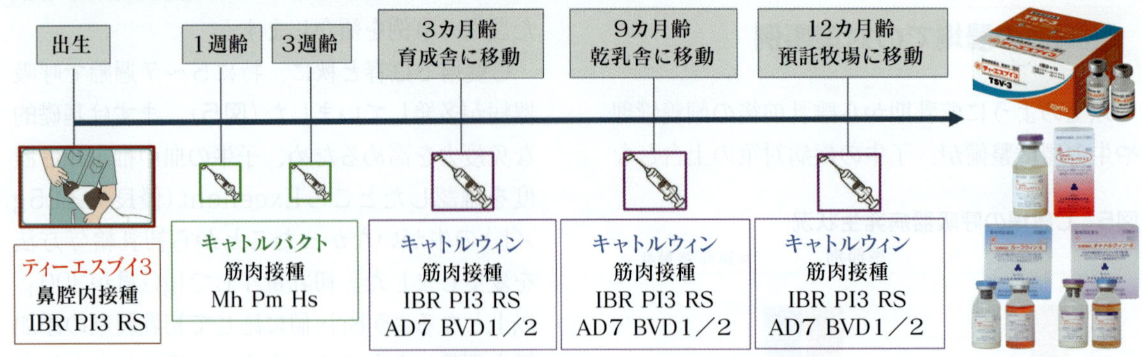

カ月齢までは全てのウイルス病原体に対し高い抗体価を示しました。3～4カ月齢は全ての病原体において有効抗体価以下に低下していました。そのためワクチンの接種適期は、生ワクチンの効果が減弱する“ワクチンブレイク”を過ぎた3カ月齢前後と判断しました（**図7**）。その後、5カ月齢以降でRSに対する抗体価のみが増加したことから、RSが呼吸器病発症に関与したと考えられます。ただし、本農場で課題となる5～7週齢では有効抗体価以上なので、直接の原因ではなかったと推測されます。

注射型のウイルスワクチンを接種する前に、RSウイルスの感染が疑われることから粘膜免疫を活性化させる鼻腔内ワクチン（「ティーエスブイ3®」、ゾエティス・ジャパン㈱）を接種しました。ティーエスブイ3は生後1日齢で接種しても移行抗体の影響を受けず、少なくとも64日間は効果が持続します。ちなみに、抗体検査の実施日は、春と秋のウイルス性ワクチン（「“京都微研”カーフウィン6」または「“京都微研”キャトルウィン－6」、ささえあ製薬㈱）の一斉接種（3カ月齢以降半年間隔）の直前で、全ての検査対象牛がワクチン未接種でした（**図8**）。RSによる複合感染を早期に予防するため、春秋の一斉接種ではなく、月齢に合わせた個別接種に変更しました（**図9**）。

一方、細菌はMannheimia haemolytica（Mh）、Pasteurella multocida（Pm）、Histophilus somni（Hs）に対する抗体価を調査しました（**図10**）。3種の細菌に対する抗体価は1カ月齢までは高かったものの、それ以降はすぐに抗体価が低下していました。その後、3カ月齢以降で3菌種ともに抗体価が増加したことから5～7週齢における呼吸器病発症に細菌感染が強く関与していたと考えられます。

一般的に生後早過ぎるワクチン接種は、初乳による受動免疫で抗体価の増加が減弱するワクチンブレイクが起こるとされます。しかし、その程度は病原体やワクチン種類によって異なり、特にウイルスに対する生ワクチンでは顕著に表れます。またIBRやPI3は液性免疫よりも細胞性免疫を主体とした免疫反応を起こすため、ワクチン接種後も抗体価の増加が

図10　各細菌に対する抗体価の推移

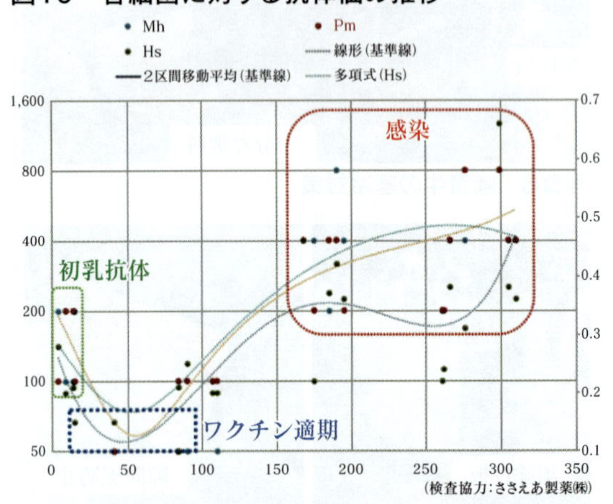

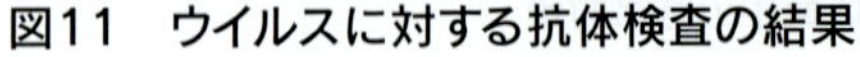

図11　ウイルスに対する抗体検査の結果

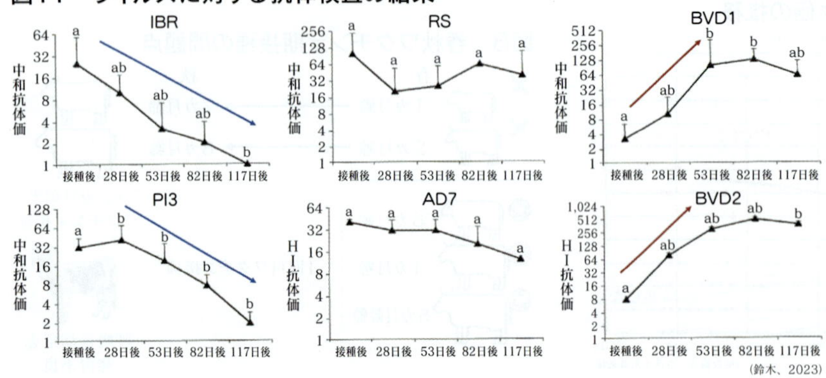

認められないものの疾病予防に有効な場合もあることから、ワクチン接種の効果判定として抗体価のみを用いるのは注意が必要です(**図11**)。

一方、細菌性不活化ワクチンは1週齢以降の早期接種で抗体価が増加し(森、2020)、また接種時に有効抗体価以上だった場合でもワクチンブレイクは起こらず接種後の抗体価は高く維持していました(森、2021)。これらのことから、C農場では2週齢および4週齢に細菌性ワクチン(「"京都微研"キャトルバクト3」ささえあ製薬(株))を半量(1mL)接種し、ワクチン接種後の発熱・食欲不振などの副反応も認められず、哺育期の呼吸器病は減少しました(**図12**)。

また、本農場ではマイコプラズマ感染を疑うような中耳炎が発生したものの、ワクチン接種後は軽症で済み、耳道洗浄をせずに抗菌剤投与のみで完治しました。筆者はマイコプラズマによる中耳炎の多発を経験したことがないため、本疾患の詳細な解説は控えますが、日和見感染症のマイコプラズマは飼養管理の改善とMhなどの複合感染を予防すれば牛群内での多発は防げると考えます。

以上のように、呼吸器病対策は乾乳からの飼養管理を確認して根本的な免疫状態を見直してから、抗体検査の結果を用いた病原体の推定や抗体価低下時期の確認を行い、使用するワクチンや接種適期を選択しました。結果として哺育期の呼吸器病発症を抑えることができました。

このC農場において対策前後の体重・腹胸比・RMSを確認すると、対策前は育成期で発育停滞する牛が存在しており(**図13**)、腹胸比やRMSが低い牛が多かった(**図14、15**)。一方、対策後は哺育期で多少発育停滞していても育成期は十分な発育を呈しており、腹胸比やRMSの値が高かった。前述した通り、ルーメンマットの十分な形成やルーメン絨毛の発達によってSARAや疾病を起こしづらい状態になっていたと推測されます。

以上、呼吸器病のリスク要因に関わる飼養管理の見直しや抗体検査の活用法、ワクチン接種による抗体価確保について紹介しました。現場では、他の農場で効果があった解決策が通用しないことがほとんどです。本稿が現場の課題解決のヒントになれば幸いです。

図12　C農場における週齢ごとの疾病発生状況

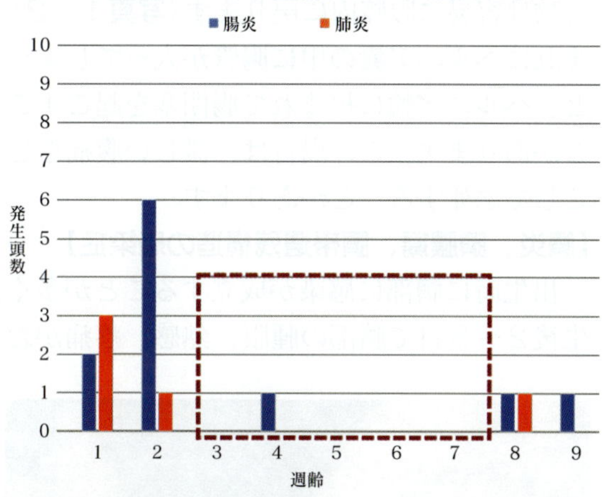

図13　C農場における発育曲線

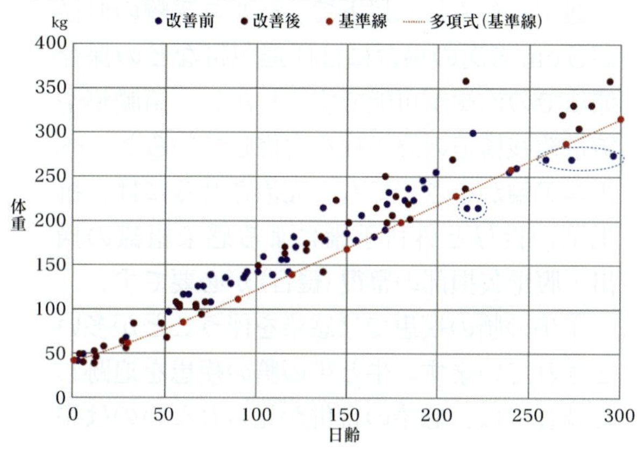

図14　C農場における腹胸比

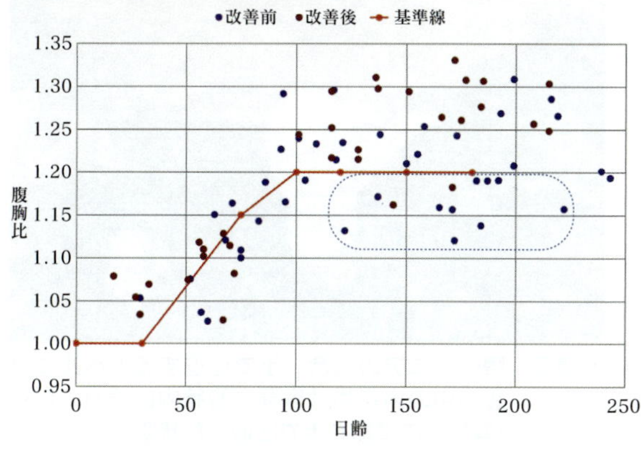

図15　C農場におけるRMS

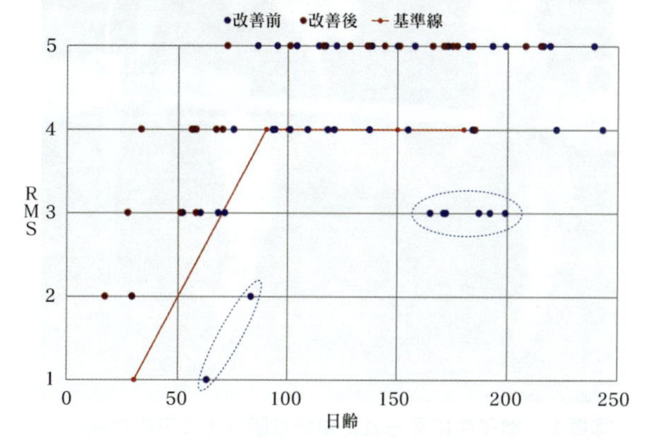

⑤臍疾患（臍ヘルニアと臍の感染症）

山岸　則夫

原因と分類

子牛の臍（へそ）の疾患は臨床現場で多く遭遇する疾患の一つです。一般に子牛の臍の腫脹（しゅちょう）を特徴として発見されますが、実際には臍（さい）ヘルニア、臍膿瘍（のうよう）、臍静脈、臍動脈、尿膜管といった臍帯を構成する組織に感染が起こる臍帯遺残構造の感染症、あるいはそれらの合併症に分かれます。

臍ヘルニアは先天性疾患に分類されています。臍輪（臍帯が腹腔内から腹壁の筋肉の間を貫いて体外に出る部分）が閉じず、腹腔（ふくくう）内の組織の一部（大網〈腹腔内でエプロン状に垂れ下がっている腹膜の一部〉や消化管）がこの腹壁の欠損部（ヘルニア輪）を通じて皮下に脱出します。臍ヘルニアの発生率は出生子牛の0.7～1％といわれています。

通常、6カ月齢以下で、ヘルニア輪の直径が5cm未満の場合には圧迫包帯などの保存療法での治癒が可能です。しかし、臍膿瘍や臍帯遺残構造の感染症を合併していると、ヘルニア輪が小さくても、完治させるには、抗生剤の投与と外科手術による感染組織の摘出・腹壁欠損部の整復（縫合）が必要です。

子牛の臍の疾患では感染を伴うことが多いとされています。牛と馬の臍の疾患を追跡した調査では、感染の合併が見られないのは牛で45%、馬で71%であり、牛の38%で明らかな臍帯遺残構造の感染がありました。さらに、圧迫包帯などの保存療法のみで治療できたものは馬で40%でしたが、牛ではわずか10%（1／10）でした。

このように子牛の臍疾患では単純な臍ヘルニアが少ないのが現状です。臍膿瘍や臍帯遺残構造の感染を伴って生じる臍輪の閉鎖不全を考慮する必要があります。

症状・特徴

【臍ヘルニア】

早ければ生後数日から臍部が腫脹し、その腫れは成長に伴い大きくなります。臍の感染や化膿がなければ、発熱や疼痛（とうつう）などの症状はなく、健康状態は良好です。臍の腫脹の中（ヘルニア嚢〈のう〉）には、大網の一部が陥入しますが、手で圧迫すると、内容物は容易に腹腔内に戻ります（**写真1、2**）。まれにヘルニア嚢の中に腸管が入ってしまうと、ヘルニア輪に挟まれて腸閉塞を起こすことがあります。この場合は、激しい腹痛を起こして急死することがあります。

【臍炎、臍膿瘍、臍帯遺残構造の感染症】

出生時に臍部に感染が成立することが多く、生後2～5日で臍部の腫脹、熱感、疼痛がお

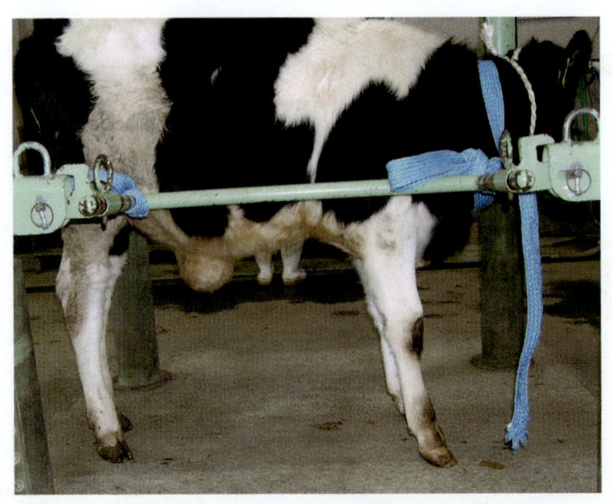

写真1　雌子牛に見られた単純な臍ヘルニアの外観

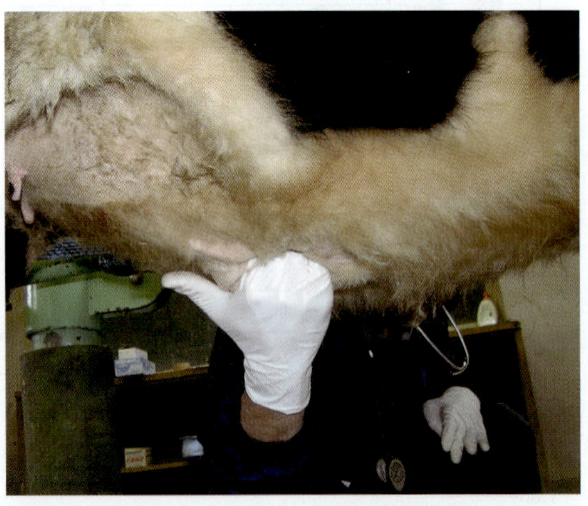

写真2　臍ヘルニアの場合、手で圧迫するとヘルニア嚢の中の内容物は容易に腹腔内に戻っていく（写真1の臍部を手で圧迫した状態）

こります。この状態を臍炎といいます。臍炎では臍帯の断端は湿り、膿汁を分泌するものが多く、発熱、元気消失、食欲低下を示すこともあります。さらに感染が拡大して臍の皮下組織に広がると臍の腫脹はいっそう大きくなります。

これが臍膿瘍となれば、表面が波打つような感触（波動感）を感じるようになります（**写真3～6**）。その後、全体的に硬くなり、一部が自潰して排膿することもあります。自潰・排膿した場合、膿瘍が縮小し、自然に治ることもあります。

臍帯遺残構造の感染があると、その症状は1～3カ月齢で見られるようになります。重症例では、発育不全を伴うことも少なくありません。多くの場合、元気沈衰、沈鬱、食欲不振、微熱、頻脈、脱水などの症状が見られます。

臍炎や臍膿瘍あるいは臍ヘルニアを合併しなければ、臍部の腫脹に気付かないことがあります。下腹部を両手で強く圧迫して腹腔内を触診（腹部深部触診）すると、臍部から頭側に向かって臍静脈の、あるいは尾側に向かって臍動脈や尿膜管の遺残構造に触れることができます。

これらは索状（太く長い形状）で直径は3～5cm程度です。臍帯遺残構造に膿瘍を形成した場合、腹腔内の腫瘤（しゅりゅう：体表や体内にできる塊）として触ることができますが、腹部深部触診を行うと腹痛や膿瘍を破裂させる恐れがあるので、獣医師の指示の下、行ってください。

尿膜管の遺残があると症状として頻尿や排尿困難、背湾姿勢を示すことが多く（次ページ**写真7**）、尿検査をすると膀胱炎に似た所見（タンパク尿、血尿、細菌尿）が見られます。臍部から排尿する例もあります。尿膜管に膿瘍を形成した場合、尿に膿汁が混ざることがあります。

酪農家ができる手当て

子牛の臍疾患では感染を合併するケースが多いので、臍に腫脹が発見されれば、自己判

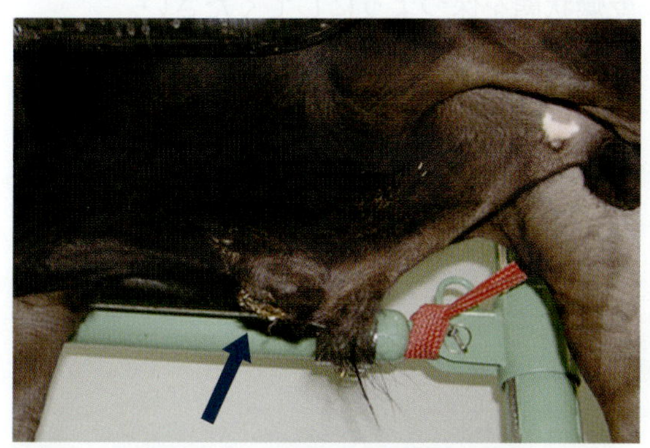

写真3　膿汁（矢印）が付着した臍膿瘍の外観

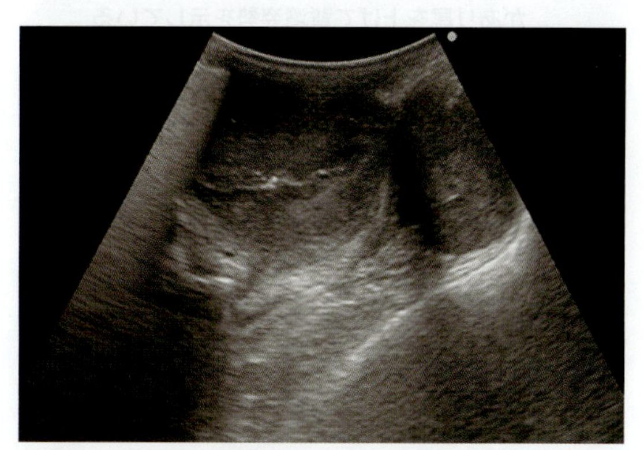

写真4　写真3の臍膿瘍の超音波検査画像。丸い膿瘍が2つ認められる

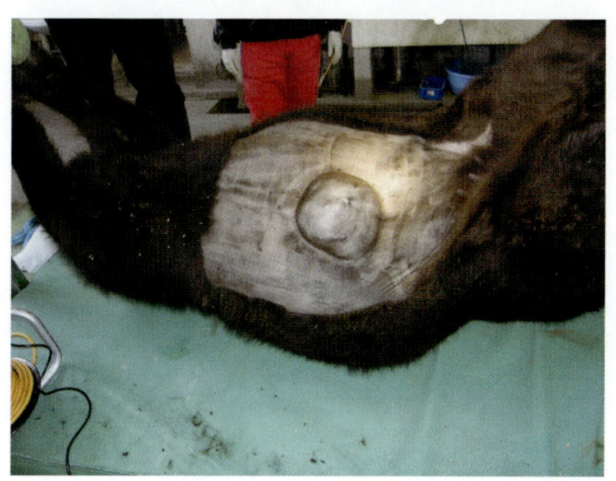

写真5　巨大な臍膿瘍の外観

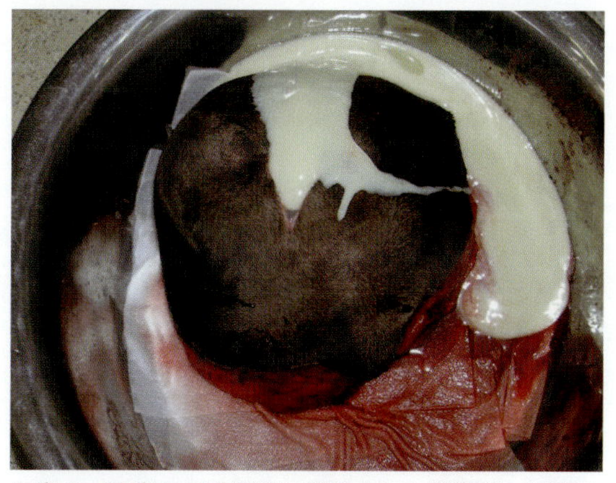

写真6　写真5の手術後に摘出された臍膿瘍。切開すると白色の膿汁があふれてきた

断はせず、獣医師による診断と指示を受けることを勧めます。

獣医師により単純な臍ヘルニアと診断されれば、“腹巻き”のような装具による保存療法も選択肢になります。そのやり方は、臍ヘルニアの内容を腹腔内に戻した後に臍部に専用の板（固定板）を当て、それを圧迫包帯やネットで腹部に巻き付けるというものです。市販品（TS臍ヘルニア処置セット〈谷口産業㈱〉）もあります。装着は獣医師の助言を受けて行ってください。

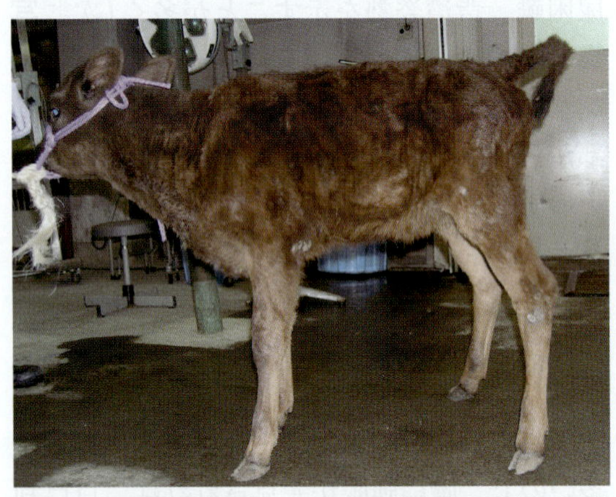

写真７　尿膜管が遺残した子牛の臍疾患の症例。尿意があり尾を上げて背湾姿勢を示している

獣医師による治療

通常、６カ月齢以下、ヘルニア輪の直径が５cm未満の場合、保存療法を行います。２週後に包帯を除去して、ヘルニア輪の縮小もしくは閉鎖状態を確認します。

臍帯の感染が確認されれば、ヘルニア輪が小さくても、外科手術による全切除によって完治させます。手術前数日間は必ず抗生剤を投与し、化膿病巣の炎症を抑えることが重要です。離乳後の子牛の手術の場合、手術前日から絶食しておくと手術がしやすくなります。

酪農家がすべき予防策

出生時の臍の衛生管理と清潔な分娩環境の確保による予防が重要です。正常な臍帯は出生時に鈍性に引きちぎられて内腔が閉鎖します。出生後は臍帯の周りにポピドンヨード剤などの噴霧や浸漬によって消毒し（臍帯の中に注入しては絶対にいけません）、その後、乾燥状態を保つようにしてください。

⑥ナックリング（先天性屈曲変形症）

加地　永理奈

「生まれたばかりの子牛がうまく立てない」という場合、その子牛は「ナックリング」と呼ばれる状態になっているかもしれません。決して少なくはない症例で、悩まされた経験がある生産者も多いと思います。生まれた直後に起立・歩行が困難な子牛は、初乳摂取不足に陥りやすく、その後の発育にも影響します。ナックリングが原因で大切な子牛を諦めることが少しでも減るように、その特徴と対策について紹介します。ナックリングは突球、先天性屈曲性肢変形症などとも呼ばれますが、今回は臨床現場で一般的な呼称であるナックリングに統一します。

ナックリングの見分け方

ナックリングの子牛は、蹄の上の関節（球節）が伸展せず曲がったままの姿勢で、蹄のつま先でしか立つことができません。症状が軽度だと、蹄の後方は浮きますが歩行は可能です。しかし重症になると、蹄を着地しての起立・歩行は困難になります。球節で歩行していたり、膝まで屈曲していたりするケースもあります。前肢での発症がほとんどですが、後肢で発症することもあります。

見た目が似ている症例として子牛の骨軟症があります。これはカルシウム代謝不全により膝関節に異常が生じ、それに伴う疼痛（とうつう）から体重をかけられずに肢を曲げてしまう病気です。ナックリングと骨軟症はどちらも肢を曲げる症状ですが、曲がっている方向と反発力で見分けられます（**写真1**）。

ナックリングは肢を曲げる屈腱の短縮症なので、球節と前膝（しつ）が同じ方向へ曲がっています。それに対して骨軟症は、疼痛のために前膝が伸ばせない状態で、屈曲側に曲がっていますが、球節は通常もしくは沈下しています。また、ナックリングはゴムで引っ張られているような感じでやや弾力を持って反発するのに対し、骨軟症は手で押すと正常な角度に戻ることが多くなっています。

他にも、吸血昆虫により媒介されるアカバネ病などの感染症によっても関節の曲がった子牛が生まれます。生まれつきの関節形成異常により肢が曲がっている場合は関節湾曲症と呼ばれ、手で伸ばそうとしても戻りません。屈腱が短縮するナックリングとは原因が異なるため、区別して対応する必要があります（**写真1**）。

原因は胎子の姿勢や母牛のアミノ酸バランス？

ナックリングの原因は明確に分かっていませんが、胎子期の骨の成長速度と筋肉や腱の成長速度の不均衡、子宮内の胎子の姿勢、遺伝的な要因などが関係しているといわれています。特に妊娠末期の母牛が急激に太ると、

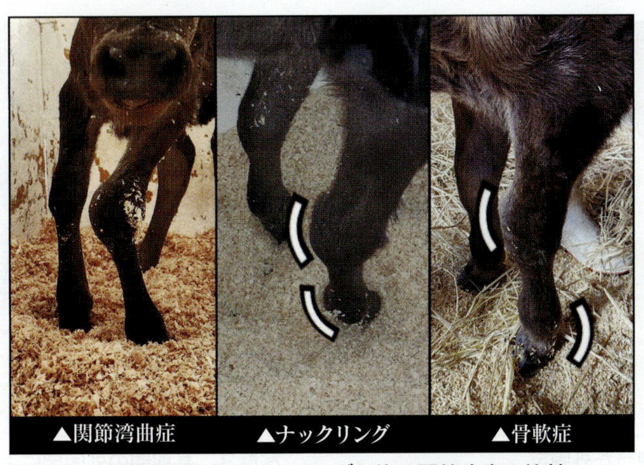

写真1　頭側から見たナックリングと他の関節疾患の比較

胎子の体重が増加しナックリングの発症に影響すると指摘されています。また最近では品種改良技術の進歩により、特に和牛子牛の大型化が進み、母牛の子宮内容積に比べ胎子が過大なためナックリングが発生しやすくなっているといえます。

これらに加えて、アミノ酸バランスの乱れも要因の一つになっていると推測しています。出生子牛のナックリングが多発する農場で、妊娠中の飼養管理に着目して分娩前１カ月の母牛を採血したところ、トリプトファンというアミノ酸だけが、正常とされる値の１／３しかないという結果が出たからです。人と同じように、牛にも必須アミノ酸があります。牛の必須アミノ酸といえばメチオニン、リジン、トリプトファンなどが挙げられますが、その農場ではメチオニンやリジンはほぼ正常なのに対し、トリプトファンだけがとても少なかったのです。

前述の要因も含め、ナックリング子牛の発生原因として母牛の栄養状態が少なからず影響していると考えられます。アミノ酸バランスは、その多くがルーメン内の細菌叢（そう）によって決まるため、母牛に生菌剤を経口投与して整えることも有効です。

酪農家が行える手当と回復策

生まれた子牛がナックリングであるとき、すぐに行える手当ては「物理的伸展」です。球節が人力で伸展可能で自力歩行も可能な軽度のナックリングは、曲がった関節を毎日伸ばしてあげることで治っていくことがほとんどです。立たせたまま球節を押してあげるとリハビリになります。

自力でうまく起立・歩行できないような重度のナックリングでは、歩けるように対策を講じてなるべく運動させることが大切です。自重により球節が伸びていくことが期待されます。関節を伸ばす外固定（テーピング）処置を行うことも多く見られます。副木として竹や塩化ビニール管を半円に割って、クッション材を挟みながら球節前面を覆い、なるべく球節を伸ばすようにしてテーピング固定します（**写真２**）。

外固定の際に筋弛緩（しかん）薬「ロバキシン」を併用すると、より関節が伸展しやすくなります。方法は筆者が所属する㈲シェパードのスタッフが更新しているユーチューブチャンネルで紹介していますので、ぜひ２次元コードからご覧ください。竹や塩ビ管に比べ強度は劣りますが、段ボールを筒状に丸めて副木にすることができます。またはナックリング用の市販の補助具もあります。

ただし、どれを使用する場合にも褥瘡（じょくそう）の発生に注意してください（**写真３**）。褥瘡は同じ所に長時間圧がかかり続けることで発生する皮膚病変です。クッション材を挟んで外固定をしたり、１週間に１回は外固定を外したりして、経過を見るようにします。

また、初乳を含めミルクは十分量を摂取させるようにしましょう。初乳摂取不足やアミノ酸不足はナックリングの治りを悪化させる恐れがあります。ミルクの他に鶏卵抗体

写真２　竹や段ボールを使った外固定

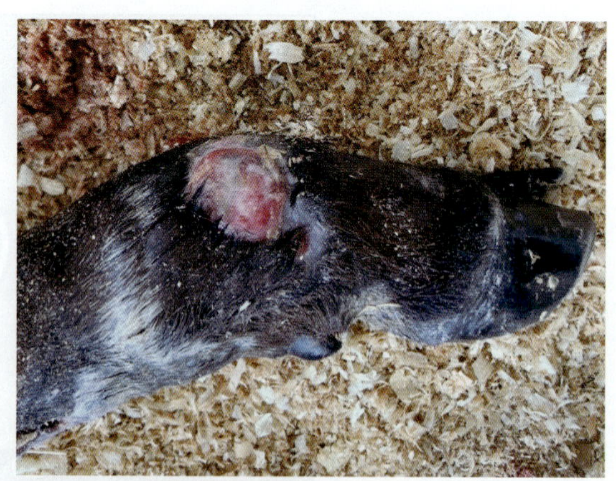

写真３　長期間の外固定による褥瘡

(IgY)を追加給与して、タンパク質摂取量を上げることも効果的です。ナックリングのため正しい姿勢でミルクが飲めない場合、誤嚥(ごえん)性肺炎の発生にも注意しましょう。肺炎もその後の発育や生産性を悪くしてしまいます。

獣医師による処置

前述の外固定にはギプスを使って固定する方法があります(**写真4**)。ギプスは固定力が強くずれにくいのですが、こちらも同様に長期間の装着によって褥瘡が発生する恐れがあります。獣医師と一緒に経過を見ながら、1週間頃をめどに巻き直しましょう。

外固定で改善しなかった場合や人力でも伸展しない重症のナックリングでは、切腱術が選ばれます。副蹄の上にある浅指屈筋腱および深指屈筋腱を切断する方法です。球節を伸ばすと突っ張った腱が確認できるので、そこを剃毛・切皮して腱を露出し、鉗子(かんし)などで持ち上げて切断します。すると、人力でも伸展しなかった球節が伸展できるようになります。切断後は皮膚を縫合し、ギプスで固定します。

写真4　ギプスを使用した外固定の例

抗生物質投与など術後のケアも大切です。副蹄より蹄側の深指屈筋腱(副蹄遠位靭帯〈じんたい〉)を切断する方法もありますが、術部が2カ所になることや地面に近くなるため汚染しやすいことが懸念されるので、多くは浅指屈筋腱のみ切断します(**写真5**)。

タンパク質同化能を上げる方法

ナックリングの発生原因にアミノ酸不足が関わっているのではないかと先に述べました。この理由から、ナックリングの治療にタンパク質同化ステロイド薬を使用することがあります。これはタンパク質の利用率を上げて筋肉の成長を促す薬です。アミノ酸からタンパク質(筋肉や骨)をつくることをタンパク質同化作用といいますが、この作用により筋肉や靭帯を増強する効果があります。この作用は、肺炎などの消耗性疾患や強いストレスが続いた場合に低下するといわれています。そのため、肺炎などでタンパク質同化作用が弱まり削痩してしまった子牛にも使用することがあります。

タンパク質同化ステロイド薬は、経口薬と注射薬があります。1回当たり大人が使用する容量と同じで、経過が良ければ投薬から約1週間後に改善が見られます。1～2週間後に治り切っていない場合は2回目の投薬をします。この処置をする際には、筋肉や靭帯の

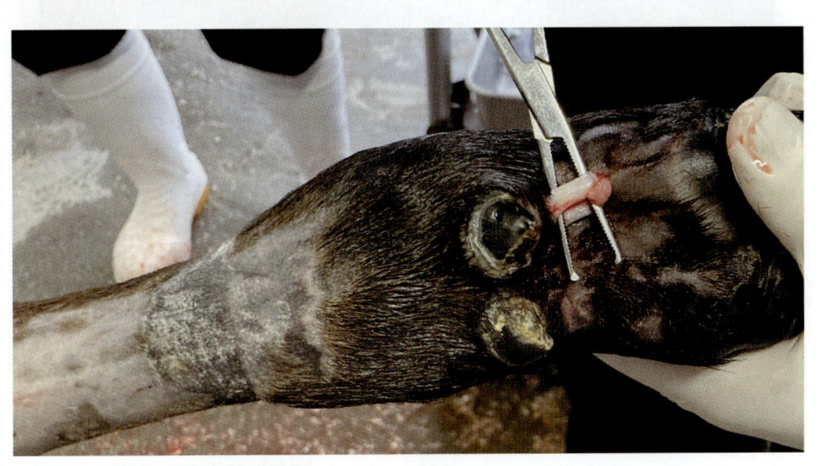

写真5　副蹄遠位靭帯の切腱術

材料となるアミノ酸を十分に補給するため、１週間鶏卵抗体を追加給与するか、トリプトファンを含むアミノ酸輸液を３日間程点滴することも効果的です。

タンパク質同化作用はビタミン剤の投与によっても促進されます。生後間もない子牛であれば、ビタミンA･D･E剤をビタミンAとして50万IU、ビタミンD_3剤を100万IU、ビタミンE剤を250IUに加え、ビタミンB_5(パントテン酸)製剤を250mg皮下投与しましょう。ビタミンD_3はカルシウム吸収を促進させるので、必ずカルシウムを含む添加剤を10日間ミルクに混ぜて給与してください。そうでないと逆に骨を削って悪化させてしまいます。ちなみに当院ではこのビタミン処置を｢V4処置｣と呼んでいます。軽度のナックリングであればこの処置のみでも改善が見られます。タンパク質同化ステロイド薬との併用も可能で、より良い効果が得られます(**写真6**)。

ちなみに、タンパク質同化ステロイド薬とV4処置による治療は、分娩後の母牛などで後発的に発症してしまったナックリングでも効果が見られます。

生まれたての子牛がうまく立てない原因は、ナックリングの他に骨折、白筋症、神経系の異常なども考えられます。子牛の歩き方がおかしいとき、数日たっても改善が見られないときは獣医師に相談してください。ナックリングだと分かった後も、そこだけに気を取られないことが重要です。左右を見比べて肩や肘が対称かどうか、肩が開いていないかも確認してみてください。ナックリングが改善されても予後が悪くなる可能性があります。後肢に発症した場合には腰や臀部(でんぶ)まで観察しましょう。

ナックリング子牛は、曲がった球節を伸ばしてあげること、歩かせてリハビリすること、ミルクをしっかり飲ませることに気を付けて治療に取り組みましょう。

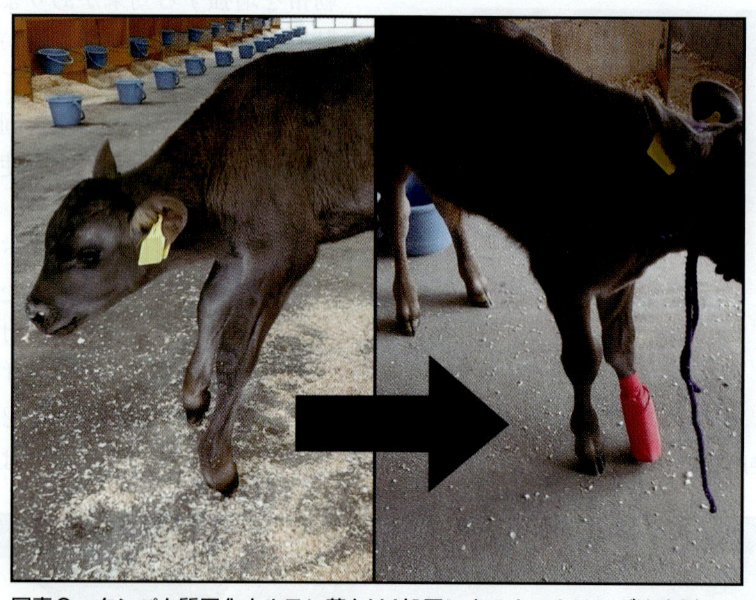

写真６　タンパク質同化ホルモン薬とV4処置によるナックリング治癒例

⑦哺育・育成牛舎の衛生管理

髙橋　英二

哺育期には下痢、育成期には肺炎を中心とした感染症が多く発生するため、この時期を健康に過ごすには適切な衛生管理が欠かせません。本稿では、哺育牛や育成牛を感染症にさせない、あるいは感染症を広めないための牛舎の衛生管理について、預託施設の事例を示しながら解説します。

事故率低い預託施設を参考に

哺育・育成牛舎の衛生管理を考える上で最も重要なのは❶牛舎に病原体を持ち込まない❷牛舎内で病気の牛を増やさない❸他の牛舎に病原体を拡散させない―の３点です。これを達成するには「清掃」と「消毒」を小まめに行うことがポイントになります。消毒法の詳細な説明は省きますが、「目的に合った消毒薬を選択する」「適正な濃度で使用する」「消毒の前に糞便などの有機物を極力除去する」ことが重要です。

酪農場の大規模化・多頭化に伴い、複数の酪農場から子牛を引き取り集団で哺育・育成した後に酪農場に返す、預託哺育・育成施設が北海道を中心に増えています。子牛が集団生活を送る、いわば幼稚園のような施設のため、病気になるリスクは一般の農場より高い上、１頭が感染すると、あっという間にまん延してしまう傾向があります。

しかし、多くの施設では衛生管理と病気の発見について、一般の酪農家以上に気を配っており、その結果、子牛の死亡率は極めて低く抑えられています。事故率の低い預託施設で実践されている衛生管理は一般酪農家の模範といえ、できる限りそれに近付けていくアプローチは有効でしょう。

採血・糞便採取で入念な健康検査―㈱シー・ブライト

北海道十勝管内豊頃町の預託施設、㈱シー・ブライトは2011年に事業を開始し、現在町内18戸の酪農家が利用しています（**写真１**）。預託期間は出生後３日から12カ月齢までが基本で、23年度の預託数972頭のうち、下痢や肺炎など感染症で死廃または淘汰されたのは10頭。全体の約１％と非常に低い割合でした。

出生直後の牛はまず導入舎のカーフペンで５～７日間過ごした後（**写真２**）、ロボット哺育舎で離乳まで過ごします（**写真３**）。離乳後

写真２　カーフペンが備えられた導入舎

写真１　㈱シー・ブライトでは衛生管理区域を明記し部外者の入場を制限している

写真３　ロボット哺育舎。敷料は寝床に麦稈、通路にオガ粉を使う

は育成舎に移り、その後、預託元農場に戻るまでオールイン・オールアウトで数回施設を移動します（**写真4**）。写真に示した通り、全ての施設が清潔に保たれ、大型扇風機などを多く設置しているため換気状態も良好です。

預託牛は週２回、専用のトラックを用い各農場から10頭程度が運ばれます。カーフペンに移動した直後に採血と糞便採取によって、血清総タンパク質測定とサルモネラ検査を行います。血清総タンパク質値によって、初乳をきちんと摂取しているかを推定できます。この方法は、一般酪農場でも初乳管理のチェックに加え、出生牛が感染症にかかるリスクを評価するのにも有効なのでお勧めします。血清総タンパク質と血清または全血Brix値（糖度）との間には相関があることから、血液検査の代わりに市販の糖度計を使いBrix値を測って評価してもいいでしょう。

哺乳瓶の洗浄・消毒とペンの乾燥

哺乳瓶と乳首は感染症の原因となる微生物が哺育牛の口に入る重要な経路であるにもかかわらず、生産現場では意外と軽視されています。同施設の哺乳瓶の洗浄・消毒方法は❶アルカリ洗浄液を混ぜた70〜80℃のお湯をボトル半分くらい入れてブラッシングし水ですすぐ❷殺菌剤を入れた水をボトルいっぱい満たして10分以上放置した後、乾燥―というやり方で、スタンドと自動ブラシを用いて毎回の哺乳後に行っています（**写真5**）。乳首は❶お湯で念入りに２回洗浄❷殺菌剤に10分以上浸漬後、乾燥―という方法です。ポイントはボトルの内角を含め念入りにブラッシングすることと、殺菌剤に10分以上漬けることです。

導入舎内のカーフペンは木製で、すのこが敷いてあるため尿は下に落ち、牛床は比較的乾燥しています。敷料には吸湿性に優れた輸入麦稈を用い、便で汚れた部分を除去して継ぎ足しています。ペンの幅が狭く、子牛は基本的に出口側にのみ便をするため掃除は楽です（**写真6**）。子牛が退出するたびに、スクレーパによる手作業で、すのこと壁に付いた便を丹念にかき取り、その後、複合次

写真4　換気状態が良好な育成舎

写真5　ミルクボトル用のスタンド。自動ブラシで念入りに洗浄する

写真6　カーフペンは幅が狭いため、糞尿は出口側に落ちる

亜塩酸系消毒液（「ビルコン」）で念入りに消毒し乾燥させせます（**写真7**）。消毒する前にしっかり糞便を除去することは、ハッチを使う場合でも非常に重要です。

ロボット哺育舎は牛床を小まめに清掃・消毒

ロボット哺育舎の管理で重要なのは、飼槽・水槽・哺乳ロボットの乳首とその周辺など子牛が口を付ける部分を衛生的に保つことと、牛床を小まめに清掃・消毒し乾燥させることです。同施設では３日に１回、敷料および糞尿を除去した後、消石灰を散布し（**写真8**）、その上に新たな敷料を大量に敷きます。敷料は寝床に麦稈、通路にオガ粉を使用。哺乳ロボットには洗浄・消毒機能が付いているものの、２週間に１回は従業員が手作業で点検・洗浄します。ストレス緩和のため、子牛の追加はせず、離乳後はその区画にいる全ての子牛を育成舎の１区画にそのまま移動します（オールイン・オールアウト）。子牛を移動した後は洗浄⇒乾燥⇒石灰散布⇒敷料散布した上で新たな牛群を入れます。

写真７　洗浄消毒後のペンとすのこ。糞便の付着は全くない

写真８　清掃・消毒後のロボット哺育舎

サルモネラ症への対応

哺育牛の感染症予防のため、哺乳瓶、乳首、水槽、飼槽といった牛の口と接触する部分の洗浄・消毒が非常に重要と述べましたが、これを実感した事例を紹介します。

12年にシー・ブライトとは別の預託施設のロボット哺育舎で、発熱と下痢を伴うサルモネラ症が19頭発生しました（血清型＝O4：i：－）。排菌牛の隔離、全頭抗生剤投与、牛舎消毒と石灰乳塗布といったマニュアル通りの対策を毎日講じた結果、陽性牛は８頭まで減ったものの、新規陽性牛が発生し続けました。そこで牛舎の42カ所の拭い材料を採取して培養したところ、毎日洗浄していたはずのロボットの乳首周辺と飼槽および水槽の水の３カ所からサルモネラ菌が検出。これらの洗浄・消毒を毎日徹底的に実施すると、ようやく新規感染牛が出なくなりました。このことから、子牛が口を付ける箇所を清潔に保つ重要性を改めて実感したのです。

育成舎のストレス緩和策と肺炎対策

たとえ通常より段階的にミルクを減らしたとしても、離乳というイベントは子牛にとってかなりのストレスになります。さらに、この時期は初乳摂取からの移行抗体が切れる時期でもあり、子牛の免疫能は低下し、特に肺炎にかかるリスクは高くなります。離乳前まですくすく育っていた健康状態が、離乳後育成舎に移動してからは見る影もなくなってしまう例をよく見かけます。育成舎の衛生管理で重要なのは、ストレスを緩和させるような環境づくりと肺炎対策になるでしょう。

シー・ブライトではロボット哺育舎と同じ頻度で育成舎牛床の清掃⇒敷料交換が行われ、大型扇風機の複数設置により夏も非常に涼しく、換気状態も良好です。育成牛の肺炎対策は換気を十分行うこと、過密にしないこと、すきま風対策をすることが非常に重要で、寒いからといって常に牛舎を閉め切るのではなく、適度な換気が求められます。定期的な牛舎消毒も欠かせませんが、肺炎が多発する冬季は煙霧消毒機器を使用し牛舎内の空気を消毒する方法も有効です。

2つの踏み込み槽で消毒効果アップ

同施設では各施設の入り口に消毒液の入った踏み込み槽を設置しており、スタッフが出入りの際に必ず通るようになっています。下痢が集団発生しやすいロボット哺育舎に関しては、洗浄用と消毒用の2つの踏み込み槽があります。多くの消毒薬は糞便などの有機物が混入すると効果が著しく低下することや、踏み込み槽を2つ設置すると消毒効果が大きく高まることが明らかにされているので、導入を勧めます。さらに欲をいえば、感染症に弱い哺育牛のいるエリアには専用の長靴を用意するのがより好ましいと思います。

加えて、同施設では各エリアを日常的に清掃・消毒をする以外に、全エリアを月1回、一斉消毒(消毒車両を用いた消毒薬の散布)しています。これも感染症発生率や死廃率を低減させるのに一役買っているのでしょう。

ケース別の感染症対応策

【ハッチやペンで発生】

個別管理施設で下痢や肺炎が発生した場合、基本的に子牛はその場所から移動させずに治療します。糞便で汚れた敷料を交換する場合は他の牛と接触させないよう注意が必要です。使用した長靴はしっかり洗浄・消毒し、汚れたまま他の子牛のエリアに入るのは避けましょう(病原体を持ち込まない、拡散させない)。特に下痢発症牛を入れていたハッチは、その牛が退出した後に、よく洗浄し消毒・乾燥させてから使用することが大切です。

【ロボット哺育舎や育成舎で発生】

サルモネラ症のような伝染病が発生した場合はともかく、単純な下痢や肺炎を発症した子牛をその都度、群から離すのは管理上、難しいと思います。重要なのは「できるだけ早く病気の牛を発見し治療する」「同居子牛の健康状態をよくチェックし少しでも異常が見られた場合は治療を開始する」といった「牛舎内で病気をまん延させない」努力です。賛否両論ありますが、同居子牛全頭に抗生剤を投与した方が、まん延を防止するには有利な場合もあります(実施に当たっては獣医師と相談の上、判断しましょう)。

【クリプトスポリジウム症】

クリプトスポリジウム症は伝染性が強い上、有効な治療薬や予防薬もなく、さらに熱湯をかける以外に有効な消毒法がないなどの理由で非常にコントロールが難しいとされています。衛生管理のポイントとしては、❶発症子牛のいるハッチに入る際には専用の長靴を使う❷衣類はその場で脱ぎ洗濯する❸発症子牛のいるハッチの敷料や飼料・水の入ったバケツなどと隣の子牛が接触しないようにする❹使用後のハッチは子牛エリアの外で大量の水でよく洗い、熱湯消毒した後、十分乾燥させる―が挙げられます。

環境汚染が進んでいて、何をやっても発生が収まらない場合は思い切って子牛の飼養エリアを別の所に新たに設け、発症牛がいた場所は使用しない、といった対策も必要かと思います。

哺育・育成牛舎の衛生管理について、預託施設の事例をモデルに解説しましたが、どんなに衛生管理をしっかり行っても、生まれた子牛が免疫的に虚弱な場合やワクチンプログラムが牛群にマッチしていない場合は、期待した効果が得られないでしょう。子牛の免疫状態や母牛の栄養管理なども含め、対策を考えていく必要があります。

最後に、調査にご協力いただいた㈱シー・ブライトの職員一同に感謝いたします。

第Ⅳ章 給餌と飼養管理のポイント

第Ⅳ章

給餌と飼養管理のポイント

❶初乳給与

福森　理加

　近年、初乳管理に関する研究に再度注目が集まっており、さまざまな情報がアップデートされてきました。病気を予防するための初乳管理の目標値やそれに関して必要な初乳給与量は、以前よりも高い基準が目標値として設定され、農場レベルでの検査やそれに伴う管理の見直しが役立つと考えられます。一方、初乳にはまだまだ解明されていない機能があります。2024年のアメリカ酪農学会（ADSA）では約30演題もの発表があり、良質な初乳を得るための母牛側の要因（飼養管理）、初乳や移行乳の延長給与効果、初乳の抗体以外の機能などに関する研究が注目されていました。本稿ではこれらのトピックをいくつか紹介していきます。まず本稿のポイントを**図１**に示しました。

移行抗体としての初乳の基礎知識

　初乳給与の最重要課題は、病原体から身を守るための抗体（免疫グロブリン）を子牛に付与することです。免疫グロブリンにはIgG、IgA、IgMなどの仲間があり、その大部分がIgGです。IgGの体の中での半減期が２～23日程度だといわれています（半減期とは、体内で消費・分解されて濃度が半分になるまでの期間を指す）。子牛には３週齢から４週齢までIgGを自己産生する機能が備わっていないため、受動免疫（初乳から受け取った免疫成分：主にIgG）が子牛の健康性を大きく左右します。

　血清IgG濃度の到達目標は、生後24時間後で10mg／mL以上であり、これに満たない子牛は受動免疫不全（Failure of passive transfer：FPT）とされ、免疫力が弱く、生後約２カ月間の生存率が低いことが分かっています（**図２**）。FPTの基準は主に子牛の生存率に基づき設定されています。

　従来の移行抗体の基準に対して、「病気のかかりにくさ」を考慮した新しいベンチマークが発表されました。この新基準は**図３**のように、出生後２～７日のIgG濃度を高い順に４段階（Excellent：優良〈≧25mg／mL〉、Good：良好〈18～24.9mg／mL〉、Fair：普通〈10～17.9mg／mL〉、Poor：不良〈＜10mg／mL〉）で分けています。10mg／mL未満かどうかで、生後２カ月以内に疾病にかからない子牛の割合（非罹患〈りかん〉率）がかなりアップしていることが分かりますが、さらにExcellent（≧25mg／mL）の子牛はFair（10～17.9mg／mL）の子牛に比べ罹患率が高くなることが分かります。

　このことから、子牛の健康のためには、25mg／mL以上を目標とすべきですが、実際

図１　初乳管理のポイント

- ストマックチューブは哺乳瓶給与とIgG吸収率が変わらない
- 分娩後30分～５時間以内の搾乳が高IgG初乳
- 前搾り乳の糖度チェックは△
- 初乳搾乳量が多い牛は低IgG傾向だが、搾乳量を制限しても高いIgGは得られない
- 哺乳瓶での推奨給与法は糖度23％以上のものを出生2時間以内に3L、12時間後に3L（または2時間以内に4L）
- ２日齢以降も移行乳を給与すると発育にプラスの効果がある

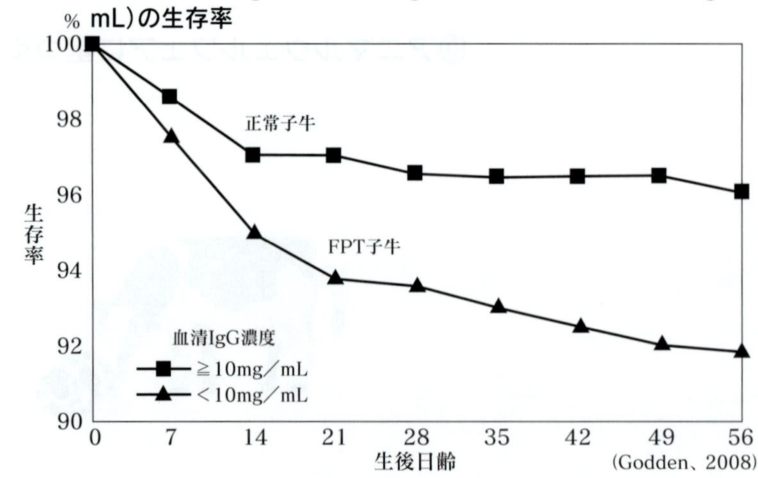

図２　FPT子牛（血清IgG濃度＜10mg／mL）と正常子牛（≧10mg／mL）の生存率

に到達するには300～400ｇ程度のIgGを初乳から摂取する必要があると見積もられ、初乳管理のハードルは従来よりも高まります。群レベルでの目標値は従来はFPT（＝Poor）である子牛が群の10％未満であることとされていましたが、新しい目標値は**表１**の通り、Excellentが40％以上、Good20～30％、Fair10～20％、Poorが10％未満です。IgGは現場検査には不向きなので、採血で気軽に測定できる血清総タンパク質（TP）や糖度（Brix）を用いて推定することも可能です（**表１**）。２～７日齢の子牛12頭を採血して、TPやBrixの値から割合を算出すれば初乳管理の定期的な確認に役立つでしょう。

ストマックチューブと哺乳瓶

初乳給与には３Ｑの原則（Quality〈高品質〉、Quantity〈十分な量〉、Quickly〈早く〉）があります。出生後なるべく早く（２時間以内）に１回目の初乳を与えることが望ましいのですが、子牛がどれくらい初乳を飲むことができるかについては個体間でバラツキが大きくなっています。ストマックチューブは子牛が介助付きの哺乳で十分に飲めないときに仕方なく使う手段というイメージがありますが、哺乳瓶でもストマックチューブでも初乳の吸収効率は変わらないと報告されています（Brady、2024・**表２**）。

ストマックチューブの他の利点は、とにかく早く給与できることです。哺乳瓶を使うと、15～30分ほどの時間を要し、飲み残すことがあるので数回に分けた給与が必要になる場合がありますが、ストマックチューブだと２分以内に完全に給与することが可能です。最近のストマックチューブはボトルが同容量（４Ｌ）で、食道への挿入が簡単で安全なものが入手可能です。吸収率は変わらないので、どちらを使用するかは、管理者と相談して選択するとよいでしょう。

図３　移行抗体（生後２～７日目の血清IgG濃度）のクラス分けと非罹患率の関係

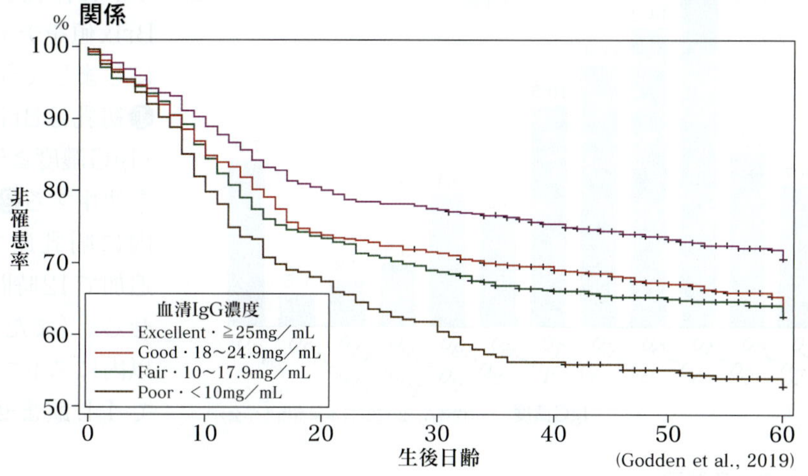

（Godden et al., 2019）

表１　移行抗体のカテゴリーと群レベルでの新たな目標値

カテゴリー	IgG（mg／mL）	血清総タンパク質（mg／mL）	血清Brix（％）	子牛割合（％）
Excellent	≧25	≧6.2	≧9.4	>40
Good	18～24.9	5.8～6.1	8.9～9.3	～30
Fair	10～17.9	5.1～5.7	8.1～8.8	～20
Poor	<10	<5.1	<8.1	<10

（ウィスコンシン大学エクステンションホームページ、Lombard et al., 2020）

表２　初乳の給与方法がIgGに与える影響

	初乳		代用初乳	
	哺乳瓶	ストマックチューブ	哺乳瓶	ストマックチューブ
AEA[1]	45.2％	46.8％	52.7％	53.2％

1）Apparent efficiency of absorption（みかけの吸収効率）＝血中IgG量（濃度×体重×0.08〈推定血液量〉）÷摂取IgG量×100

（Brady、2024）

良い初乳を得て適量を与える

初乳のBrix値は初乳中に含まれるIgG濃度と正の相関があります。前述した通りIgG濃度は農場で測定できませんが、Brix値はBrix計があればその場で測れます。IgG濃度50mg／mL以上が品質の良い初乳とされますが、Brix値では23%に相当します。やむを得ず、Brix値23%未満の初乳を使用する際には初乳製剤を足すなどして、24時間以内に200〜300g以上のIgGを摂取させるのが理想です。

北海道東部の酪農家から収集した初乳サンプルに関する報告では、約半数のIgG濃度が50mg／mL未満でした（**図4**）。良質な初乳を得るためにできることは何でしょうか。**表3**に産次、分娩から搾乳までの時間と初乳成分の関係を示しました。初乳のIgG濃度は産次（初産牛は低い傾向）、分娩から搾乳までの時間（３時間未満で高い）に左右されます。良い初乳を得るには、分娩後、子牛をリッキングさせた後に分離し、30分以降でなるべく早く（３時間以内に）搾乳をすることが推奨されます。**表3**に示した通り、任意に採取された初乳サンプルの大部分は分娩後３時間以降に採取されたものでした。産次については対応は難しいところですが、搾乳時間については取り組み次第で改善が見込めそうです。

この他、初乳IgG濃度は乾乳期間（30日未満の乾乳期間は低下しやすい）や乳量（８L以上で低下しやすい）などの影響を受けます。ただ、代謝病リスクを懸念して経産牛の搾乳量をセーブすることがありますが、初乳の搾乳量をセーブしてもIgG濃度の高い初乳を得ることはできないようです（**図5**）。また、ややIgG濃度が低くなる前搾り乳でBrix値を評価するのは推奨できません。バケットに搾乳した後の初乳でBrix値をチェックするようにしましょう。給与方法は❶初乳はBrix値23%以上（IgG濃度≧50mｇ／mL）を使用する❷出生２時間以内に哺乳瓶で３L飲ませ、追加で12時間後に３L飲ませる。（または出生２時間以内にストマックチューブで４L飲ませる）―が推奨

図4　初乳IgG濃度の分布

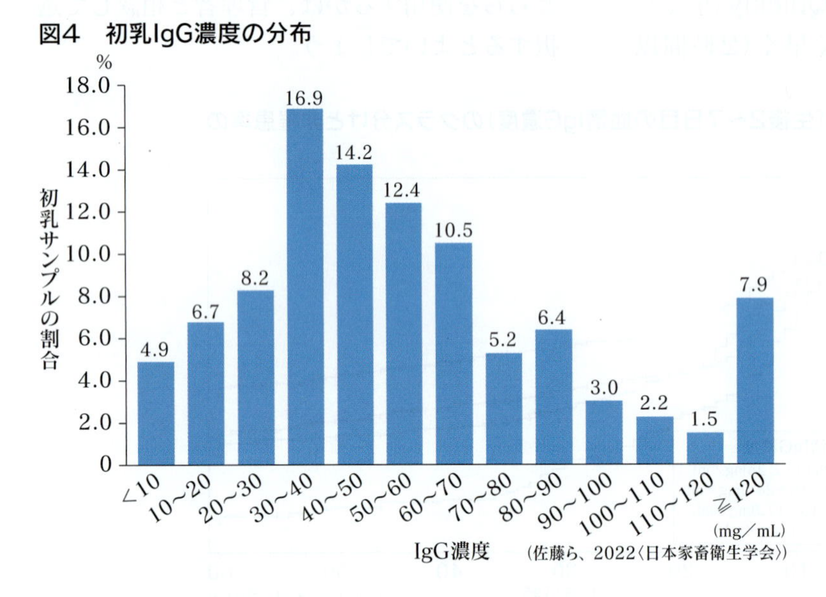

表3　初乳品質に与える要因

項目	サンプル数	単変量解析＊					P値				
		IgG (mg／mL)	乳脂率 (%)	タンパク質率 (%)	乳糖 (%)	無脂固形分率 (%)	IgG	乳脂率	タンパク質率	乳糖	無脂固形分率
産次											
1	85	58.91[b]	7.71[a]	11.47[a]	2.52[b]	16.12[a]	0.023	＜0.01	＜0.01	＜0.01	＜0.01
2	84	66.22[ab]	5.72[b]	14.16[b]	2.78[a]	18.75[b]					
3	94	74.99[a]	5.34[b]	16.07[c]	2.90[a]	20.95[c]					
分娩から搾乳までの時間											
＜1	6	86.81[ab]	6.80[ab]	16.07[ab]	2.72[ab]	20.16[abc]	＜0.01	0.327	＜0.01	0.042	＜0.01
1〜2	33	72.43[a]	6.40[ab]	15.64[a]	2.62[ab]	20.00[ab]					
2〜3	35	78.25[a]	5.98[ab]	15.67[a]	2.56[b]	20.32[a]					
3〜6	78	55.16[bc]	6.52[a]	13.79[bc]	2.61[b]	18.43[bc]					
6〜12	76	50.00[c]	6.21[ab]	12.97[bc]	2.80[a]	17.78[c]					
12〜24	36	50.15[c]	5.21[b]	12.29[c]	2.82[a]	17.39[c]					

p＜0.05を有意差あり、p＜0.15を傾向ありとした。a,b,c：異符号間に有意差あり（p＜0.05）
＊：最小二乗平均

（佐藤ら、2022〈日本家畜衛生学会〉）

されます。

抗体以外の機能性成分

初乳は常乳に比べて脂肪やタンパク質が高く、乳糖含量が低いという特徴があります。この他、機能性の生理活性物質として、抗菌性のタンパク質（ラクトフェリン、サイトカインなど）も高濃度含まれています。

初乳の体細胞数は10万～1,100万個／mLと常乳よりもはるかに高くなっています。乳房炎の際には、体細胞数が上がりますが、その内訳は脱落した上皮細胞や細菌を殺菌するために集まった好中球やその残骸が大部分を占めるといわれています。

一方、初乳に含まれる体細胞には白血球の中でもマクロファージなどの単球、Bリンパ球やTリンパ球が多く含まれていると報告されています（Meganck et al., 2014）。また、これらの細胞は初乳の中で活性があり、子牛の腸管から取り込まれることも報告されています（Liebler-Tenorio et al., 2002）。このことは母牛由来の白血球が生存したまま子牛の体内で数時間～数日生存して何らかの免疫機能に影響する可能性を示唆しています。しかしながら、子牛の体内に移行した白血球が子牛の健康にどのように機能するかまでは解明されていません。

初乳の低温殺菌（パスチャライズ：60℃30分／60℃60分）や凍結、粉末初乳の給与は母牛からの感染リスクを下げる、つまりマイナス要因を減らすための有効な方法ですが、初乳中の白血球に重要な機能があるならばプラスの要因を減らしていることになっている可能性もあります。近年、アニマルウェルフェア（動物福祉）の観点から、分娩直後に一定期間母子同居させる飼養管理が提案されていますが、子牛の健康の観点からも母牛のフレッシュな初乳を給与するメリットがあるかもしれません。その際には、母牛や環境からのマイナス要因をきちんとクリアすることが重要になるでしょう。この他、初乳にはインスリンやIGF-1（インスリン様成長因子-1）といったホルモンの濃度も高く、これらの物質はIgGなどの抗体成分と同様、分娩後の数回の搾乳で徐々に減少していきます。

初乳のパスチャライズと冷凍保管

初乳のパスチャライズは、初乳中の細菌数を減らすために広く用いられています。一方、抗体をはじめ初乳に含まれる機能性成分の多くはタンパク質でできており、熱による失活が懸念されます。初乳IgG濃度に関しては、パスチャライズによって影響を受けないか、わずかに減少するという報告があります。

IgG吸収率は、パスチャライズした初乳の方が高かったという報告があります。初乳中

図5　初乳搾乳量ごとのIgG濃度

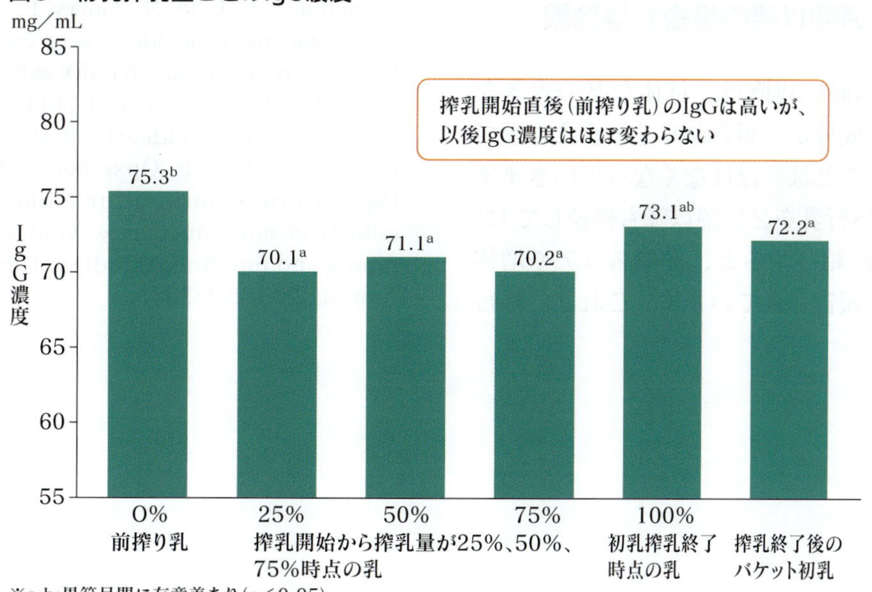

※a,b:異符号間に有意差あり（$p<0.05$）

に細菌が多いと腸管に付着して初乳の吸収を阻害するため、パスチャライズによって細菌数が減少したことが初乳の吸収率の向上につながると考えられています。ラクトフェリンやインターフェロンγといった免疫機能に関係するタンパク質濃度も60℃の加熱であれば、大きな影響を受けませんが、これより高い温度であれば、濃度に影響を受けることが報告されています。

凍結保管した高品質初乳は、初乳が使用できないときに役立ちます。凍結初乳を作製して使用している農場は、そうでない農場と比べて受動免疫不全（血清IgG濃度が10mg／mL未満）の子牛の割合が少ないことが報告されており、取り入れてほしい管理法といえます。初乳の凍結保管方法としては、初乳は新しいジップ付きビニール袋に入れ、平たく延ばして凍結します。ノンフロスト冷凍庫（ファン付き）は、庫内温度が不安定なため、長期保管には向かないようです。できればノンフロストタイプでない冷凍庫の使用が推奨されます。

融解時にも高温の影響でタンパク質成分を失活させないことが重要で、60℃以下の湯煎で解凍すればIgGやラクトフェリンの損失は小さいと報告されています。電子レンジで少しずつ解凍させる方法も提案されていますが、加熱むらや凝固ができるケースがあるため、湯煎の方が品質を担保しやすいでしょう。

出生24時間以降の継続給与効果

出生後24時間以降は、抗体などの大きな分子の初乳成分が、腸管からそのままの形で吸収されることは、ほぼなくなっていきますが、初乳や移行乳を２日齢以降も継続して（３～９日程度）給与すると、健康スコアや増体が高まると報告されています。これは、移行乳が常乳よりも栄養価（脂肪やタンパク質）が高いことや、抗体などが腸管内の細菌や毒素に結合したり、腸内微生物叢（そう）に影響を与えたりするからだと考えられています。期限の切れそうな初乳製剤やオーバーストックぎみの冷凍初乳も廃棄せずにサプリメントとして代用乳に部分的に使用すると同様の効果が期待できるかもしれません。

【引用文献】

ウィスコンシン大学エクステンションホームページ（https://animalwelfare.cals.wisc.edu/wp-content/uploads/sites/243/2022/06/02-benchmarks.pdf）

佐藤瞳・大口慶太朗・茅先秀司・丸山恭弘・桂順二・長谷川敦子・千里今日子・福森理加・及川伸（2020）「北海道道東地域の酪農場における乳用子牛の受動免疫不全と初乳成分の調査」日本家畜衛生学会

Brady, M., and Eckelkamp, E. 2024. Oroesophagial tube versus bottle feeding colostrum impacts on immunoglobulin absorption. Journal of Dairy Science. 107, (Suppl), 1.

Godden, S. Colostrum management for dairy calves. 2008. Vet. Clin. Food Anim. 24:19-39.

Godden, S. M., and Hazel, A. 2011. Relationship between milking fraction and immunoglobulin G concentration in first milking colostrum from Holstein cows. American Association of Bovine Practitioners.

Godden, S. M., J. E. Lombard, & A. R. Woolums. 2019. Colostrum management for dairy calves. Vet. Clin. Food Anim. 35:535-556.

Liebler-Tenorio, E.M., Riedel-Caspari, G., and Pohlenz, J.F., 2002. Uptake of colostral leukocytes in the intestinal tract of new-born calves. Veterinary Immunology and Immunopathology 85, 33-40.

Lombard, J., Urie, N., Garry, F., et al. 2020. Consensus recommendations on calf- and herd-level passive immunity in dairy calves in the United States. J. Dairy Sci. 103:7611-7624.

Meganck, V., Goddeeris, B.M, Stuyven, E., Piepers, S., Cox, E. Opsomer, G. 2014. Development of a method for isolating bovine colostrum mononuclear leukocytes for phenotyping and functional studies. The Veterinary Journal. 200;294-298.

❷哺乳の基礎知識

杉野　利久

哺乳期は免疫機能が受動免疫から能動免疫に変わります。また、この時期はミルク(生乳、代用乳)から固形飼料(カーフスターター、乾草)への切り替えによって反すう胃が発達していきます。これに伴い、単胃動物型から反すう動物型へと代謝特性が大幅に変わることもあり、下痢や肺炎などの疾病の発生率が依然として高い状況にあります。社会性や体格も大きく変化します。哺育牛の栄養管理は、これら変化を消化機能などの面から捉え適切に対応することが重要です。

哺乳期の消化機能を基礎から理解し代用乳給与を考える

【唾液】

ミルクの脂肪は、唾液に含まれる脂肪分解酵素(PGE)によって加水分解されます。このPGEの生成は吸乳や飲乳により刺激され、吸乳速度が遅くても、哺乳ボトルや哺乳バケツの乳首からの吸乳は大きな刺激となります。PGEは選択的に乳脂肪に活性を示す一方、植物性油脂への活性が低いため、植物性油脂が多い代用乳の場合、第四胃へ流入する脂肪の割合が高くなります。PGE活性の最適なpHは4.5〜6.0であり、それ以下になると活性が低下するといわれています。

【反すう胃】

子牛は第四胃の組織重量が60%であり、第一胃・二胃・三胃が40%未満と、反すう胃機能は未発達です(**図1**)。

このことから、哺乳子牛は、反すう動物特有の消化吸収機能が十分ではなく、単胃動物に類似しています。反すう胃の消化吸収機能は、固形飼料の摂取量増加に伴い発達し、13週齢で成牛と同じ反すう胃機能になるとされています。ただし、哺乳量や離乳時期により発達の程度も変わります。

子牛が液状飼料を摂取すると、食道の開口部から第四胃に通じる第二胃溝が反射的に閉じ、反すう胃にほとんどあふれ出ることなく第四胃に直接流入します(第二胃溝反射)。この反射は、吸乳行動に伴い、乳に含まれる可溶性タンパクと塩類により舌咽(ぜついん)神経が刺激され、起こるものです。飲水は第二胃溝反射を生乳や代用乳ほど誘発しないことから反すう胃に流入する割合が高くなります(**図2**)。また子牛に固形飼料を給与した場合、第二胃溝反射は起こらず第二胃から第一胃へと押し出されます。このように子牛は、液状飼料を第四胃へ、固形飼料や水を反すう胃へと分別して収容し、徐々に反すう胃を発達させます。

図1　離乳前後の胃の容積変化

【出産時の反すう前の子牛】

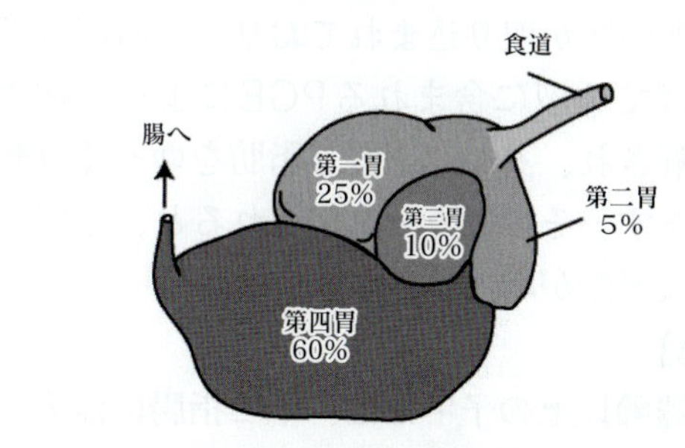

【離乳後の子牛】

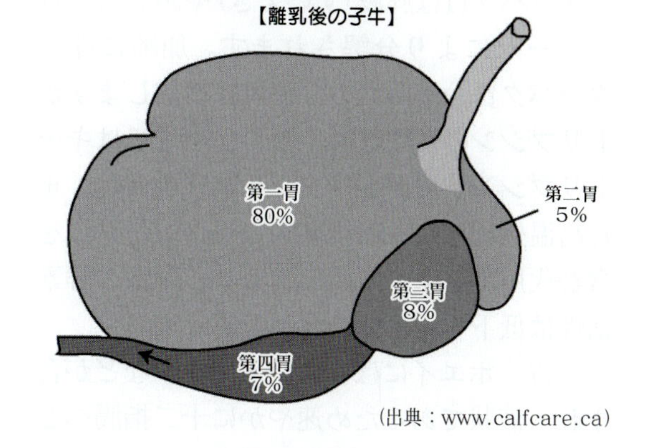

(出典：www.calfcare.ca)

図2　ミルクと水の流入部位とその割合

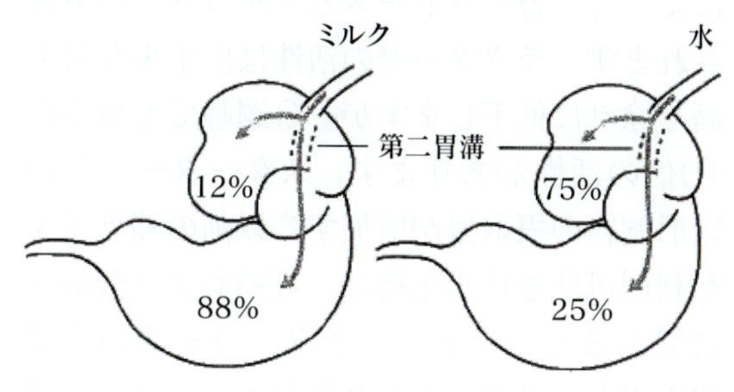

(出典：「新しい子牛の科学」〈緑書房〉)

【第四胃】

子牛の第四胃での塩酸分泌は出生直後に少なく、出生後数日以内に約10倍になります。出生直後に塩酸分泌が少なく胃内酸性度が低いことによって、初乳中の免疫グロブリンの分解を回避でき、小腸からの受動免疫獲得につながります。

１週齢以上の子牛では、前述の塩酸の分泌が活発で、ペプシノーゲンがペプシンとなり、カードを（最適pH 5.25）するとともに、タンパク質を分解（最適pH 2.1）します。ペプシンにはタンパク質の選択性はなく、ほとんどのタンパク質を分解できます。一方、レンニンによるこの作用はカゼインを選択的に分解します。哺乳量の増加に伴いタンパク質分解活性は向上しますが、過度な給与量の場合、代用乳などに含まれる代替タンパク質は消化されにくく、下痢の発症リスクを高めるので注意が必要です。凝固したカード内には大部分の乳脂肪が取り込まれており、６時間程度をかけて唾液に含まれるPGEによって徐々に分解され、タンパク質と脂肪をゆっくり解放します。その後カードが崩れると、小腸への流入速度が増加します。

【小腸】

１週齢以上の子牛では、十二指腸に流入したタンパク質は膵液（すいえき）や腸液のプロテアーゼにより分解されます。加齢に伴い、タンパク質分解酵素の分泌量は増加しますが、トリプシンの活性は高くなく、子牛ではキモトリプシン濃度がトリプシンよりも高い。また高温処理した脱脂粉乳や大豆タンパク質を含む代用乳を子牛に給与すると、膵液の酵素活性は低下するので注意が必要です。

一方、ホエイには乳糖、ミネラルなどが含まれ、液状であるため速やかに十二指腸へと流入します。乳糖は膵液や腸液のラクターゼによって、ガラクトースとグルコースへ分解されます。ラクターゼの活性は出生後が最も高く徐々に低下しますが、８週齢でも成牛の10倍の活性があります。スターターなどの固形飼料の摂取量が増加する以前の哺乳子牛が利用可能な炭水化物は、乳糖および分解産物であるガラクトースとグルコースのみで、フルクトースはほとんど吸収されません。新生子牛の膵液中アミラーゼ活性は低く、でん粉や分解産物であるデキストリンや麦芽糖（マルトース）を消化できません。膵液中のアミラーゼは１～３週齢にかけて６倍に活性が高まり、さらに９週齢ごろには42倍にまで高まります。でん粉の分解は加齢に伴い飼料中でん粉含量が増加するにつれ発達します。また牛の小腸壁にはスクラーゼとイソマルターゼが存在しないため、ショ糖（スクロース）をほとんど消化できません。このように子牛はでん粉の消化能力が低いことから、代用乳などに含まれるでん粉の給与は下痢の発症リスクを高め、過度の場合、腸内でアルコール発酵することもあります。

十二指腸に流入した脂肪は、膵液中のリパーゼによって分解されます。リパーゼの最適pHは8.5で、分解産物である脂肪酸のうち、中鎖脂肪酸はそのまま小腸壁より吸収され門脈に移行しますが、長鎖脂肪酸はトリアシルグリセロールに再合成されリポタンパク質に覆われてリンパ管へ移行します。

脂肪はカードから放出され小腸で消化吸収されるため比較的緩やかであり、ミルク摂取後は６時間程度でピークとなります。代用乳給与の場合、カゼイン含量によりカード形成が異なり、少ない場合は十二指腸への乳脂肪移行が早まるため脂肪は急速に吸収されることになります。

以上のように、代用乳の成分によって消化のされ方も異なってくるのです。

スターター、乾草の役割と飲水量確保の重要性

子牛が固形飼料を利用できるようになるのは、２～３週齢程度からです。少なくとも３週齢までは哺乳によって栄養源を獲得する必要があります。この時期の栄養代謝も消化機能と同様に単胃動物と同じです。その後、固形飼料を徐々に利用できるようになり、反すう胃内の微生物発酵を主体とした消化吸収機能が成牛レベルに達するのは、哺育管理による違いはあるものの、おおむね11～13週齢になります。

哺育牛にとって、小腸から吸収されるグル

コースが主要エネルギー源ですが、徐々に反すう胃内の微生物発酵に依存して摂取した固形飼料を分解するようになり、主要吸収エネルギー源は炭水化物の微生物発酵により産生される酢酸、プロピオン酸、酪酸などの揮発性脂肪酸（VFA）に置き換わります。自然哺育下の子牛ではこの変化が緩慢（6カ月齢程度）に起こりますが、現場で普及している哺乳プログラムは2カ月齢程度で離乳することから、短期間で反すう胃機能を発達させなければなりません。

離乳前後に主要吸収エネルギー源がグルコースからVFAへと置き換わりますが、栄養代謝に関連する代謝ホルモンのうち消化管ホルモンといわれるインスリンなどは、哺乳期は小腸からのグルコース吸収が刺激となり分泌が制御されています。離乳後は小腸からのグルコース吸収がほぼなくなりますので、VFAがインスリンの分泌を促進します。しかしながらVFAによる代謝ホルモン調節は、反すう胃内発酵が弱い哺育牛においても認められることから、栄養代謝機能に関しては生まれながらに反すう胃内発酵に適応しており、体内ではいつでも離乳に適応できていることになります。

従って早期に離乳する場合は、いかに反すう胃を発達させるかが重要となることから、哺乳期はミルクが主な栄養源ではあるものの、スターター、乾草および水を適切に給与する必要があります。

【スターター】

スターターは、哺育期用（13週齢程度まで）に設計された固形の濃厚飼料主体型の配合飼料です。前述のように固形飼料は、液状飼料とは異なり第二胃溝反射が起きないため、スターターは早期離乳を前提に反すう胃発達を促進させるためのいわば離乳食です。

子牛は、出生後24時間以内には第一胃内に多数の嫌気性細菌が検出されます。ペクチン、でん粉およびキシラジン分解菌は、出生後1週齢には成牛並みの水準に達しますが、繊維であるセルロースを分解する細菌は、乾草を摂取し始める3週齢から成牛並みの水準になります。最近、地球温暖化で悪者になっているメタン生成菌はセルロース分解菌に遅れて増殖します。

スターターが第一胃内で細菌によって発酵・分解されると、VFAが生成・吸収され、体内でのエネルギー源などに利用されます。1週齢ごろから子牛にスターターを給与し始めますが、スターター摂取量が増加し始めるのは2～3週齢ごろからです。スターターは第一胃内微生物の栄養源でもあり、反すう胃発酵に有用な微生物叢（そう）の発達・安定化に重要です。第一胃内のVFA、特に酪酸は反すう胃の上皮組織や絨毛発達を促進します。このようにスターターを子牛に給与することで、早期の離乳を可能としています。

【乾草】

スターターの摂取を促し早期に反すう胃を発達させるため、従来は乾草の給与が制限されていました。これは乾草を摂取することで、スターターの摂取量が減少するという理由からです。しかし「離乳前の乾草摂取量はわずかで、スターター摂取量に影響しない」「哺乳期の乾草摂取は離乳後の反すう胃pHを安定化させる」「乾草による反すう胃への物理的刺激で筋層が発達する」という報告があり、最近はスターターとセットで給与するようになっています。

2週齢ごろから子牛は反すうを開始し、スターター摂取量が450g以上になると、反すう時間が急増することが知られていますが、これは乾草摂取量の増加も反映していると考えられます。ニュージーランドでは放牧地へ子牛を最初に放すのが一般的で、牧草の先の柔らかい部分を食べさせるのが目的です（良質で発酵しやすい）。子牛の消化管壁が弱いため質の悪い乾草（例・茎が多い）によって傷付けられることもあります。乾草は良質で柔らかいものを給与するのがよいでしょう。

一つのバケツに、下に乾草、上にスターターを入れて子牛に給与している事例を見たことがあります。スターターと乾草を混ぜて混合飼料のような形態で給与している例もあります。スターターと乾草を9：1で混合給与した子牛と、分離給与した子牛を比較した試験では離乳前（8週齢）、離乳移行期ともに固形飼料、でん粉およびNDFの摂取量に違いは認められませんでした（次㌻図3）。

図3　給与法別に見た高栄養哺乳プログラム（8週齢離乳）における固形飼料摂取量に占めるNDF摂取量割合

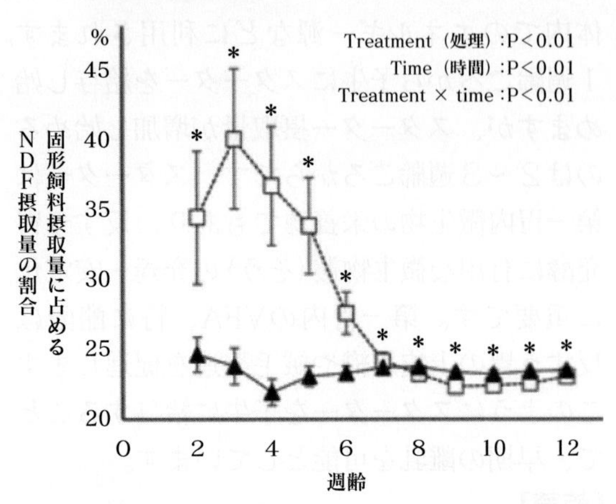

□：分離給与
▲：混合給与（スタータ：乾草＝9：1）
＊：p<0.05　vs 混合給与

(Engelking et al., 2020)

しかし固形飼料摂取量におけるNDF摂取量の割合で見ると、分離給与した子牛の離乳前および離乳移行期のNDFの摂取量の割合は、混合給与した子牛のそれと比べ高く推移しており、分離給与の場合、離乳前のスターター摂取量と乾草摂取量の割合は73：27で、離乳移行期では84：16、離乳後には96：4と変化しました。このことから考えると、離乳前や離乳移行期は、本能的に乾草（NDF）を求めており、離乳に伴う哺乳量の減少により、栄養を充足するためにスターター摂取量の割合が増えているかもしれません。

本試験結果だけで議論はできませんが、子牛の欲求を満たすためにも、乾草とスターターは分けて給与する方が望ましいといえそうです。

【水】

哺乳期はミルク（哺乳）だけでなく水（飲水）も重要です。哺乳バケツなどで給与される代用乳などは第二胃溝反射によって直接第四胃に流入しますが、飲水は主に第一胃に流入します（**図2**）。反すう胃環境を安定化させるためスターター1kgに対して水は4L必要とされており、水とスターターの摂取パターンは同様で、不十分な水の給与はスターターの摂取量低下を招きます。

以上、早期に離乳させるにはミルクだけでなく、反すう胃の発達を視野に入れることが必要で、スターターと乾草の摂取量確保および反すう胃発酵を安定させるためには水も不可欠です。ミルクを給与しているからといって水は要らないわけではなく、哺乳によるミルクは第四胃へ、水は第一胃へと流入することからも、全て必要な飼料と考え、哺乳期の子牛を管理しましょう。

【参考文献】

『新しい子牛の科学』家畜感染症学会編（緑書房）

❸下痢予防のための発酵代用乳のつくり方と給与

今内　覚／岡川　朋弘

高品質で安全なプロバイオティクスとは

畜産業において長年、生乳などを原料とする発酵乳がプロバイオティクスとして子牛の下痢症対策に利用されてきました。プロバイオティクスは「人や動物の健康に有益な効果を与える生きた微生物」を指し、乳酸菌やビフィズス菌が一般に知られています。子牛の下痢症は酪農の生産性を低下させる重要な問題です。特に生まれたての子牛は免疫機能が未熟なため感染性の下痢症にかかりやすく、複数の病原体が重複感染して重篤化し、死亡する例が多く見られます。

一方、従来の発酵乳は「発酵品質が不安定」「雑菌が増殖し不衛生な状態になりやすい」「本来は商品となる生乳の安定確保が難しい」といった理由で、継続して利用できるのは一部の農家に限られています。発酵乳による下痢症の防御効果について、子牛で実験的に証明した研究もありませんでした。そこで、われわれは代用乳を原料とした発酵代用乳（fermented milk replacer＝FMR）に着目しました。なお、FMRの開発および発酵プロトコル（手順）は、北海道ひがし農業共済組合（現・北海道農業共済組合）の茅先史獣医師らが標茶町の生産者と取り組んだ成果です[1]（**図１**）。

本研究でこの発酵プロトコルを一部改良して作製したところ、FMRの発酵品質は安定しており、雑菌の混入もなく、「高品質で安全なプロバイオティクス」であることを確認できました。さらに、ロタウイルス感染による子牛下痢症モデルを用いた実験および下痢発生農場の子牛を用いた大規模な実証試験を実施したところ、FMRが下痢の臨床症状を軽減し、腸炎による死亡例を減少させることを証明しました。本稿ではこれら研究成果を中心に、子牛の下痢症に対するプロバイオティクスの効果について解説します[2]。

発酵乳の歴史は古く、牧畜の発展と重なります。紀元前5000年ごろに人類は初めて羊を家畜として飼養し始めました。それに伴い、保管されていた羊の乳が自然と発酵し、発酵乳が生まれたといわれています。日本でも、奈良時代には既に発酵乳に似たものが存在したという記録があります。ヨーグルトが日本国内に広く普及し始めたのは1950年代からで、現在ではプロバイオティクスの定義も定着し、特定保健用食品あるいは機能性食品として販売される製品も登場しています。

プロバイオティクスの効果に関しては、下痢症の改善、免疫機能改善による感染防御、アレルギーの軽減など幅広い報告があります。最新の知見としては、インドの新生児を対象とした大規模臨床試験において、プロバイオ

図１　発酵代用乳（FMR）の特徴

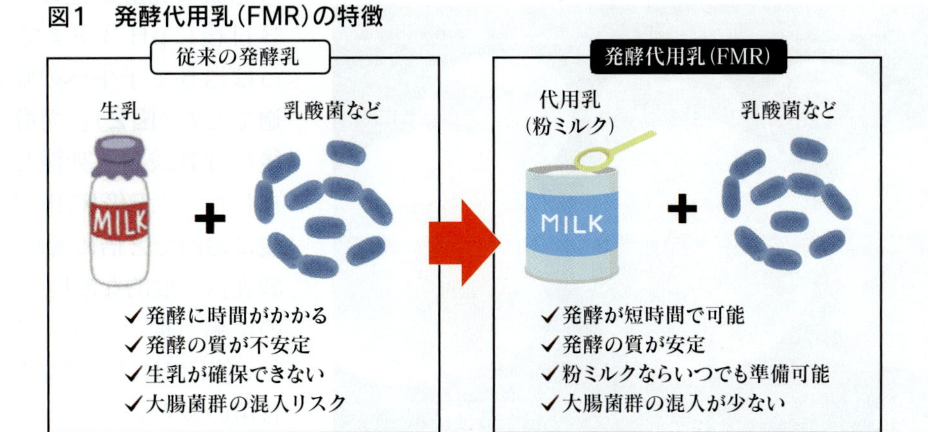

発酵条件は室温（22〜25℃）・2日間で発酵が完了。発酵乳の基準（乳等省令）である乳酸菌数10^7個／mL以上、pH5.3以下、大腸菌群陰性を確認後、検証試験に供試した。作製方法の動画はユーチューブ（https://youtu.be/tX873jVUtek〈「FMR 作り方」で検索〉）で視聴できる

ティクス（乳酸菌）とフラクトオリゴ糖を混合したサプリメントを投与すると、敗血症（細菌感染症による重篤な合併症）に対し顕著な防御効果を示し、死亡例が半減したことが報告されました[2]。

長年、乳牛の子牛に対し発酵乳がプロバイオティクスとして利用され、乳酸菌を含むプロバイオティクス飼料や製剤も活用されています。1978年の北海道農業試験場からの報告で、発酵初乳が子牛の下痢対策に有効であることが示されています[3]。

「下痢を発症しても重症化しにくい」との声も

下痢症は子牛で最もよく認められる疾病で、成長に悪影響を及ぼし、時には死に至らしめます。原因は主に、感染性（細菌、ウイルス、寄生虫）と消化不良性に分けられます。子牛の感染性下痢はロタウイルスが原因となるものが多く、他の原因としてクリプトスポリジウム、牛コロナウイルス、大腸菌、サルモネラ菌、コクシジウムなどが挙げられます。一般的な対策としては初乳給与（移行抗体による免疫獲得）、農場の消毒・清掃や個別飼養、子牛のストレス軽減（気温変化への対応、適正飼養密度維持）、清潔な哺乳飼料の給与、小まめな観察（早期発見・治療）、母牛へのワクチン接種などが挙げられます。これらに加え、一部の酪農場では子牛の哺乳飼料に発酵乳を利用する試みがなされています[4]。

2005年に北海道標茶町の酪農家46戸を対象に行ったアンケートによると、発酵乳を使用した経験のある農家は全体の５割で、そのうちの６割は既に使用をやめていました[1]。その理由として、生乳や初乳を原料とした従来の発酵乳は発酵品質が不安定で扱いにくいことが挙げられます。さらに、殺菌処理を行わない生乳や初乳が原料にされることが多く、大腸菌群などの雑菌が増殖するなどのリスクがあることも分かっています。一方、発酵乳を使い続けている農家は、「子牛の下痢症が起こっても重症化しにくい」と回答しています。

発酵代用乳（3.5倍FMR）の作製法

これら課題の解決と利点を実証するため、われわれは、FMRを安定的に発酵させる以下のような手順を確立しました。

市販の子牛用代用乳を50～55℃のお湯で3.5倍に薄めて調製し、乳酸菌を含む生菌飼料（「ビオスリーエース」東亜薬品工業㈱）を添加して室温22～25℃で発酵させました（**写真**）。pH、乳酸菌数などを指標に発酵状態を評価したところ、3.5倍FMRは発酵開始２日後に、pH 5.3以下・乳酸菌数10^7個／mL以上（乳等省令で定められた発酵乳の基準）となり発酵が完了（**図2**）。その後、3.5倍FMRを室温22～25℃で保管すると発酵は緩やかに進み発酵開始５日後でもpH 4.5、乳酸菌数10^7個／mL程度と発酵の品質が保たれ大腸菌群など雑菌混入は検出されませんでした。

比較対照として７倍FMRを作製すると、発酵完了は１日後と早かったものの、その後も急激に発酵が進み、発酵開始３日後にpH 3.8まで下がり酸っぱ過ぎて子牛への哺乳には不適でした（**図2**）。発酵開始５日後には乳酸菌も死滅してしまいました。3.5倍FMRは発酵完了後にお湯で２倍に薄めると「７倍調乳」（一般的な濃度）となり哺乳の準備も簡単です。このように、3.5倍FMRは発酵品質が安定し、雑菌の混入がなく、「高品質で安全なプロバイオティクス」であることが示されました。

２日後（完成）　１日後　発酵開始直後

写真　発酵代用乳（FMR）の発酵過程

ロタウイルス感染子牛を用いた試験

次に、3.5倍FMRを生後0～3日齢の子牛に毎日給与（対照区は代用乳を給与）した上で、ロタウイルスを経口接種し実験的に下痢症を起こして、その後の下痢の臨床症状や糞便中の水分量、哺乳量、腸炎の重症度（腸管における病変）を解析しました。ロタウイルス接種牛は下痢を発症したものの、重篤な水様性下痢はほとんど認められず、症状は軽度に抑えられました。またFMR給与牛は代用乳給与牛よりも下痢発症時に哺乳量の早期回復が観察されました。腸管の病理組織学的解析の結果、FMR給与牛は、腸炎の組織病変（腸絨毛〈じゅうもう〉短縮や粘膜での炎症像）は軽度にとどまっていました。このように、子牛へのFMR給与によって、ロタウイルス感染に伴う下痢が軽減したことが示唆されました（**図3**）。

下痢発生農場の子牛を用いた試験

ロタウイルスやクリプトスポリジウムによる感染性下痢が頻発している農場で、子牛の哺乳飼料にFMRを用い、子牛生存率、腸炎発生数、腸炎による治療期間・診療回数、治療費用などを調査しました（対照区は前述と同様）。FMR給与子牛は代用乳給与牛と比べ、腸炎発生数や死亡例が減少しました（次㌻**図4**）。加えて、FMR給与牛は腸炎（下痢）を発症しても、治療が完了するまでの期間が短く、診療回数や総診療費も少なく抑えられました（次㌻**図5**）。FMRの作成方法の詳細については、講習用動画をユーチューブで公開していますので2次元コードからご視聴ください（https://youtu.be/tX873jVUtek、「FM

図2　発酵代用乳（FMR）の発酵指標の推移

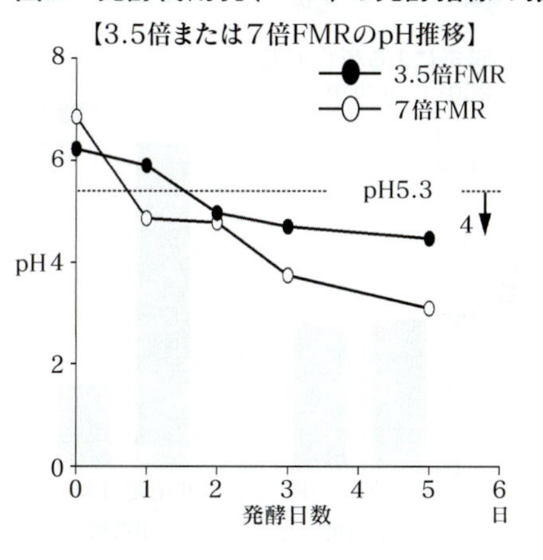

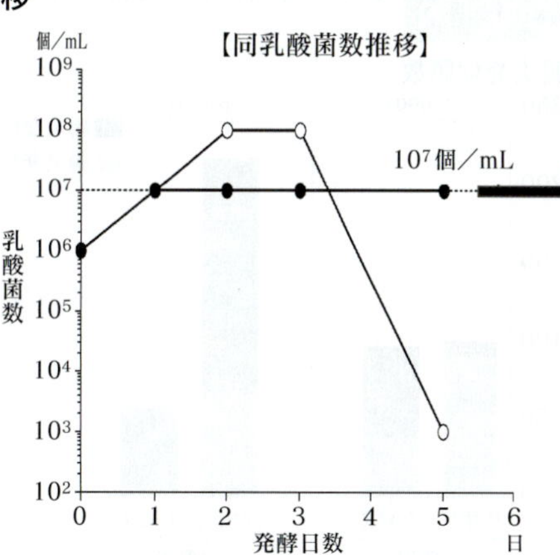

図3　ロタウイルス実験感染子牛の下痢症に対するFMRの給与効果

Ⓐ臨床症状の比較

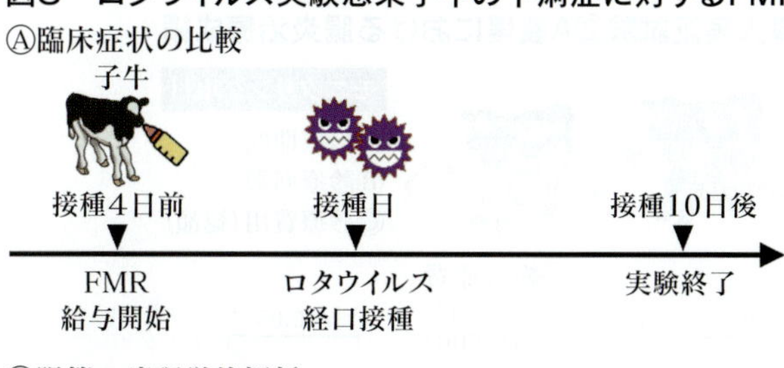

代用乳
- ✓重篤な水様性下痢
- ✓中～重度の腸炎病変
- ✓哺乳量が回復しない

発酵代用乳（FMR）
- ✓軽度の下痢
- ✓軽度の腸炎病変
- ✓哺乳量がすぐに回復

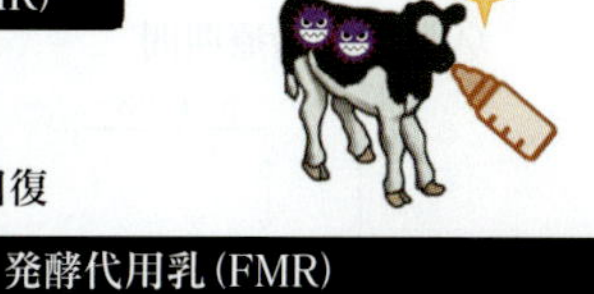

Ⓑ腸管の病理学的解析

代用乳

腸絨毛の長さ

出血性腸炎

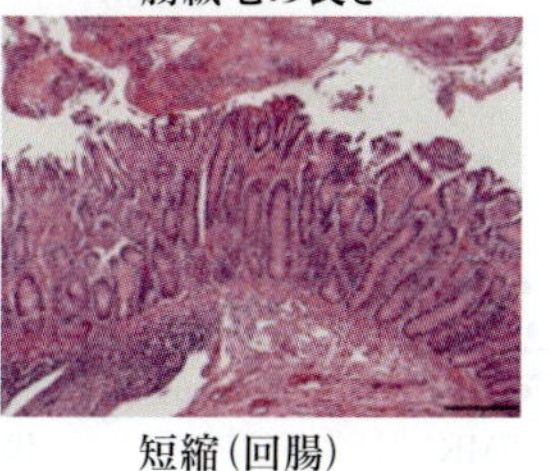

短縮（回腸）

発酵代用乳（FMR）

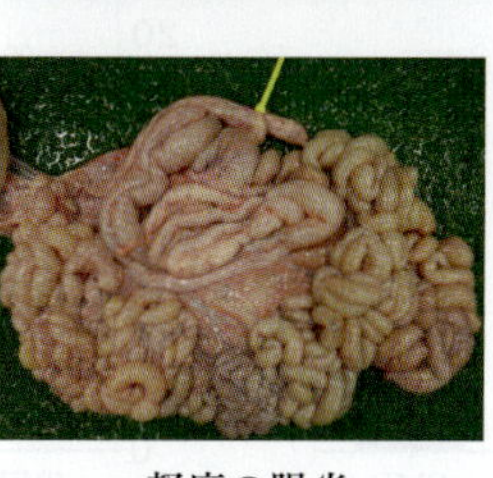

軽度の腸炎

腸絨毛の長さ

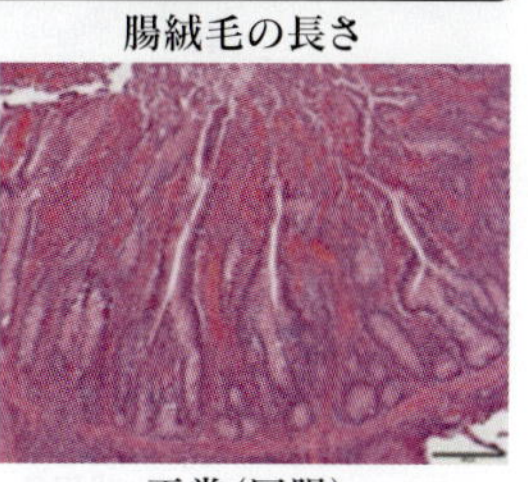

正常（回腸）

R作り方」で検索、**図6**）[5]。

求められる腸炎防御効果の仕組み解明

子牛に対するプロバイオティクス給与により、ロタウイルス感染に伴う下痢や病変形成を抑えられ、急性腸炎の重症化を抑制することが示唆されました。こうした研究はこれまでに数例報告されていますが、実際に子牛を用いた実験感染モデルで、臨床学的あるいは病理学的側面から効能を検証した研究は過去になく、これまであいまいな評価にとどまり、長年「賛否両論」だった発酵代用乳の効果として直接的な子牛の腸炎防御効果を示すことができました。これが本研究最大の成果といえるでしょう。

最も重要なのは衛生面を順守した正確なプロトコル（作製手順）です。子牛の感染性下痢の原因は、下痢症モデルとして用いたロタウイルスだけでなく、クリプトスポリジウム、牛コロナウイルス、大腸菌、サルモネラ菌、コクシジウムなどさまざまです。農場では、これら複数の病原体の重複感染で子牛の下痢が重篤化し死亡するリスクが高まります。われわれは実際の農場でも発酵代用乳を用いた試験を行い、子牛の下痢症に対する防御効果を実証できました。このことから、重複感染した子牛にも一定の効果を発揮することが予想されます。今後は本研究成果を広く普及していくとともに発酵代用乳による腸炎防御効

図4　子牛の下痢発生農場におけるFMR導入実証試験①腸炎防御効果

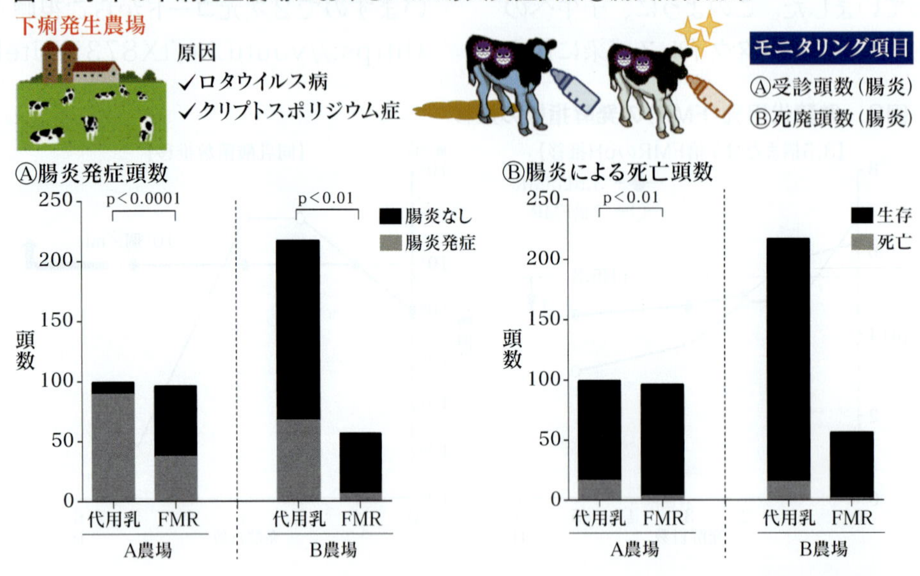

図5　子牛の下痢発生農場におけるFMR導入実証試験②A農場における腸炎治療成績

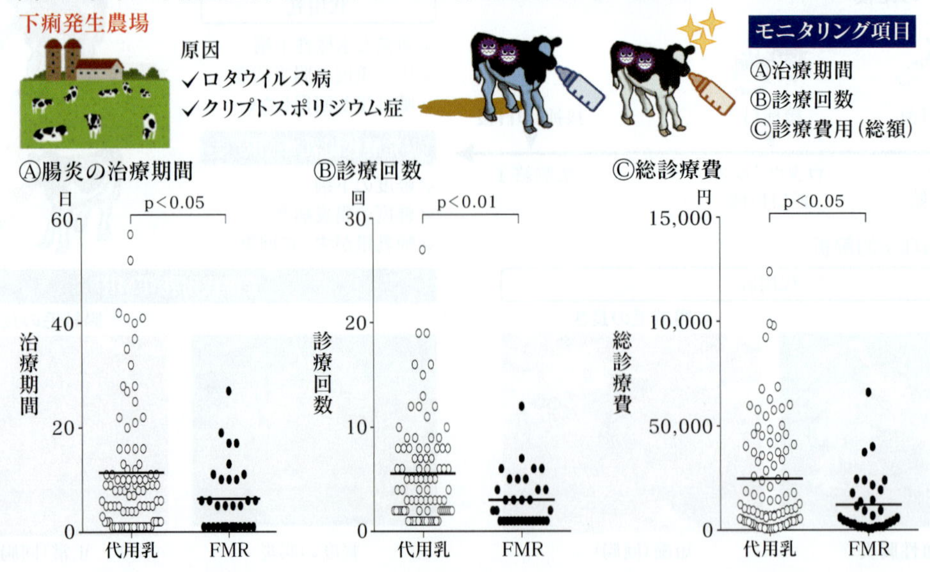

図6　発酵代用乳の作製方法動画のイメージ（ユーチューブ）

果の作用機序（メカニズム）についても明らかにしたいと思います。

今回報告した発酵代用乳は、その名の通り代用乳（粉ミルク）からつくるため搾乳の手間はかからず、スターターとなる乳酸菌などがあれば肉用牛をはじめ他の家畜にも応用可能です。また、コストを抑え子牛の下痢を軽減できることから発展途上国での活用も有望で、既に海外からの問い合わせも受けています。

本研究の成果を基盤として、プロバイオティクスを用いた子牛の下痢症対策を推進することで、健康な子牛の育成や畜産業の生産性向上への貢献が期待されます。また、世界規模で問題になっている薬剤耐性菌問題の解決にも寄与することも考えられます。今回紹介した発酵代用乳のつくり方は北海道東部の現場の知恵に基づくものです。北海道大学はこれからも生産現場や臨床現場での疑問に応え、生産者の願いに資する応用研究を目指し「最前線に立つ現場の人々や生産者」と協同していきたいと考えています。

本研究の一部は、文部科学省科学研究費助成事業、ノーステック財団「研究開発助成事業」、北海道大学ロバスト農林水産工学国際連携研究教育拠点「ロバスト農林水産工学研究プログラム」によって実施または実施中のものであり、北海道ひがし農業共済組合（当時）の茅先史獣医師、久保田学獣医師、寺崎信広獣医師、武田章獣医師、道総研農業研究本部畜産試験場の小原潤子博士、雪印種苗㈱の納多春佳氏、本間満氏をはじめとする多くの共同研究者との成果です。ここに、ご協力いただいた全ての農場の皆さまに深謝いたします。

【参考文献】

1）茅先史（2019）「子牛における発酵哺乳飼料の利用・応用」『MPアグロジャーナル』39：pp.32-35、2019
2）Kayasaki F,Okagawa T,Konnai S et al.,Direct evidence of the preventive effect of milk replacer-based probiotic feeding in calves against severe diarrhea. Veterinary Microbiology, 254：108976, 2021
3）Panigrahi P,Parida S,Nanda NC et al.,A randomized synbiotic trial to prevent sepsis among infants in rural India. Nature,548：407-412, 2017
4）北海道農業試験場畜産部家畜第一研究室「初乳の貯蔵と利用に関する試験」『昭和52年度北海道農業試験会議資料』
5）発酵代用乳（FMR）の作り方（https://youtu.be/tX873jVUtek）

④離乳移行期の栄養管理

寺内　宏光

哺乳子牛が主な栄養源を液体飼料（ミルク）から固形飼料に移行させることを離乳と呼びますが、その方法は農場ごとにさまざまです。うまく離乳できる子牛もいれば、つまずいてしまう子牛もおり、非常に悩ましいトピックでしょう。離乳期を含む生後数カ月間の成長は、肉用子牛なら販売価格に直結しますし、乳用子牛なら将来の生産成績まで影響するとされるので重大です。

離乳の本質は哺乳をやめることではありません。子牛が固形飼料を十分に食べられる準備をさせ、離乳に伴うストレスを最小限に抑えて成長を中断させないことが大切です。飛行機が滑走なしに離陸できないように、助走なしに離乳させると事故を起こします。本稿では、スムーズな離乳のための要点について、乳用子牛をメインに肉用子牛の留意点も解説します。

離乳は「準備が９割」

離乳とは、端的にいえばルーメン（第一胃）発達に必要な過程です。私たち人と同じ単胃動物から反すう動物へ変化しているのですから、消化管がまったく違う構造と機能へ入れ替える、大変なことだと認識しましょう。親牛と子牛が同居し続ける場合は６カ月程度で自然と離乳します。自然状態でこれだけ長い移行期間を要することを、人工哺乳では短期間で成し遂げなければいけません。

一部の研究では適切な給餌と管理を行えば、28日やさらに早い時期で離乳できるという報告があります。代用乳とスターターでは１kg当たりの価格が何倍も違うので、子牛が早く離乳するほどコストは削減されます。

ここで伝えたいことは、「離乳は準備が９割」といわれており、人工哺乳での離乳はスターターの摂取によって第一胃が十分に発達して初めてスムーズに移行できるということです。そして、適切な管理を行えば早期離乳が可能であり、その方法は子牛の飼養管理とセットで検討する必要があるのです。

離乳はスターター摂取量を目安に

離乳できるかどうかは、第一胃の発達の度合いで決まるもので、その中は見られませんからスターター摂取量が目安となります。３週齢まではスターターを栄養源とすることがほとんどできず、哺乳量をいくら制限してもスターター摂取量はわずかです（**図１**）。しかし、スターターを食べることに慣れさせるため、早めに少量を給与することは有効です。

一般的には、１日のスターター摂取量が１kgに達するか、３日連続で500ｇ以上採食したら離乳が可能とされています。ジャージーは１日で500ｇ摂取できれば十分です。実際の摂取量は個体差が大きいため、その幅を

図１ 離乳は準備が大事

液体飼料期	移行期	反すう期
出生～３週齢	３週齢～離乳	離乳以降
ミルクを栄養源とする（乳糖、乳脂肪、乳タンパク質）	固形飼料の消化吸収能力が高まる	エネルギー源：揮発性脂肪酸（VFA） タンパク質源：微生物体
生後１週間は初乳および移行乳。１週齢～３週齢は哺乳量を増やす時期。固形飼料は食べてもあまり栄養にできない	ミルクによる増体とスターターによる胃づくりのバランスを取って、離乳へ向かう	スターターによるルーメン絨毛（じゅうもう）発達と、乾草によるルーメン容積発達

考慮した上で日本飼養標準・乳牛(2017)の推定式では乳用子牛のスターター摂取量が500gを超えるのは、哺乳量4.5kg／日の場合、体重が70kg前後になる6〜7週齢としています。

一方、NASEM(2021)では離乳までに1.5kg／日のスターターを摂取していることを推奨しています。離乳直後は発育の停滞が避けられないため、哺乳量が多く成長速度の大きい子牛が、楽に離乳へ移行できるよう高めに設定されています。

離乳タイミングの設定

多くの農場で離乳タイミングは6週齢から8週齢で設定されています。代用乳は農場で給与する飼料で最も高価なので、コスト低減のために早期離乳が求められる一方、離乳の失敗は経済的にも精神的にも損害が大きく、「いつ、どうやって離乳するか」は大きなジレンマとなります。

農場ごとの離乳のタイミングを決めるには二つの視点があります。一つ目は哺乳量、二つ目は子牛の個体差です。

哺乳量について大きく二つに分けると、1日4L程度を最大とする制限哺乳と、8L以上をピークとする高栄養哺乳があります。哺乳期の増体および栄養状態が将来の生産成績に影響することや、群飼養化と自動哺乳器の普及により、高栄養哺乳を行う農場が増えてきました。

高栄養哺乳の場合、6週齢離乳は8週齢離乳と比べて離乳前後のスターター摂取量が少なく、日平均増体量が低いという報告があります(**図2**)。8L哺乳では栄養が満たされ、自然にはスターターを摂取しないことが多く、6週齢では第一胃が未発達なためと考えられます。高栄養哺乳なら8週齢以降の離乳が望ましいでしょう(Echertら、2015)。

制限哺乳で早期離乳した群と比べた場合、高栄養哺乳で早期離乳した群では、離乳前後の発育が低下し離乳後の体重が制限哺乳群とあまり変わらない結果になったという報告があります(Passilleら、2011)。哺乳量を増やす場合は、離乳の時期や方法を再検討しないと、ミルクにかけたコストに対し十分なリターンを得られない可能性があります。

早期離乳の注意点

制限哺乳であれば6週齢での離乳も可能です。ただし、「6週齢よりは短くしない」「個体差で微調整する」「スターター摂取促進のために哺乳量を減らさない」という注意点があります。

子牛が固形飼料を消化できるようになるの

図2 高栄養哺乳における離乳時期とスターター摂取量

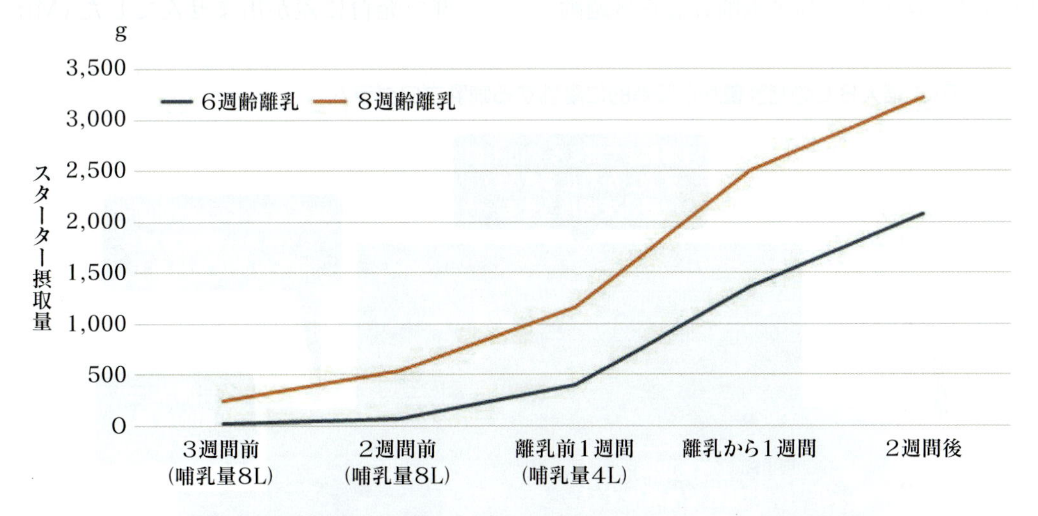

※最大8L哺乳で6週齢と8週齢で離乳した場合のスターター摂取量の比較。生後3日間は6L／日、4〜7日は7L／日、その後は8L／日で、離乳1週間前から4L／日に減らす段階的な離乳。代用乳は粗タンパク質26%、脂肪16%、濃度150g／L(1日8Lで乾物1,200g給与)。スターターは1日1回給与、エン麦、稲わら(麦稈)は3cm細断でともに飽食

(Echert et al., 2015)

は３～４週齢からです。個体差があるものの、子牛にとって離乳できる準備に最低でも６週齢は必要です。

６週齢で離乳させると決めても、スターターを採食しない子牛が一定数います。６週間というのはあくまで目安で、離乳は日齢ではなくスターター摂取量が一定量に達することを条件として、離乳が早期であるほど個体差でスターターの給与期間と量を延長および微調整することが望ましいといえます。

「哺乳量を減らせばスターター摂取量が増える」という考えは正しくありません。そうなる場合もありますが、哺乳量と一緒にスターター摂取量が増える子牛や、逆に哺乳量をいくら減らしても食べない子牛もいます。哺乳期の体格差は後々まで持続し、「代償性発育がない（後から取り戻す仕組みはない）」と報告されており、哺乳量の制限は牧場経営面で見ても望ましくありません。哺乳量を確保しながらスターター摂取量を増やしていくことを目指すべきです。

図１の移行期（３週齢～離乳）はスターターで第一胃を発達させていますが、子牛の成長はまだミルクに依存しています。移行期に哺乳量を高めても離乳時までに必要なスターター摂取量は確保できます。むしろしっかり哺乳させることで増体し、哺乳量が変わらなければ体重に対して相対的に哺乳量が減少していくので、多くの子牛はスターター摂取量が増えていきます。

以上をまとめると、高栄養哺乳なら８週齢以降の離乳が推奨され、制限哺乳なら６週齢での離乳も可能ですが、あくまで離乳の判断はルーメン機能の発達で決まるので、スターター摂取量を確認しながら個体差で微調整することが求められます。

一発離乳から段階的離乳へ

従来は日齢を基準に突然離乳することが一般的でした。離乳予定日に１kg以上採食できていれば、一発離乳でも問題ないかもしれません。しかし、消化管の発達が未熟なまま離乳すると発育不良を起こします。現在は４～10日かけて哺乳量を漸減する離乳法や、一定期間の哺乳量半減期間を設けるステップダウン法が推奨されています（**図３**）。高栄養哺乳なら７日間以上のステップダウン期間は欲しいところです。

日齢が基準に達してもスターター摂取量が不十分（＝第一胃発達が不十分）だと、哺乳量を減らしてスターター摂取量を急増させても、ルーメン絨毛の発達に時間がかかり、摂取した栄養が増体に反映されるまでタイムラグがあります。早期離乳であるほど一発離乳への対応は難しいでしょう。

離乳日齢が同じで、ステップダウンの開始日を変えた実験を紹介します（**図4**）。哺乳量を半分にするステップダウン法で期間が異なるグループを比較したところ、一番哺乳量の少ないグループ（Step-28）と、哺乳量の多い群で発育に差が出ませんでした（Mirzaei

図３ 最大８Ｌの哺乳量から段階的に離乳する哺乳プログラム

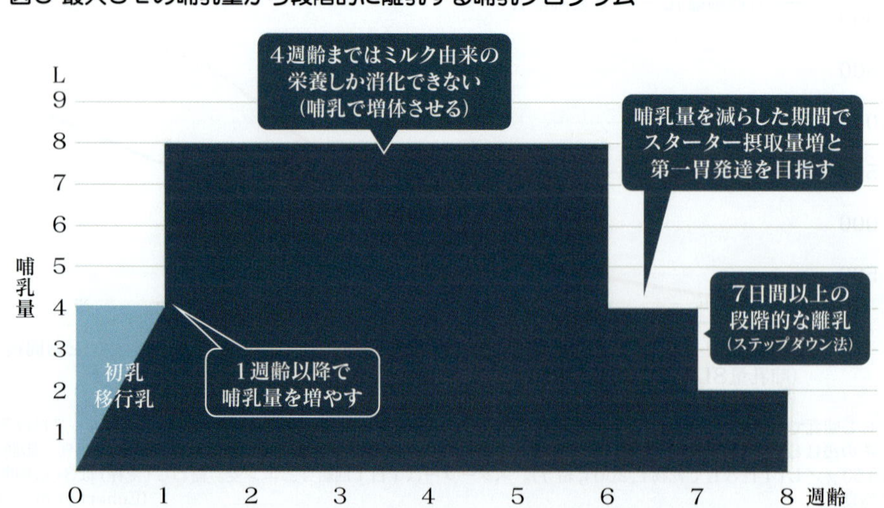

図4 異なるミルク給与プログラムにおける子牛のミルク摂取量

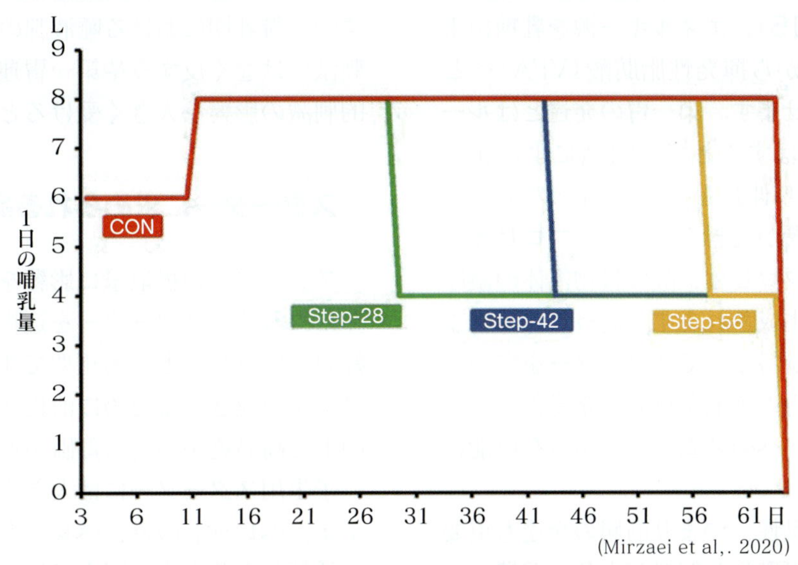

(Mirzaei et al,. 2020)

※10日目まで6L、最大8Lから3通りのステップダウン法。全て64日目で離乳しており、28日目から4L：総哺乳量326L、42日目から4L：総哺乳量382L、56日目から4L：総哺乳量438L、CON(対照群)：総哺乳量466L。80日齢まで観察し、発育に差は見られなかった

ら、2020)。Step-28群のスターター摂取量が最大となり、使用する代用乳の量を大きく減らしました。この結果から2カ月程度の哺乳期間なら早期のステップダウンは生産性の高い離乳方法といえます。ステップダウンの開始は日齢による基準だけでなく、スターター摂取量の増加に合わせて、離乳を早められる子牛から先に哺乳量を減らしていく方法もあります。

離乳までに日齢基準で哺乳量を減少させるのではなく、スターター摂取量を基準に哺乳量を減らしていく試験では、スターターから十分な栄養を得ることで、長い期間哺乳したプログラムと同等もしくはそれ以上の結果が報告されています(Welkら、2022)。スターター摂取量を確認しながら哺乳量を減らして、積極的に固形飼料へ置き換えていく管理方法は、個別管理で手間がかかりますが非常に経済的です。なお、この試験では9週齢までに約10%の子牛が1日当たり乾物量200gさえ摂取できていないことも分かりました。一部の子牛が固形飼料への移行に苦労する原因についてさらなる研究が必要です。

スターターと第一胃の発達

第一胃の発達についてもう少し詳しく述べます。現場ですぐ使える手法以外は興味のない方は飛ばして構いません。

生後間もない子牛の第一胃は非常に未発達なのですが、3カ月齢の子牛の第一胃は重量としてはまだ小さいものの、消化管全体に占

図5 生後1日齢と12週齢における各胃の割合

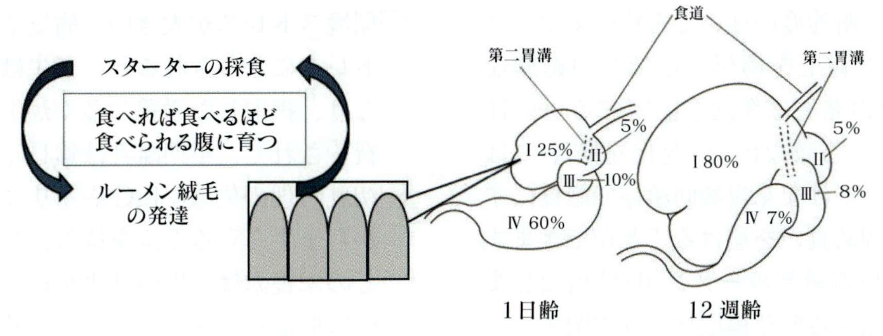

・粗飼料は第一胃の容量と運動性を発達させる
・ミルクは増体しやすいが第一胃発達には貢献しない

(参考：「新しい子牛の科学」〈緑書房〉)

める割合、機能や形態については成牛並みに発達し（前ﾍﾟ図5）、エネルギー源を乳糖由来のグルコースから揮発性脂肪酸（VFA）へと完全に変化させます。第一胃の発達とはルーメン絨毛を伸ばすことで、VFAによる化学的な刺激により伸長します。VFAの中でも酪酸が最も影響が大きく、次いでプロピオン酸で、酪酸とプロピオン酸は穀物主体の濃厚飼料によって生成されます。従って、離乳までの間に濃厚飼料としてスターターを食い込むことが第一胃の絨毛を早期に発達させ、離乳期に固形飼料へのスムーズな移行を可能にします。

第一胃の運動性、つまり筋層の発達も重要な要素です。摂取した飼料が十分に発酵・分解を受けるには、第一胃の運動による胃内容物の攪拌（かくはん）が不可欠です。また、第一胃の運動性は反すうや曖気（ゲップ）と密接に関わり、ルーメン内の発酵と恒常性の維持に重要です。第一胃の運動性と反すうの発達には粗飼料繊維による物理刺激が必要とされています。粗飼料と第一胃の発達の関係に関しては、粗飼料の種類による影響は小さいようです（Suárezら、2007）。

子牛のルーメンアシドーシス

ルーメン絨毛の発達にでん粉の発酵が重要なのですが、極端なpH変化には注意が必要です。子牛のルーメンpHは5.5以下でも健康や増体への影響がないため、基本的に子牛のルーメンアシドーシスはあまり多くありません。スターターのでん粉含量の違いによる成長への影響も差がありません（Yoheら、2022）。

それでも分解速度の速いでん粉の多給により、ルーメン絨毛を傷付けるほどの過剰なVFAや乳酸の発生は発達を阻害する可能性があります。急激なpHの変化を防ぐには、1日1回給与ではなく複数回給与で飽食にすることで、固め食いを避けることができます。スターター摂取量とルーメンpHは相関しませんが、併給する乾草摂取量とは相関するため、離乳移行期にはある程度の乾草が必要だと考えられます。

ルーメンの恒常性には唾液の分泌が重要ですが、離乳期における唾液腺の発達は、VFA刺激ではなく反すうや第一胃運動などの物理的刺激の影響を大きく受けるとされています。

スターターに求められる品質と栄養価

スターターの摂取量に影響を与える要因は非常に多く、スターターを選択する上では嗜好（しこう）性がとても重要です。さらにルーメンを発達させるために消化性を重視し、その上で高品質かつ高栄養価が求められます。

子牛用スターターには大きく分けて、マッシュ、ペレットのみ、ペレット&フレークの3種類があります。国内ではペレットに圧ぺんトウモロコシなどのフレークを混合したものが主流です。子牛は一般的にマッシュ飼料を好まないので、粉っぽいスターターは避けた方がよいでしょう。1.18mm以上の粒度のスターターを「テクスチャータイプ」と呼び、十分な粒度であることが重要とされています。これは第一胃絨毛の異常な角質化や絨毛間に細かな飼料片が詰まることを防ぐためです。

スターターを食べさせるために

ほとんどの子牛は2週間ほどスターターを食べ続けることで離乳できるだけのルーメンを発達させます。しかし、何らかの理由でスターター摂取が中断してしまうと離乳の準備が整いません。スターター摂取に関わる管理の問題点と工夫に関するチェックポイントを挙げます。

【子牛の管理における問題点】

□環境ストレスが大きい：病気や慢性的なストレスにさらされると、子牛は食欲不振となり、摂取した栄養の多くが生存のために費やされて、早期離乳は難しくなる

□初乳管理の失敗：IgGやオリゴ糖は病原体から子牛を守る役割を持ち、ビタミンEなどの栄養素は子牛の健康を維持させて、早い時期からスターターを食べ始めることに寄与する。また、初乳には成長因子やホルモンが豊富に含まれており、新生子牛の新

図6　子牛のスターター摂取量を高める工夫の例

- 哺乳初期から少量を置き続ける
- スターターを入れ過ぎない
- 常に新しいものを給与
- 浅く見えやすい容器を使用
- 汚れないよう水と離す
- この農場ではスターターに砂糖と生菌剤をまぶした強制給与で、スターターを甘くておいしいものと認識させる馴致（じゅんち）を行っている

陳代謝および消化器の発達に影響を与える。初乳の管理が不適切では、スターターの食べ始めも離乳の時期も遅れる

【給与時によく見られる問題点】

□スターターのバケツが深く食べにくい、バケツが汚れている
□子牛にスターターを与える時期が遅い
□一度に与え過ぎ、残ったものを入れっぱなし。スターターがぬれたりカビが生えたり、ハエが集まることなどで嗜好性が大幅に低下する

【食べやすくする工夫】

□清潔で子牛から見えやすい浅さの容器に入れる（**図6**）
□空腹時に手で少量を口に含ませる
□嗜好性に優れたプレスターターを先に給与するか、スターターに少量添加する
□常に清潔な水を自由に飲めるよう給与する

乾草とサイレージ

離乳前（液体飼料期）は乾草をエネルギー源にできません。粗飼料を多く摂取すると繊維の多くが未消化で第一胃にとどまるため、スターター摂取量を減少させてしまい、第一胃の発達が遅くなる場合があります。しかし、高栄養哺乳での試験では、乾草の給与がスターター摂取量を大きく低減させることなく、第一胃のサイズと筋肉量を発達させるという報告もあります（Khanら、2011）。

日本飼養標準・乳牛（2017）では子牛への乾草給与はスターターの10％程度としています。NASEMは総乾物摂取量に対してアルファルファ乾草は10％以下、その他の細切粗飼料は５％以下の給与で、少量ずつの自由採食もしくはスターターやTMRへ混合することを推奨しています。敷料に細切り稲わら（麦稈）を使用している場合は乾草を給与する必要はありません。粗飼料サイレージも細断され総乾物摂取量の５％以下の給与であれば、粗飼料として使用可能です（**図7**）。

肉用子牛離乳の留意点

肉用子牛は乳用子牛と同じ２カ月程度での離乳も可能ではあるものの、黒毛和種は系統によって出生体重や成長速度が異なるため、日齢を基準にした早期離乳は難易度が高くなります。発育不全を防ぐために、３カ月程度での十分な増体を伴った離乳が多い印象です。

図7　離乳移行期の栄養管理まとめ

・離乳の条件＝第一胃の発達＝十分なスターター摂取量
・離乳の基準：６週齢以上、スターター摂取１kg以上

哺乳方法	メリット	デメリット
制限哺乳	・哺乳量が少なく低コスト ・早期離乳が可能	・哺乳期の増体が小さい ・冬季は栄養不足の懸念
高栄養哺乳	・増体が大きい ・将来の生産性が高い	・代用乳が高コスト ・離乳まで長い、哺乳頭数が多くなる

・最大哺乳量を変えるなら離乳方法も再検討する
・離乳は段階的な方が推奨される
・スターター摂取量が増えない子牛が一定数いる
・スターターは嗜好性の良いものを選び、固め食いを避ける。乾草給与はほどほどに

離乳の条件は乳用子牛と同様で、60日齢でスターター摂取量が1.0kg～1.5kgで体重は出生時の約2倍、90日齢で摂取量が2.5kg～3.0kgで体重は約3倍を目標としたいところです。肉用子牛は乳用子牛よりも個体差が非常に大きく、環境の影響を受けやすいので、個別の対応が必要です。

【参考文献】

家畜感染症学会『新しい子牛の科学』緑書房

『ライフステージでみる牛の管理』緑書房

『ここはハズせない乳牛栄養学～子牛の科学～4』デーリィ・ジャパン社

Suárez (2007) Effect of Roughage Source and Roughage to Concentrate Ratio on Animal Performance and Rumen Development in Veal Calves

Khan (2011) Hay intake improves performance and rumen development of calves fed higher quantities of milk

Passille (2011) Weaning age of calves fed a high milk allowance by automated feeders: effects on feed, water, and energy intake, behavioral signs of hunger, and weight gains

Echert (2015) Weaning age affects growth, feed intake, gastrointestinal development, and behavior in Holstein calves fed an elevated plane of nutrition during the preweaning stage

Mirzaei (2020) Effects of step-down weaning implementation time on growth performance and blood metabolites of dairy calves

Welk (2021) Effects of intake-based weaning and forage type on feeding behavior and growth of dairy calves fed by automated feeders

Yohe (2022) Effects of milk replacer allowances and levels of starch in pelleted starter on nutrient digestibility, whole gastrointestinal tract fermentation, and pH around weaning

室矢武則(2023)「離乳について考える」『ノースベッツホームページ　NORTH VETS 通信Vol.047』(2024年7月20日参照)

⑤高栄養哺乳

杉野　利久

そもそも考え方が違う　標準哺乳と高栄養哺乳

哺乳期の飼料（代用乳、スターター）は安いものではありません。目先の経営効率の観点からは哺乳期間は短い方がコストパフォーマンスは良く、酪農現場では早期離乳法が普及してきました。早期離乳法とは、6～8週齢で離乳させる方法で、スターターの給与に重点を置き、反すう胃を早期発達させることを目的としています。“哺乳量とカーフスターターの摂取量は負の相関関係”にあることから、哺乳量を制限（体重の10％程度、代用乳の場合は500～600ｇDM〈乾物〉／日）し、カーフスターターの摂取量を高める方法が標準哺乳プログラムです。自然哺育下での哺乳子牛は、1日に10Ｌ以上の母乳を摂取し、哺乳回数も子牛本意に1日に何回も摂取できます。固形飼料をうまく利用できない時期に子牛の哺乳量を制限することは、発育を制限するだけでなくストレスを与え、免疫力低下を引き起こし健全性に影響します。

このような背景と自動哺乳装置の普及もあり、最近では高栄養哺乳プログラムが主流になりつつあります。日本では「強化哺育」といわれており、全国酪農業協同組合連合会（全酪連）の商標です。高栄養哺乳プログラムは、代用乳を最大で8Ｌ（1.2kgDM／日）程度給与して自然の状態に近づけるもので、離乳時期を8週齢程度として、子牛を哺乳期間内に生時体重の2倍ほどまで発育させるよう設定されています。離乳までの日増体量が1kg増加すると初産乳量が850kg増加するという報告もあります。

哺乳プログラムに適した代用乳成分を

高栄養哺乳プログラムは単純に代用乳を多量に給与するものではありません。ですが、明確な定義があるわけでもありません。

発育は日増体量で評価しますが、増えた分が骨格なのか体脂肪なのかで話が違ってきて、体脂肪が増えた場合、増体＝太るということです。骨格を重視した発育を求める場合は、エネルギーとタンパク質の摂取バランスを考慮することになります。言い換えれば、無駄なく栄養を供給しないともったいないということです。

増体速度はエネルギー摂取量に、タンパク質の要求量は増体速度にそれぞれ依存します（NASEM2021）。従来の標準哺乳の日増体（～0.4kg／日）から高栄養哺乳により日増体（0.8kg／日～）が増えると、当然ながら子牛の代謝エネルギー要求量は2倍強になり、それに伴うタンパク質要求量は3倍ほどに増加します（**表1**）。代用乳に求める脂肪とタンパク質の含量（バランス）が高栄養哺乳になると変わり、バランスを考えないと無駄が生じるということです。

体脂肪蓄積でなく、骨格を重視した高日増体を期待する場合は、代用乳の栄養バランス

表1　適温域での体重50kgの子牛における日増体と栄養要求量

平均日増体量（kg／日）	乾物摂取量（％体重）	代謝エネルギー（Mcal／日）	粗タンパク質（g／日）	粗タンパク（g／100ｇ DMI）
0.2	1.12	2.56	102	18.3
0.4	1.42	3.29	155	21.8
0.6	1.76	4.05　×2.2	209	23.7　×3.1
0.8	2.10	4.85	262	24.9
1.0	2.46	5.66	315	25.6

（NASEM2021から）

が高タンパク質、低脂肪含量になり、それを粉体で1.2kg摂取させると効率の良い高栄養哺乳となります。逆にこの高タンパク質・低脂肪の代用乳を用いて標準哺乳プログラムのように摂取量を制限してしまうと、エネルギー不足・タンパク質過剰になります。標準哺乳用のタンパク質・脂肪と同程度の代用乳を用いて強化哺育を実施すると、含まれる脂肪に見合ったタンパク質を供給できないので、エネルギー過剰となり、増体はするものの骨格よりも体脂肪蓄積が増えてしまいます。

夏もエネルギー要求量は増加する

子牛が寒さに弱いのは周知のことと思います。寒さへの対抗手段は発熱です。環境温度が下がると、体の維持に必要なエネルギー要求量は当然ながら増えます（NASEM2021）。従って冬季などは体の維持に必要なエネルギー要求量の増加を発育に必要なエネルギーに加味しないと、最適な環境下と同じ発育は得られません（**表2**）。

50kgの子牛が適温域（春をイメージ）で日増体0.75kg／日を得られるよう代用乳を給与していたとしても、−10℃の環境下になると同じ哺乳量では日増体が0.55kg／日になってしまいます。従って冬季は、哺乳量の増給や脂肪含量を高めた代用乳などを用いて増体を維持するのがよいと思います。

NASEM2021では、暑熱時も寒冷時と同様に維持に必要なエネルギー要求量が高まると指摘しています（**表2**）。３週齢以上の場合、気温35℃で気温０℃と同じ維持エネルギー量増加率になります。子牛は成牛と比べ暑熱には強いとされていますが、その理由として、

表２　環境温度の変化に伴う維持エネルギー量増加率

環境温度（℃）	維持エネルギー増加率（%）	
	３週齢未満	３週齢以上
40	28	30
35	19	20
0	38	18
−10	56	35

（NASEM2021から）

成牛と比較して体表面積が小さく、ルーメン発酵が少ないことが挙げられます。体表面積が大きく巨大なルーメンで四六時中発酵している成牛は、当然暑熱に弱いのですが、ルーメンが発達していない哺乳子牛は成牛ほど暑熱に弱くありません。哺乳子牛の場合、どちらかというと、寒冷ストレスが重要なのです。

しかし、直腸温、呼吸数、代用乳摂取量に

図１　温湿度指数と直腸温、呼吸数、代用乳摂取量の関係

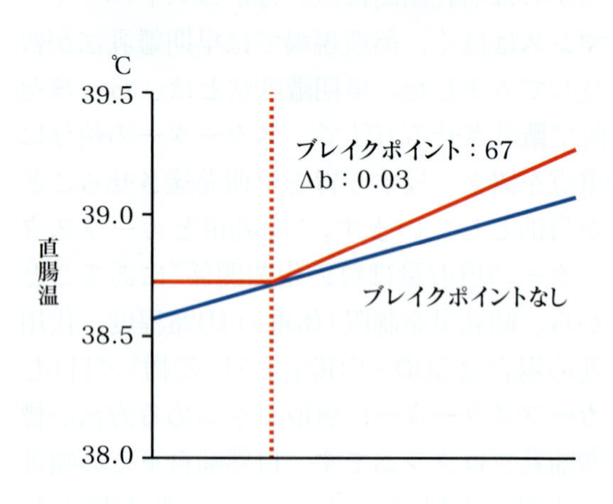

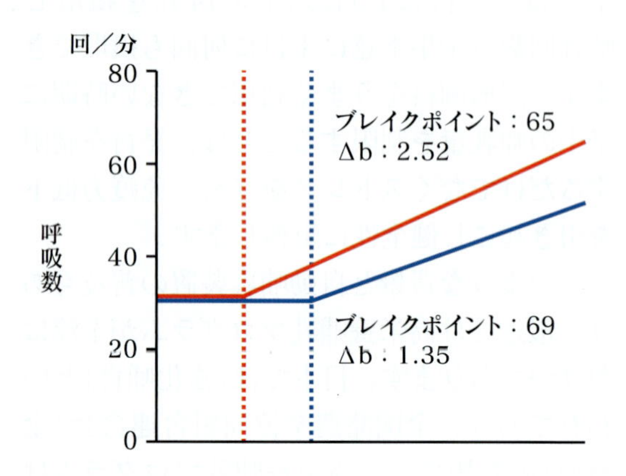

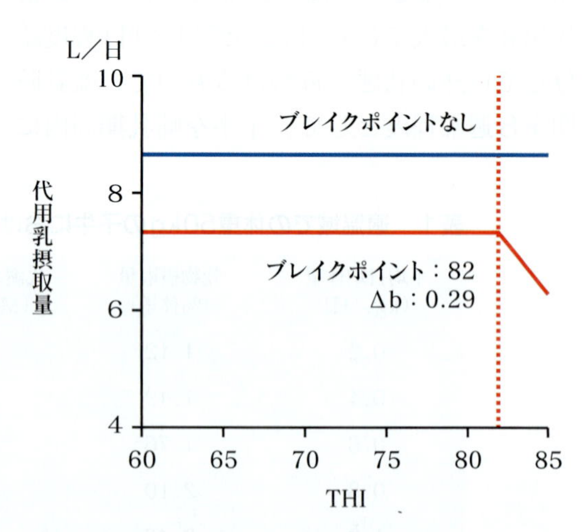

※青線：クーリング（送風）下の子牛、赤線：クーリングをしていない子牛　（Dado-Senn et al., 2020）

暑熱ストレスの影響が出る温湿度指数（THI）のブレイクポイントに関する調査を見ると、直腸温はTHIの増加に伴い上昇しましたが、暑熱対策を実施していないと、THI67をブレイクポイントとしてその上昇する傾き（Δｂ）が変化し、上昇度合いが高まりました。呼吸数も同様にTHI65で変化していました。その増加する傾きは、暑熱対策を実施している子牛の２倍程度大きくなります。代用乳摂取量も、THI82で摂取量が減少し始めています（**図１**）。

THI82は気温35℃・湿度45％、気温30℃・湿度75％などが該当します。最近では普通の夏の環境といえます。冬季は脂肪含量の多い代用乳を給与して維持に必要なエネルギーを賄うことも有効と述べましたが、夏季も同様です。

離乳後の発育停滞防止へ　スターターは1.5kg／日必要

高栄養哺乳プログラムの利点は、哺乳量を増やして子牛の哺乳欲求を満たし免疫力を維持しつつ、高発育させることで、「離乳時に出生時体重の２倍」が目標になります。現場で正確に体重を把握するのは困難かもしれませんが、体重は単純に子牛の体格（フレームサイズ）を示しているわけではありません。体重には消化管内容物の重さが少なからず含まれています。離乳移行期はスターター摂取量が急激に増えるのと同時にルーメン内容物も増加することになります。単純に体重を測定しても、それが体格を示していることにはなりません。

NASEM2021では、維持エネルギー要求量などの推定を空体重（体重－全消化管内容物重量、EBW）で推定しています。哺乳のみの子牛のEBWは「実測体重×0.94」、哺乳とスターターなどの固形飼料を併用している子牛の場合は「実測体重×0.93」と定義しています。離乳後のEBWは「実測体重×0.85」で、スターター摂取量増加に伴うルーメン内容物量が実測体重の15％という考え方です。

図２に筆者らの子牛の飼養試験で得られた代用乳摂取量、スターター摂取量、乾草摂取量および実測体重の推移を示しました。一般的な高栄養哺乳プログラムです。体重の推移を見ると、離乳移行期の発育停滞も認められず順調に発育しているように見えます。この体重推移をEBWに変換したものを次㌻**図３**に示しました。

EBWの補正係数は離乳前（固形飼料併給）の0.93から離乳後の0.85に変わることから、一時的に発育停滞しているように見えます。EBWが子牛の体格を示していると想定すると、離乳後の実測体重の増加は、スターター摂取量の急激な増加によるルーメン内容物の増加を示し、純粋な体重（EBW）は増加していないことになります。

NASEM2021での推定になりますが、離乳直前（体重80kg、EBW74.4kg＝80×0.93）に代用乳を粉体で250g／日、スター

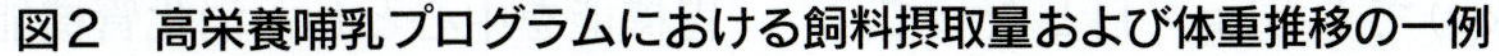

図２　高栄養哺乳プログラムにおける飼料摂取量および体重推移の一例

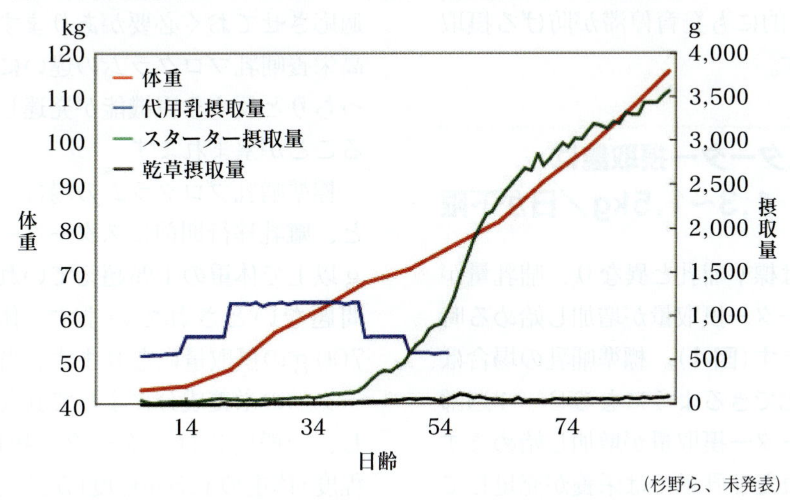

（杉野ら、未発表）

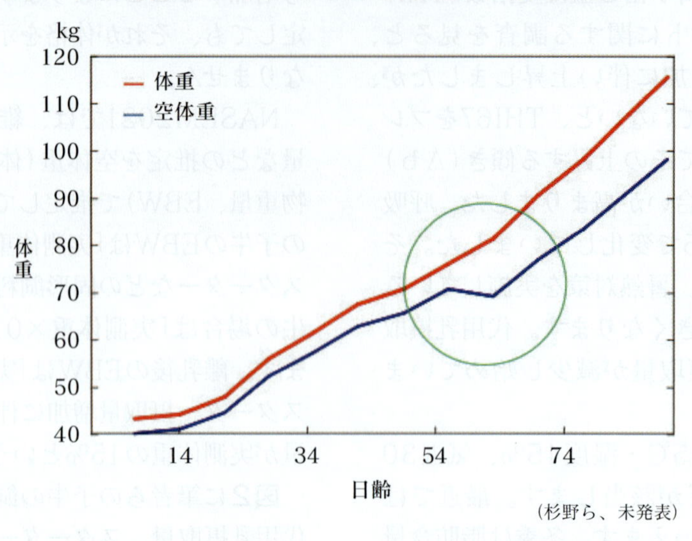

図3　高栄養哺乳プログラムにおける実体重と空体重の推移

（杉野ら、未発表）

ター（CP〈粗タンパク質〉22%、スターチ〈でん粉〉33%）を１kg／日摂取していた場合のEBWの日増体は0.24kg／日となります。スターター摂取量が１kgなので十分だろう、と思い離乳すると、離乳１週間後の体重が87kgと増加していてもEBWは約74kg（＝87×0.85）と離乳直前と同じとなり、代用乳が抜けた分、スターター摂取量が１kgのままだとEBWの日増体は－0.15kg／日となり、痩せていくことになってしまいます。

離乳後にEBWの発育停滞を防ぐには、スターター摂取量は1.5kg／日程度必要です。1.5kg／日でEBWの日増体が0.14kg／日になります。このように体重には消化管内の内容物が含まれていることから、EBWでの発育評価は理にかなっているように思います。離乳時のスターター摂取量の目安は、体重60kg（EBW：55.8kg）で1.2kg／日、80kg（EBW：74.4kg）で1.5kg／日となっていれば、EBW的にも発育停滞が防げる摂取量だといえます。

離乳時のスターター摂取量は　1.3〜1.5kg／日が下限

高栄養哺乳は標準哺乳と異なり、哺乳量が多い分、スターター摂取量が増加し始める時期が遅くなります（**図４**）。標準哺乳の場合は、固形飼料が消化できるようになる３〜４週齢ごろからスターター摂取量が増加し始めます。これは制限された哺乳量では栄養が充足していないことや満腹感の影響でいや応なしにスターター摂取量が増えるからです。

一方、高栄養哺乳プログラムの場合は、哺乳量の多い時期は哺乳で栄養が充足しているため、スターターの摂取量は少なく推移します。週齢が進むにつれ哺乳量とは別にスターター摂取量は増加し始めますが、スターター摂取量が顕著に増えるのは、離乳移行期（哺乳量の減少）からになります。この時に反すう胃の機能が十分でないと、スターター摂取量の急激な増加で、ルーメンや大腸性のアシドーシス、栄養不良性の下痢症などを引き起こし、一時的な発育停滞となります。ですので、離乳に向けて哺乳量は徐々にステップダウンさせ、スターター摂取量を徐々に増加させる必要があります。

乳用子牛の離乳時期は６〜８週齢が一般的です。従って、この時期までに十分に反すう胃機能を中心とした消化管機能を固形飼料に適応させておく必要があります。標準哺乳と高栄養哺乳プログラムの違いに関係なく、きっちりと反すう胃機能が発達してから離乳することが望まれます。

標準哺乳プログラムの場合、先行研究ですと、離乳移行期前にスターター摂取量が500ｇ以上で体重の１％超えていれば離乳しても問題ないとされています。体重70kgだと700ｇの摂取量になります。当然ながらスターターの栄養成分によって異なります。しかし、一般的にはスターター摂取量1,000ｇ程度（体重の1.5％程度）が連続して３日間続

図4　体重、代用乳、スターター摂取量の推移（標準哺乳 vs 高栄養哺乳）

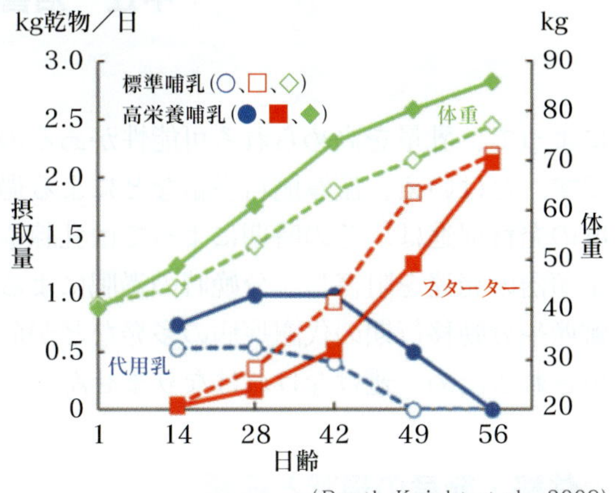

（Raeth-Knight et al., 2009）

けば離乳のタイミングで、離乳後の発育などにも悪影響がないといわれています。これが週齢にして6週齢ごろになります。

高栄養哺乳プログラムの場合、先述したように哺乳量が多い期間は、スターター摂取量が標準哺乳と比べて少なくなります。週齢に伴い、スターター摂取量は哺乳量と関係なく増加しますが、急激に増えるのは離乳移行期です。生後1週齢から離乳1週前まで代用乳を8L／日（1.2kg粉体、CP26%、EE〈粗脂肪〉16%）、その後、離乳移行期を1週間設け、移行期間を最大哺乳の半分量である4L／日（0.6kg粉体）で栄養管理する高栄養哺乳プログラムで6週齢離乳と8週齢離乳を比較した試験では、スターター摂取量は両離乳法とも4週齢あたりから増加し始め、6週齢離乳では離乳移行期前のスターター摂取量は約400g／日程度で、1週間後の離乳時には約1.4kg／日まで達しています。

一方、8週齢離乳では離乳移行期前のスターター摂取量は約1.2kg／日で、6週齢離乳と同じく離乳移行期の1週間で増加し、離乳時には約2.5kg／日でした。単純に比較はできませんが、前述した標準哺乳プログラムの離乳移行期前におけるスターター摂取量が体重の1%必要であるという基準に照らし合わせると、高栄養哺乳の6週齢離乳ではスターター摂取量が明らかに少なく、結果として離乳によりエネルギー摂取量が離乳前と比べて減少し、離乳前のエネルギー摂取レベルに回復するのに2週間程度かかっています。

8週齢離乳では、離乳移行期前のスターター摂取量も十分で、離乳後も離乳前のエネルギー摂取量を維持できる結果でした。この差が発育に影響する結果となっています。高栄養哺乳プログラムの場合、6週齢離乳で1週間程度の離乳移行期では反すう胃機能が離乳までに固形飼料のみに依存できるまでに至っていない可能性を示しています。

高栄養哺乳プログラムの目的は、哺乳量制限によるストレスの回避、健全性と離乳までの日増体（離乳時に生時体重の2倍）です。哺乳期の日増体は、その後の乳生産にも影響します。離乳時期に関しては、体重が2倍になっていれば、目的は達成されているわけで、極論をいえば、6週齢で2倍になっているのであれば離乳しても構わないのですが、重要なのは離乳に耐えられるレベルまで反すう胃機能が達しているかどうかです。離乳時のスターター摂取量として1.3～1.5kg／日を下限として離乳移行期の子牛を管理することが望まれます。

【参考文献】

The National Academies of SCIENCES・ENGINEERING・MEDICINE:Nutrient requirements of dairy cattle, 8th ed, National academy press (2021)

⑥育成牛の栄養管理

中辻　浩喜

酪農経営を安定的に継続するには、優秀な後継牛の確保が必須です。しかし育成期は、飼料費持ち出しに対する乳代の見返りがない時期であることから、搾乳牛にくらべ管理がおろそかになりがちです。一般に、極端な低栄養または高栄養でなければ、子牛の発育速度は最終的な成熟体重や体格に影響を及ぼさず、泌乳や繁殖などの生産性にも差がない（Gordonら、1962：Gardnerら、1977）といわれてきたことも一因です。しかし昨今は、育成期の栄養管理の重要性が認識されるようになり、できるだけ短期間かつ低コストに発育させ交配、分娩、乳生産へと導く管理がこれまで以上に注目されています。

育成期の意義と発育目標

育成牛が交配を開始する基準（初回交配基準）に関しては、月齢も重要ですが、それに見合う体格（主に体重と体高）に達しているかがより重要です。良好な発育であれば初発情の発現を早め、より早い月齢で初回交配基準の体格に達し受胎可能となります。すなわち、初産分娩月齢が早まることで育成コストは低減し、より早く乳生産からの収入を得ることができるようになります。

日本飼養標準・乳牛（2017）では、初回交配基準として、14～15カ月齢以降で体重350kg、体高125㎝程度を目標としています。この体格基準に達しない早期の授精開始は、受胎後の発育が伴わず、分娩時の体格が小さくなり難産の危険性が高まるため、避けるべきでしょう。

体格が重要視されるもう一つの理由は初産乳量の向上です。初産牛の乳量は泌乳期の栄養摂取レベルだけでなく、分娩時の体格の影響を大きく受けます。分娩時のボディーコンディションスコア（BCS）が適正範囲である場合、分娩後の体格が大きいほど乳量が多くなります。すなわち、育成期の栄養管理による発育速度やそのパターンのコントロールによって、乳量を高められる可能性があるのです。とはいえ、濃厚飼料多給などによる過度の発育促進は、その時期によっては乳腺や生殖器の発達を阻害し、分娩時の過肥による難産や分娩移行期の代謝疾病の多発などが危惧されるため、避けなければなりません。

体格・発育の現状と課題

体格という点では、㈳日本ホルスタイン登録協会から1995年に発表されたホルスタイン雌牛の「標準発育値」が、2020年に改訂されました。なお、今回の値は正確にいえば「推奨発育値」であり、現状の体サイズに合わせた標準的な発育値ではなく現状よりも体サイズが小さいものの、生産寿命の延長が期待できる値です。

表１に、新たに公表された「推奨発育値」と前回の「発育標準値」を示しました。「推奨発育値」は出生時を除く各月齢で、すべての体型部位で前回の「標準発育値」を上回っています。成熟値である60カ月齢で比較すると、体重、体高および胸囲の差が、それぞれ80.1kg、8.9cmおよび9.7cmと増加が著しい一方で、腰角幅は2.9cmと比較的小さな増加にとどまりました。このことは、現在の乳牛は一般に肢長で前躯（ぜんく）の高さと幅がある一方、後躯の幅は顕著に増加していないことを示唆しています。

しかし、体型部位によって増加の度合いは異なるものの、同じ月齢での体重と体高は大幅に増加していることから、現在の牛は、初回授精開始日を早め、早期に受胎できる可能性があることを示しています。実態を見ていきましょう。

育成コストを最小にして初産乳量を最大にする初産分娩月齢は22～24カ月程度とされています。一方、21年度乳用牛群検定成績（2023）によれば、全国の育成牛群の平均初回授精月齢は14.1カ月、平均初産分娩月齢は24.4カ月です。10年前（13年度：それぞ

表1　ホルスタイン種雌牛・月齢別「標準発育値」(1995年)と「推奨発育値」(2020年)および各体型部位の比較

月齢	体重(kg)			体高(cm)			尻長(cm)			腰角幅(cm)			胸囲(cm)		
	1995	2020	差[1]	1995	2020	差[1]	1995	2020	差[1]	1995	2020	差[1]	1995	2020	差[1]
出生時	40.0	41.9	1.9	75.1	77.0	1.9	23.0	22.9	−0.1	17.1	16.9	−0.2	78.9	81.4	2.5
3	98.6	111.1	12.5	91.3	94.7	3.4	29.4	30.6	1.2	23.5	24.4	0.9	106.4	110.0	3.6
6	172.4	198.5	26.1	104.5	108.9	4.4	35.1	37.1	2.0	29.8	31.3	1.5	128.3	134.4	6.1
8	224.6	258.0	33.4	111.6	116.6	5.0	38.3	40.8	2.5	33.5	35.4	1.9	141.1	148.0	6.9
10	276.9	315.7	38.8	117.5	123.1	5.6	41.1	44.0	2.9	36.8	39.0	2.2	152.1	159.7	7.6
12	327.5	369.4	41.9	122.4	128.4	6.0	43.6	46.7	3.1	39.7	42.1	2.4	161.5	169.5	8.0
14	375.1	418.2	43.1	126.5	132.6	6.1	45.6	49.0	3.4	42.3	44.9	2.6	169.3	177.7	8.4
16	418.8	461.6	42.8	129.8	136.1	6.3	47.4	50.9	3.5	44.5	47.2	2.7	175.9	184.5	8.6
18	458.0	499.8	41.8	132.5	139.0	6.5	48.8	52.5	3.7	46.4	49.2	2.8	181.3	190.2	8.9
24	540.3	586.5	46.2	137.7	145.1	7.4	51.8	55.8	4.0	50.6	53.4	2.8	191.9	201.9	10.0
36	609.4	674.5	65.1	141.6	150.5	8.9	54.7	58.8	4.1	54.5	57.9	3.4	203.0	212.4	9.4
48	651.2	729.0	77.8	143.2	152.3	9.1	56.2	60.1	3.9	56.8	59.9	3.1	207.5	216.6	9.1
60	680.0	760.1	80.1	144.0	152.9	8.9	56.5	60.6	4.1	58.0	60.9	2.9	208.5	218.2	9.7

1)「推奨発育値」(2020)－「標準発育値」(1995)

れ14.8および25.2カ月齢)に比べ、いずれもやや短縮してはいますが、依然として24カ月齢までに分娩していない個体も多く、初回分娩早期化は依然として重要な課題です。

加えて、育成期の飼料給与メニューなど、栄養管理の違いが初産乳量のみならず、供用産次数や生涯生産乳量など、いわゆる長命連産性にも大きく関係していることも分かってきました。

乳腺の発達を阻害しない 離乳後～初回授精・受胎の栄養管理

以上のような現状の改善、課題の解決に向け、初産分娩月齢24カ月齢以内を目標とし、初産乳量と長命連産性向上を実現する栄養管理のポイントについて、育成期を離乳後から初回授精・受胎まで(育成前期)と受胎後から分娩まで(育成後期)に分け、それぞれのステージにおける牛の生理状態の特徴と関連付けながら述べていきます。

育成前期は骨格や筋肉の成長に加え、繁殖に重要な生殖器や分娩後の乳生産性を左右する乳腺の発達にとって非常に重要な時期です。

乳腺が急速に発達するのは、おおよそ3カ月齢から春機発動期くらいまでの時期(8～10カ月齢)です(SinhaとTucker、1969)。この時期の栄養レベルが乳腺発達に及ぼす影響について検討した試験成績(Gardnerら、1977：LittleとKay、1979：Sejrsenら1982：Harrisonら、1983)によると、高い日増体量(DG)は乳腺の発達を阻害し、初産乳量を減少させることは明らかでした。高栄養によって脂肪細胞が肥大化し、乳房の脂肪層内の乳管の伸長が妨げられ、乳腺実質量が減少したことが乳生産低下を招くと考えられました。これらの研究は1970～80年代に行われたものですが、この考え方は広く普及し、当時の飼養標準であるNRC(1989)や日本飼養標準・乳牛(1994)では、乳腺の発達阻害をさせないため、受胎前のDGは0.7kgを目安にすることを推奨していました。

しかし、上記の研究の飼料給与条件を詳細に見直すと、高増体を得たいずれの供試飼料も粗飼料割合が低く濃厚飼料多給で、用いた濃厚飼料は大麦と肉牛用配合飼料のようなでん粉質に富むものが主体でした。育成前期は骨格や筋肉の成長も著しく、タンパク質要求量が高い時期です。エネルギーは十分でしたが、明らかにタンパク質が不足で、脂肪として乳腺組織に蓄積されたと考えられます。

現在の日本飼養標準・乳牛(2017)では、給与飼料の主体を粗飼料として、飼料乾物中の粗タンパク質(CP)含量を高め、エネルギー含量とのバランスを考慮すれば、乳腺発達への悪影響を緩和し、初産乳量を低下させることなく、DGを高めることは可能だが、現在のところは0.95kg程度にとどめるのが安全である(石井ら、2012)としています。

育成前期用飼料の適正養分含量は

【基本的考え方】

日本飼養標準・乳牛(2017)に基づき、育成前期牛の1日当たり乾物摂取量とCPおよび可消化養分総量（TDN）必要量から、それらの給与飼料に含ませるべき量を算出し、**表2**に示しました。

乳腺の発達が旺盛な３～８カ月齢（体重100～250kg）にDG0.9kgで育成する場合、飼料乾物中CP含量は13～15%、TDN含量は66～72%程度必要です。10カ月齢（体重300kg）以降のCP含量は12%です。なお10カ月齢以降は、実際の飼料乾物中CP含量は12%より低い値として計算されます。しかし、CP含量が12%より低いと飼料の消化率が低下する傾向にあるので、計算値にかかわらず、CP含量を12%にするよう推奨されています。

一方、DG0.8～0.9kgの場合、６カ月齢までは飼料乾物中CP含量16%（TDN含量68%）、それ以降はCP含量14～15%（TDN含量65%程度）必要（大坂、2017）、あるいはDG0.95kg程度の場合のCP含量は14%程度が適正（石井ら、2012）など、日本飼養標準・乳牛（2017）で推奨するCP含量より高い値を提示する報告も多くあります。

【栄養管理と長命連産性】

育成前期の飼料中CP含量の違いについて、それらが初産次乳量、さらには生涯生産性へ及ぼす影響を７県の公設研究機関の共同試験で検討した、大変興味深い研究成果（川嶋、2018）があります。育成前期（生後90日齢から人工授精を開始する目安の体重である350kgまで）に高DG（0.9kg）を達成するCP含量を、日本飼養標準の要求量に近い値とするLP区（標準CP：11.7～13.9%）と加熱大豆粕を加えてCP含量を約２ポイント高めたHP区（高CP：14.0～16.1%）の２つの処理区を設け試験を行いました。その結果（**表３**）、LP区に比べHP区で、有意に搾乳供用日数が短く、生涯生産乳量は低く、平均産次数も少なくな

表２　育成前期牛の１日当たり乾物（kg）、CP（g）、TDN（kg）必要量および飼料乾物中CP、TDN含量（%）

体重(kg)	週齢	月齢	DG(kg)	1日当たり必要量 乾物	CP	TDN	飼料乾物中含量 CP	TDN
100	11	3	0.8	2.99	413	1.94	13.8	64.9
			0.9	3.09	446	2.05	14.4	66.3
150	19	4	0.8	3.88	569	2.66	14.7	68.6
			0.9	3.97	608	2.82	15.3	71.0
200	26	6	0.8	4.76	628	3.30	13.2	69.3
			0.9	4.85	666	3.50	13.7	72.2
250	35	8	0.8	5.65	687	3.91	12.2	69.2
			0.9	5.74	725	4.14	12.6	72.1
300	44	10	0.7	6.44	708	4.21	12.0	65.4
			0.9	6.62	783	4.75	12.0	71.8
350	55	13	0.7	7.32	766	4.72	12.0	64.5
			0.9	7.51	840	5.33	12.0	71.0
400	67	15	0.6	8.11	788	4.89	12.0	60.3
			0.8	8.30	861	5.56	12.0	67.0

TDN：可消化養分総量　（日本飼養標準・乳牛〈2017年版〉に基づき作成）

表３　育成前期のCP給与条件の違いが生涯生産性に及ぼす影響

処理区		LP区[1)]（標準CP）	頭数	HP区[2)]（高CP）	頭数
搾乳供用日数（日）		1,490[a]	27	1,012[b]	28
生涯生産乳量（kg）		30,093[a]	27	18,259[b]	28
産次別乳量	2産（kg）	8,387	26	8,049	20
	3産（kg）	9,784	21	8,806	12
	4産（kg）	9,527	11	10,060	6
	5産（kg）	10,545	5	9,150	4
	6産（kg）	9,522	3	—	0
のべ産次数（回）		96		72	
平均産次数（回）		3.6[a]		2.6[b]	

異文字間に有意差あり（a、b；$P<0.05$）　（川嶋〈2018〉から引用・改変）
1) CP：11.7～13.9%　2) CP：14.0～16.1%

りました（P＜0.05）。繁殖障害で廃用になった頭数は、HP区（8頭）がLP区（6頭）より多い傾向にあり、かつHP区は全て、初産および2産後廃用になっていました（データ略）。これらのことから、育成期の高CP給与が成牛になってからの繁殖障害の原因となった可能性が考えられました。

このように、HP区の供用産次数がLP区より約1産短く、育成期（特に前期の）CP給与が牛の一生にわたって影響する可能性があることから、本研究では、この時期のCP給与は日本飼養標準・乳牛（2017）で示された値を過度に上回ることがないようにすべきと結論付けしています。

体格が大型化しているわが国のホルスタインにおいて、離乳後から初回授精・受胎までの育成前期の栄養管理における適正な飼料乾物中CP含量については、今後も検討の余地があるとは思いますが、現状としてはCP含量12%を下回らず、また日本飼養標準・乳牛（2017）での要求量を過度に上回ることのないような飼料給与が重要であると考えられます。

受胎後～分娩の栄養管理

【栄養管理と分娩時体格・初産乳量の関係】

受胎後の育成後期牛は乳腺実質の発達に対する栄養レベルの影響は小さいといわれており、乳腺胞が増殖し、妊娠後期に向かい乳房の体積が増加する時期です。脂肪蓄積の影響を受けやすい乳管はすでにかなり伸長しており、大きな影響を受けないと考えられます。むしろ、先にも述べた通り、体格が大きくなると初産乳量が増加することが期待されます。

表4に、約16カ月齢で受胎した、体重、体高が同様な育成後期牛を異なる栄養水準（標準区：DG0.5kg vs. 高栄養区：DG0.8kg）で飼養して分娩させ、泌乳期には同一の飼料給与を行い、初産次の乳生産成績を比較した研究結果（道立新得畜産試験場、1994）を示しました。

妊娠期のDGを高めると分娩時の体格（体重、体高）は大きくなり、泌乳期の摂取量に差がなかったにもかかわらず、初産次305日乳量は高栄養区が有意に高くなりました（P＜0.05）。この理由の一つとして、高栄養区の泌乳初期の血中遊離脂肪酸（NEFA）濃度が上昇しており（データ略）、妊娠期に蓄積した体脂肪のエネルギーが標準区に比べより多く動員され、乳生産のために用いられたためと考えられます。加えて、高栄養区では標準区に比べ、より成熟値に近い体格で分娩したことから、泌乳期に摂取した栄養素のうち、成長に配分する割合は少なくて済み、より多くの栄養素が乳生産に利用可能となったことも要因といえるでしょう。

【初産分娩体重が分娩状況・乾物摂取量・初産乳量に及ぼす影響】

次に、北海道の膨大な牛群検定成績の中から、初産分娩月齢が24カ月以下で分娩後30日以内の体重記録がある初産牛約8万頭のデータを用い、初産次の分娩後体重が分娩状況、分娩前後の乾物摂取量に及ぼす影響を検討するとともに、道総研酪農試験場（酪農試）の初産牛群を用いて、初産分娩後体重に応じた初産泌乳期の最適な飼料養分濃度について検討した、一連の試験成績（道総研酪農試験場、2020）を紹介します。

検定データを、分娩後体重で549kg以下、550～599kg、600～649kg、650kg以上の4区分に分割すると、650kg以上の場合、分娩前の過肥（BCS 3.75以上）が見られ、それ以下の体重区分に比べ「難産率と死産率が高い」「初産分娩後のBCSの低下が大きい」「乾物摂取量が低く、その回復も遅い」という

表4　受胎後のDGの違いが分娩時の体格および初産次乳生産に及ぼす影響

処理区	DG 標準区（0.5kg）	DG 高栄養区（0.8kg）
受胎月齢	15.8	16.1
体重（kg）	402	412
体高（cm）	128.1	128.6
分娩月齢	25.1	25.2
体重（kg）	473	541
体高（cm）	135.6	139.4
初産次乳生産		
乳量（kg／305日）	6,821[b]	7,638[a]
4%FCM量（kg／305日）	6,776[B]	7,777[A]
乳脂率（%）	3.96	4.13
乳タンパク質率（%）	3.19	3.12

異文字間に有意差あり　（新得畜試〈1994〉から引用・改変）
（a,b;P＜0.05, A,B;P＜0.01）
FCM：乳脂補正乳

結果となりました（**表5**）。また初産分娩後体重が大きいほど初産次305日乳量は高まりましたが、体重650kg以上では乳量の増加程度は小さくなりました（データ略）。

これらの結果は、初産牛の分娩後体重の上限は650kgを目安とすべきことを示唆しています。なお、分娩により娩出される受胎産物（胎子＋羊水・胎盤など）の重量は、出生時体重が45kgの場合約80kgなので、初産分娩直前の体重の上限は730kg程度となるでしょう。

上記の結果から、初産分娩後体重が650kg以上は好ましくないことが分かったので、次に分娩後体重が650kg未満の酪農試の初産牛111頭を用い、泌乳期の養分濃度を対照区と試験区に分け、初産分娩後体重と飼料養分濃度の組み合わせが初産次乳生産に及ぼす影響を検討しました。対照区は、泌乳初期（分娩〜分娩後149日目）が高栄養飼料（CP 16%、TDN 74%）および泌乳後期（分娩後150日目〜乾乳）は中栄養飼料（CP 14%、TDN 69%）を給与しました。一方、試験区は一乳期（分娩〜乾乳）を通じて高栄養飼料（CP 16%、TDN 74%）を給与しました。その結果、分娩後体重650kg未満のいずれの体重区分においても、対照区に比べ試験区で乳量が向上し、泌乳後期のTDN充足率や乾乳前のBCSは適正範囲となりました（**表6**）。

しかし、初産分娩後体重が549kg以下では、それ以上の体重区分に比べ、試験区で泌乳後期の体重増加が最も大きくなりました（データ略）。すなわち、549kg以下の体重で泌乳を開始しても、成長に必要な養分要求量がまだかなり高いと考えられます。従って、泌乳期用飼料の効率的な乳生産への利用の面から点から見ると、初産分娩後体重は550kg（分娩直前体重630kg）以上にするのが望ましいでしょう。

育成後期用飼料の適正養分含量は

日本飼養標準・乳牛（2017）に基づき、育成前期と同様に、育成後期牛の１日当たり乾物摂取量とCPおよびTDN必要量から、それらの給与飼料に含ませるべき量を算出し、**表7**に示しました。受胎後の17カ月齢ごろからDG0.8kg以上で育成する場合の飼料乾物中CP含量は12%程度、TDN含量は55〜60%です。CP含量12%というのは先に述べた通り、飼料消化率を低下させない最低ラインです。

一方、DG0.8kgの場合、CP含量13〜14%、TDN 65%程度と、日本飼養標準・乳牛（2017）で計算される養分含量より高い値を提示している報告（大坂、2017）も見受けられます。

分娩前の栄養管理の基本

分娩前の栄養管理の基本は、初妊牛も経産牛も考え方は同じであり、分娩後の飼料給与を見据えた、特に分娩前３週間のクロースアップ期での対応が重要です。すなわち、分娩後の濃厚飼料を多く含む飼料給与にスムーズ

表5　初産分娩後体重の違いが分娩状況および分娩前後の乾物摂取量に及ぼす影響

体重区分	分娩後体重			
	549kg以下	550〜599kg	600〜649kg	650kg以上
難産率[1]（%）	9（4／45）	8（5／62）	9（4／47）	17（3／18）
死産率（%）	27（12／45）	24（15／62）	15（7／47）	44（8／18）
BCS				
分娩前[2]　①	3.33^{b}	3.43^{b}	3.65^{a}	3.78^{a}
分娩後56日 ②	2.95^{b}	3.09^{a}	3.10^{a}	3.04^{a}
変化量 ②−①	-0.38^{ab}	-0.34^{b}	-0.57^{ab}	-0.75^{a}
乾物摂取量（%、体重比）				
分娩前21〜1日	1.39^{a}	1.36^{a}	1.34^{ab}	1.27^{b}
分娩後0〜20日	2.35^{a}	2.17^{a}	2.15^{ab}	1.92^{b}
分娩後21〜48日	3.10^{a}	2.93^{a}	2.93^{a}	2.64^{b}
分娩後49〜90日	3.44^{a}	3.30^{ab}	3.18^{bc}	3.08^{c}

異文字間に有意差あり（a、b；$P < 0.05$）　　（酪農試〈2020〉から引用・改変）
難産率と死産率の（ ）内は発生頭数／供試頭数
1）分娩難易度３以上　2）分娩前７〜14日前に測定

表6　初産分娩後体重および泌乳期の飼料養分濃度の違いが初産次乳生産に及ぼす影響

処理区 体重区分	対照区 (泌乳初期[1]：高栄養[3]、後期[2]：中栄養[4])			試験区 (一乳期；高栄養[1])		
	549kg以下	550〜599kg	600〜649kg	549kg以下	550〜599kg	600〜649kg
乳生産						
乳量(kg／305日)	6,957[b]	7,127[b]	7,752[ab]	7,777[a]	7,796[a]	8,413[a]
4％FCM量(kg／305日)	7,169[c]	7,416[bc]	8,098[b]	7,942[ab]	8,245[a]	8,541[a]
乳脂率(％)	4.22	4.28	4.32	4.15	4.39	4.11
乳タンパク質率(％)	3.38	3.36	3.39	3.34	3.39	3.29
乾物摂取量(kg／日)						
泌乳初期[1]	15.3[b]	16.0[b]	17.5[a]	15.4[b]	15.7[b]	16.5[ab]
後期[2]	15.8[c]	17.0[bc]	18.5[a]	18.5[ab]	18.9[a]	20.8[a]
TDN充足率[5](％)						
泌乳初期[1]	82	82	83	81	80	81
後期[2]	93[b]	96[b]	99[ab]	103[ab]	101[ab]	105[a]
BCS						
分娩7〜14日前	3.38[b]	3.46[ab]	3.63[a]	3.36[b]	3.48[ab]	3.48[ab]
分娩後305日	3.04	3.05	3.17	3.19	3.25	3.28
体高(cm)						
分娩後0日	141[b]	142[b]	146[a]	142[b]	143[ab]	143[ab]
分娩後305日	144	146	149	145	147	149
繁殖成績						
空胎日数(日)	98	89	98	106	95	91
分娩後150日以内受胎率(％)	78(14／18)	79(23／29)	78(14／18)	64(14／22)	87(20／23)	91(10／11)

異文字間に有意差あり(a、b、c；$P<0.05$)　(酪農試〈2020〉から引用・改変)
受胎率の( )内は受胎頭数／供試頭数
1)分娩〜分娩後149日目　2)分娩後150〜305日目　3)CP16％、TDN74％　4)CP14％、TDN69％
5)日本飼養標準・乳牛(2017年版)に基づき算出

表7　育成後期牛の1日当たり乾物(kg)、CP(g)、TDN(kg)必要量および飼料乾物中CP、TDN含量(％)

体重[1](kg)	妊娠日齢	週齢	月齢	DG[2](kg)	1日当たり必要量 乾物[3]	CP[3]	TDN[3]	飼料乾物中含量 CP	TDN
390	0	64	15	0.60	7.94	776	4.88	12.0	61.5
				0.80	8.12	850	5.45	12.0	67.1
450	7	75	17	0.75	8.91	809	4.97	12.0	55.8
				0.85	9.00	846	5.34	12.0	59.3
500	138	84	19	0.70	9.70	831	4.99	12.0	51.4
				0.80	9.79	867	5.38	12.0	55.0
535	180	90	21	0.73	10.32	872	5.24	12.0	50.8
				0.83	10.41	908	5.66	12.0	54.4
566	217[3]	95	22	0.76	12.81	1272	6.70	12.0	52.3
				0.86	12.90	1308	7.14	12.0	55.3
595	252[3]	100	23	0.78	13.32	1305	6.91	12.0	51.9
				0.88	13.41	1341	7.36	12.0	54.9

日本飼養標準・乳牛(2017年版)に基づき作成
1)妊娠による子宮・胎子などの増大を含む
2)見かけのDG
3)217および252妊娠日齢のDM、CPおよびTDN必要量は妊娠末期(分娩前9〜4週間)の胎子の発育に要する量を加算済み

に対応ができるように、濃厚飼料を徐々に増給してルーメン微生物の馴致(じゅんち)を行います。また、この時期は胎子の急激な成長に伴う消化管の圧迫や体内でのホルモンバランスの崩れによる食欲減退などによって、著しい乾物摂取量の低下が起こります。このことからもクロースアップ期には飼料の栄養濃度を高め、乾物摂取量の減少による養分摂取不足を補う栄養管理が大切です。

中でも、この時期の初妊牛へのタンパク質給与水準については、乾乳期の経産牛と異なる対応が必要です。日本飼養標準・乳牛(2017)では、経産牛への飼料乾物中CP含量は12％程度ですが、初妊牛は14〜15％程度とより高く設定されています。これは、初妊牛は経産牛より乾物摂取量が低いことや初妊牛自身が成長続けているため、より多くのタンパク質が必要なためです。

また、分娩前60日間のタンパク質充足率が極端に低く、ビタミンAと微量ミネラル(亜鉛、鉄)が不足している牛群から生まれてくる子牛で虚弱子牛症候群(WCS: Weak Calf

Syndrome)が多発することが知られています(小岩、2010)。タンパク質は胎子の発育にとっても大切な栄養素です。育成牛の生産性を向上させるには、いかに「子牛を健康に育てるか」の育成技術も重要ですが、いかに「健康な子牛として生ませるか」も重要です。子牛の育成管理は、実は胎子期から始まっているといっても過言ではありません。

育成前期同様、育成後期の、特に高増体時の適正な飼料乾物中CPおよびTDN含量については、今後も検討の余地があるとは思います。しかし、現状として、分娩４週間前までは、日本飼養標準・乳牛(2017)での要求量である飼料乾物中CP含量12%を下回らず、TDN含量55〜60%の範囲で過度に上回ることのないような飼料給与が重要でしょう。北海道で生産される平均以上の養分含量を持つ乾草や牧草サイレージであれば、それらの自由採食と若干の濃厚飼料給与で養分充足は可能です。

一方、分娩３週前から分娩までのクロースアップ期については飼料乾物中CP含量を14〜15%程度まで高めることが必要です。妊娠後期に給与する飼料のタンパク質給与レベルは、育成牛自身と生まれてくる子牛の両者にとって重要であることを今一度認識していただければと思います。

今後の研究進展に期待

育成期の栄養管理について、これまでの、特に国内での試験研究を引用しながら、ポイントとなるところを述べてきました。その中で、育成後期の栄養管理と乳生産に関して２つの研究報告を紹介しましたが、両研究で用いた育成牛の分娩時の体格に大きな差があったことに気付いたでしょうか？ 一つ目の研究は1994年、二つ目は2020年に報告されたものです。**表１**にまとめた「標準発育値(1995)」と「推奨発育値(2020)」が公表された時期と、それぞれほぼ一致します。まさに、この25年間におけるホルスタイン種雌牛の育種改良の成果を反映しているのです。これら体格の大型化に栄養管理技術が追い付いているかといえば、特に育成牛ついては課題が多々あります。国内での基礎的なデータが不足しており、今後の大学、国公立研究機関、民間等連携しての長期的な試験研究への取り組み・進展に期待します。

⑦哺育・育成牛の群管理

寺内　宏光

本稿では群管理について２つの視点で解説します。前半は哺育牛を群れで管理する注意点、後半は育成牛からの牛群の生産性をマネジメントするという考え方です。

個別管理か群管理か　農場の条件に適した方法を

哺育牛は多くが個別のハッチで飼養され、離乳後に初めて群飼養へ移行するのが多数派です。個別管理は感染症のまん延防止と、スターター摂取量の正確な管理などが期待できるという理由で選択されます。

一方、哺乳ロボットの普及により、哺乳期から群管理へ移行する牧場が増えています。哺乳ロボットは哺乳量がリアルタイムで把握でき、詳細なプログラムで高栄養哺乳から段階的な離乳までを実践しやすいのが利点です。昨今のアニマルウェルフェアの思想の広がりも、本来群れで暮らす子牛を隔離することへの疑問を投げ掛けています。

ただ、群飼養には多くの利点がある一方、どの牧場でも導入できる方法ではありません。頭数が多くても個別管理のまま効率化することも可能です。農場の条件に合わせて飼養方法を改善し続けることが大切なのです。

哺育牛を群飼養する場合のリスク管理

哺育牛群管理のリスクは感染症とストレスです。群管理は目視での疾病の早期発見が難しいといわれてきました。しかし現在ではIT化が進み、群飼養でも異変の早期発見が可能になりました。群管理は感染症が発生しやすいというイメージがありますが、７頭未満なら感染の程度に変化がないという報告があります。空気中の細菌密度の研究では、個別飼養か群飼養かにかかわらず、子牛１頭当たり3.3㎡以上のスペースを確保することが呼吸器病予防のために推奨されています。群管理で呼吸器病が発生するとしたら、飼養密度に原因があるかもしれません。

疾病以外に子牛同士のいじめや吸い合いが問題になる場合があります。子牛同士の攻撃的行動は、飼養密度が高いことによるストレスや、明らかな体格差が原因とされています。十分な広さ確保と、体格差が小さい小規模グループ編成が対策となります。吸い合いは哺乳量不足や吸乳欲が満たされないことが大きな原因です。しっかりと乳首を吸う機会を確保して対策しましょう。

群の中に新しい子牛が入ると群編成によるストレスで１週間ほど落ち着きません。頻繁に出入りがあるようでは、常に闘争状態で子牛は採食量が低下し、成長を阻害し続けます。群をつくったらメンバーは固定で、ペンは全頭移動する際にそのエリアを清掃、消毒して清潔な環境に新しい群れを迎える方法（オールインオールアウト方式）が推奨されます。

群飼養のメリット

子牛が群で管理されると新しい環境への対応力が向上します。社会性とストレス耐性が高まり、好奇心が刺激されて競り食いが起こり、スターター摂取量と日平均増体量が増大します。スターター食べ始めの早期化と摂取量増加の効果から、第一胃の発達が促進されます（次ﾍﾟ**表１**）。

手哺乳での群飼養

手哺乳による群管理のことは、強い子牛が弱い子牛の哺乳を邪魔してしまうことがあるので、落ち着いて哺乳できる工夫が必要です（次ﾍﾟ**図１**）。哺乳量不足は吸い合いの原因となるので、群飼養なら高栄養哺乳が推奨されます。群れでの競り食いは、高栄養哺乳でもスターター摂取量を高めてくれます。注意点は１日２回哺乳の高栄養哺乳だと給与量が増えるため、飲むのに時間のかかる子牛はミルクが冷めてしまい、下痢の原因になる点です。

表１　個別飼養・群飼養と手哺乳・ロボット哺乳の特徴

飼養方法	メリット	デメリット
個別飼養	・子牛の観察が容易 ・感染症まん延を防ぎやすい	・動物福祉の観点から批判あり ・頭数が増えると負担が大きい
群飼養	・６頭以下なら感染症は個別飼養と同程度 ・頭数に対して手間が少ない ・子牛の観察はIT機器でカバー可能 ・社会性とストレス耐性向上 ・競り食いでスターター摂取量と増体が向上	・人の目だけでは観察が不十分になりやすい ・群編成ストレス、吸い合いなどの対策が必要 ・近い日齢でグループにするため、小規模農場には向かない

哺乳方法	メリット	デメリット
手哺乳（哺乳瓶）	・比較的低コスト ・哺乳量やミルクへの反応を人の目で観察できる ・即席で微調整可能	・観察が主観的でばらつく ・準備、片付けの手間が大きい ・哺乳回数が人手で、一回哺乳量が哺乳瓶サイズで制限される
ロボット哺乳	・細かい哺乳プログラム設定が可能、個体の哺乳状況が把握可能 ・頻回哺乳が可能で、濃度や温度に一貫性がある	・初期投資コストが大きい ・メンテナンスが重要だが、サポートの安定性に地域差がある

※群飼養で手哺乳の農場も多く、「個別飼養用の哺乳ロボット」もあるため、飼養方法と哺乳方法でそれぞれ分けている

頻回哺乳は手間が大きいため、移動式ミルクカートなどで簡単にミルクを「おかわり」できる仕組みがあるとよいでしょう（**写真１**）。

哺乳ロボットの使い方

哺乳ロボの乳首１つに対して20頭以下を維持するべきです。効率化を求めて群れを大きくするとロボット（フィーダー）の周りでの競争が激化します（Jensenら、2004）。

自由に哺乳できる子牛は、生後１週間でも６～12L／日の代用乳を摂取できるので（Anderson、2010）、ロボットはそのような個体差にも対応しやすいのがメリットになります。ただし、詳細な設定ができても機械、子牛への理解がなければ使いこなせません。機械は定期的なメンテナンスが重要で、不調なまま放置されると、予定した哺乳が実施されないまま子牛に大きな負の影響を与えます。メーカーによる適切なサポート体制が不可欠です。

生後１週間から数週間を個別管理し、哺乳量が安定してから群へ移動する方法が一般的ですが、この場合、代用乳の濃度などについて個別期間と一貫性がないと、ストレスの原因となります。

哺乳状況はモニタリングできますが、観察は機器だけに任せず、子牛の腹部の張りや、リラックスして寝ている牛の数、フィーダーの周りをうろついている牛など、良い兆候と悪い兆候を理解して自分の目で定期的に観察することも求められます（**図２**）。

図１　群飼養での手哺乳省力化の例

この農場では哺乳瓶での哺乳で隣同士が邪魔しないよう仕切りを設けている。これを維持しながら、ペンの掃除は重機で簡便に行えるよう仕切りを可動式にした。掃除の頻度は多く、敷料も空気も常に清潔に保たれている

写真１　移動式ミルクカート（ミルクタクシー）

図2　子牛ペン観察のチェックポイント

・多くの子牛が寝て反すうしている
・フィーダーの周辺をうろうろしている子牛はいない
・サイズのばらつきが小さい
・極端に痩せている子牛がいない

・被毛に光沢があって密集している、汚れていない
・ルーメン部分が充満している
・腰部や太ももの筋肉、脂肪の発達が肉眼で分かる
・副蹄が落ちていない（敷料が柔らか過ぎると副蹄の位置が下がる）

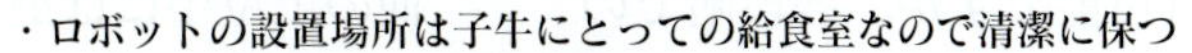

・ロボットの設置場所は子牛にとっての給食室なので清潔に保つ
・モニターは見やすい場所に設置する
・給餌内容、添加剤について記録し見やすく掲示する
・ネズミやハエの侵入を防ぐ
・ミキサーと乳首の高低差は設置時に入念に確認する

離乳後に群移行する場合のストレス管理

離乳、除角、移動といった子牛に与えるストレスについて、かつてはまとめて１回にした方がよいとされていましたが、現在はストレスのかかる行為はなるべく分散させることが原則になっています。

離乳後に群飼養へ移行する場合、この原則に従うと離乳後１週間は個別飼養を継続した後に群れへ移動することが推奨されます。しかし、Bachら(2010)の試験では、離乳直後にそのまま群飼養に移行した方が増体は大きく、呼吸器疾患が少なくなるという結果でした。７週齢以降であれば群飼養の準備ができている可能があります。ただし、この試験で使用された個別ハッチは非常に狭いもので、７週齢の子牛にはこの狭過ぎる環境のストレスが大きかった可能性も言及されています。

個別管理と集団管理が子牛の死亡率に影響を与えないという報告(Jamesら、1984)や、生後21日までの子牛の死亡率は管理方法の影響を受けないという報告(Wellsら、1996)があります。これによると、初乳給与の方法、母牛から引き離す時期、難産、双子の有無が21日齢までの死亡率に最も関連する要因になっています。

やはり免疫低下のリスクを考えるとストレスのかかるイベントを重ねるべきではないでしょう。群飼養へ移行すること自体はあまりストレスとして大きくない可能性がありますが、群の中での体格差や、飼養密度、換気など、大きなストレスとなる要素を排除することがポイントになります。

ペアハウジング

子牛を２頭で飼養する、ペアハウジングやペアハッチと呼ぶ管理方法が注目を集めています。群飼養のメリットである社会性の獲得と、スターター摂取量および増体の向上が期待でき、感染が拡大するリスクはペアの１頭に抑えられます。ペアハウジングについて多くの研究がされていますが、良い影響があるという報告と、変わらないという報告があり結果はまちまちです。個別飼養を行っている場所で、群飼養に近い方法を取れるのはよいかもしれません。実施の際は必ず２頭分の広さ(6.6㎡以上)を確保しましょう。

哺乳期の群管理をまとめると、離乳前は個別飼養と群飼養と、どちらが必ず優れているとはいえなさそうです。個別の方が疾病リスクを減らせるという考え方が一般的ですが、健康な子牛において適切な管理がされていれば、群飼養には多くの利点があります。両方の良いとこどりを目指したペアハウジングは今後発展が期待されます。

子牛の健康と成長には、個別か群れかの飼養方法の違いよりも初乳や環境といった「基本」の方が大きく影響します。牧場ごとの条件で基本を守り工夫と改善を続けましょう。

未経産牛は余裕ある頭数を

酪農場において育成牛はコスト要素であると同時に、近い将来の生産を担う投資価値の高い存在といえます。育成牛の価値は、遺伝的能力、成長程度、健康状態という観点から評価でき、それぞれについて適切な管理をすることが重要です。

育成牛への過度なコスト削減は、将来の乳生産量を減少させ、大きな損失につながります。ある程度成長した育成牛は粗雑な管理でもやり過ごすことは可能ですが、各段階での成長具合を評価することで、牛群のパフォーマンスを最適なものへ高めることができます。

育成牛の群管理は、成牛の繁殖管理から始まります。まず目標とする更新率を維持するために必要な未経産牛の頭数を、少し余裕をもって確保します。つまり、更新率30%なら、経産牛に対して33〜35%の後継牛を用意します。100頭なら年間30頭を入れ替えできるよう、33〜35頭を準備する計算です。必要以上の頭数を飼養するにはコストがかかりますが、必要な頭数を確保できなかった場合のコストの方が大きい恐れがあります。

育成牛頭数に余裕があれば、満足な後継牛にならない牛を淘汰(販売)できます。明らかに成長が遅れた牛、未経産から不受胎の牛、ゲノムが極端に低い牛などです。

ゲノム検査で遺伝的能力が上位の牛を選抜する

後継を残す雌牛を選定する際は、若い牛ほど改良が進んでいるはずであるため、未経産牛と初産牛に雌雄選別済み精液を授精することが妥当のように思えます。しかし、育種改良を最大限に進めるには、遺伝的に優れた牛から次世代を生産することが合理的です。育成牛の中でも遺伝能力は大きなバラツキがあります。遺伝能力上位5%からは受精卵生産、他の上位牛には選別精液、下位の牛は育成牛であってもホルスタイン受精卵を移植するという判断もあり得ます(**図3**)。

遺伝的に下位の未経産牛よりも優れた高齢牛からは積極的に後継牛を生産するべきでしょう。ゲノム検査結果に応じて下位の牛の遺伝子は残さずに遺伝的能力が上位の牛を選抜すれば能力のばらつきが少なく、遺伝的に整った牛群となります。

移動時に体重と体高を測定・管理

成長を管理する目的は、能力を最大限に発揮させる下地づくりです。目標は初産前に十分な成長を達成させることで、分娩直後で成熟時体高の95%、成熟時体重の82%(**表2**)を目指します。成長が不十分な牛は、泌乳期間中に摂取する栄養のうち成長に当てられる割合が大きく、初産、2産目での乳量が制限されてしまうことが分かっています。

コストを抑えつつ最大のパフォーマンスを引き出すには、移動を伴う節目で体重と体高

図3　牛群のゲノム管理のイメージ

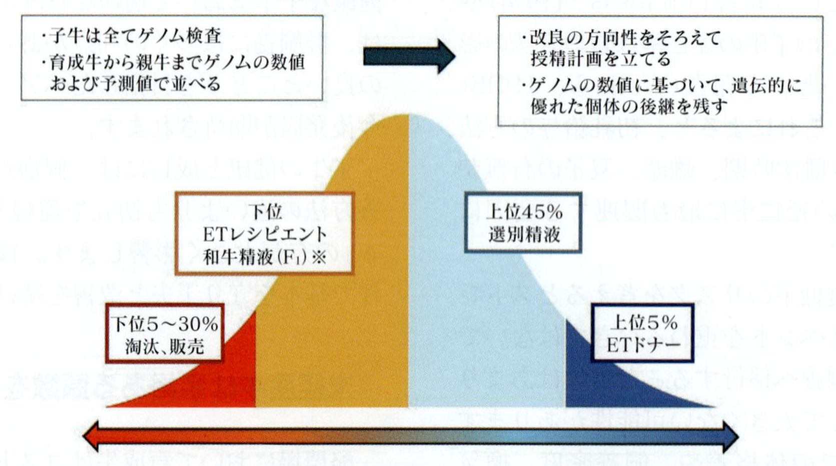

※和牛が大型化しているため、初産で交雑種を分娩した際の事故が増加している。未経産牛にはホルスタインを受胎させることが推奨されている
(家畜改良センター、2024)

表2　乳牛の成長における目標体重（kg）、月齢、平均増体（ADG：kg／日）

	成熟時体重に対する割合（%）	ホルスタイン	ジャージー（参考）
成熟時体重（60カ月齢）	100	700	520
生時体重（0日齢）	6	42	31
離乳時体重（2カ月齢）	12	84	62
受胎時体重	55	385	286
初産分娩時体重	82	574	474
2産分娩時体重	92	644	478
受胎月齢		13	13
初産分娩月齢		22	22
春期発動前ADG	0.13	0.90	0.67
春期発動後ADG	0.10	0.69	0.51
受胎後　増体＋妊娠	0.13	0.92	0.69

※成熟時（60カ月齢）を基準として、各成長ステージでの目標値を示している。目標値は参考としつつ遺伝能力、利用できる飼料、初産分娩月齢目標など農家ごとの状況に応じて設定する（NASEM2021）

表3　群平均24カ月齢分娩のための月齢ごとの目標値

月齢	体重（kg）	体高（cm）	BCS	備考
0	41	80	2.0	
2	72	90	2.2	離乳時期
3	96	95	2.2	
6	167	111	2.3	ここまでの体高の増加が重要
13	332	127	3.0	授精期間（15カ月齢までに受胎）
14	355	128	3.0	
15	385	129	3.0	
24	649	141	3.5	
25	587	141		分娩による

※Penn State Extensionの成長チャートの目標値から抜粋するとともに、Heinrichsら（2013初版、2015）を修正。BCSはHoffman（1988）を参照

を測定することが推奨されます。これらのデータを基に育成牛の管理を見直すことで、泌乳牛の必要以上な大型化を防ぎつつ、遺伝能力を引き出して健康で最適な体格づくりを目指しましょう。

初回分娩早期化のメリット

育成コストを最小にし、初産乳量を最大にする初産分娩月齢は22～24カ月齢とされています。2022年度の乳用牛群能力検定成績によれば、国内の未経産牛の平均初回授精月齢は14.1カ月で、平均初産分娩は24.4カ月です。近年、早期化の傾向はあるものの、いまだ24カ月齢までに初産分娩を迎えない個体が多いことが分かります。

初産分娩の早期化効果は乳生産（収益化）の早期化、育成期の飼料代削減、育成ペン在群期間の短縮―に大別できます。育成ペンのスペースが空けば育成牛のストレス低減や、後継牛増頭を検討できます。牛に負担のない分娩と高い生産性のため、分娩までに体重630kg程度、体高140cm程度を達成する必要があります。

適正なBCSとタンパク質

牛群の収益性を高めるために体重、体高を十分に発育させ、13カ月齢から授精を開始し、15カ月齢までに受胎させます。初回授精までの成長目標は❶日平均増体0.8～0.9kg❷成熟時体重の55%（**表2**）❸体高125～127cm（**表3**）の達成―です。未経産牛への授精について筆者はBCS（ボディーコンディションスコア）や子宮・卵巣の状況が適正な上で、体高が目標に達していることを指標に判断しています。平均増体は0.8～0.9kg／日が目標で、1.0kg／日以上の増体は脂肪組織が乳腺組織を圧迫してしまい、乳量が低下する場合があります。

適正なBCSで成長させ、乳生産に悪影響を及ぼさないためには、適切なタンパク質給与が重要です。タンパク質は「エネルギー給与量が多いほど」「成長の段階が早いほど」要求量が増加します。飼料設計において、エネルギー量に見合っていることと、成長に必要な量が十分に含まれていることを確認します。タンパク質が不足している飼料は太りやすく、繁殖サイクルもうまく回りません。横の増体(過肥)ではなく、縦の増体(フレームづくり)を確認しましょう(**図4**)。

指標と改良の変化

日本飼養標準・乳牛(2017)において授精開始の基準を14〜15カ月齢以降で体重350kg、体高125cm程度を目標としています。㈳日本ホルスタイン登録協会による「標準発育値(1995)」と「推奨発育値(2020)」では、14カ月齢での体重が375.1kg(1995)から418.2kg(2020)、体高が126.5cm(1995)から132.6cm(2020)というように大きく変化しています。推奨発育値(2020)は2000年から15年までに誕生した国内の実際の雌牛の測尺データから導かれており、明らかな大型化が読み取れます。

乳牛の体の大きさと乳量には相関がありますが、大きい牛ほど栄養の維持要求量が大きく、泌乳に反映されない採食量が多くなる可能性があります。一定以上の大型化は生産寿命の短縮を招き、暑熱の影響を受けやすいことから将来的に飼養が難しくなっていく恐れもあります。個人的には、ゲノムに基づいた改良で体格を抑えながら高能力で、飼料効率が良く、相対的に暑熱に強い牛への改良が進んでいくのではないかと見込んでいます。そうなれば推奨値もまた変化するでしょう。

図4　育成牛群管理のポイント

- 遺伝能力、成長の程度、健康の三点を管理する
- 遺伝能力の高い牛の遺伝子を残すという改良の基本にのっとって後継牛を生産する
- 各成長ステージで発育をモニタリングした上で、体高125cm以上で授精開始し、15カ月齢までに受胎させる
- 太らせることなく、十分なタンパク質の給与で体格を充実させる
- 成長が不十分なら、停滞のタイミングと原因を把握する
- 適正なBCSと健康状態を保つことが根幹となる

指標と計測データを群管理に生かす

牛群の成長は簡単に調節できるものではありません。あくまでモデルや事例は参考程度として、農場ごとの実態から計画を立て、柔軟な対応が求められます。

特定のステージで停滞しているなら、給与量が足りないか栄養内容が合っていないのでしょう。牛ごとの成長のむらが大きいなら、肺炎など疾病を抱えた牛がいるか、ペンの過密や施設の問題があるかもしれません。

乳生産から遠いために見えなくなりがちな育成牛の管理ですが、計測と改善の先には、コスト削減よりも大きな利益を牛たちが返してくれることでしょう。

【参考文献】

Bach 2010 Optimizing weaning strategies of dairy replacement calves

Hoffman 1998 Feeding Strategies for Optimum Replacement Heifer Growth

『Dairy Japan 2018年10月臨時増刊号　Dairy PROFESSIONAL Vol.12』デーリィ・ジャパン社

大場真人『ここはハズせない乳牛栄養学〜子牛の科学〜4』デーリィ・ジャパン社

家畜感染症学会(2021)『新しい子牛の科学』緑書房

『臨床獣医臨時増刊号2021　健康な子牛育成のための群管理』緑書房

日本ホルスタイン登録協会(2020)「ホルスタイン種雌牛の推奨発育値」

ペンシルベニア州立大学「Customized Dairy Heifer Growth Chart」『PennState Extension 2015修正版』

ウィスコンシン大学マディソン校運営ウェブサイト『The Dairyland Initiative : School of Veterinary Medicine』(2024年8月1日閲覧)

Calf Notes.com Quigley https://www.calfnotes.com/en/2010/06/04/calf-note-149-group-housing-and-weaning-strategies/ (2024年8月5日閲覧)

Overton 2023 Dairy Calf & Heifer Association Annual Conference Resource Guide Heifer management: Balancing value and cost

⑧酪農家のための和牛子牛の飼養管理

伏見　康生

本稿では、酪農場で生産される受精卵由来の和牛子牛を主たる対象とし、主に今後、和牛子牛を生産したいと考える人への導入として、和牛子牛の飼養管理ポイントや注意点を解説していきます。

出生時・初生期の健強性が前提

一般的に酪農家にとっての和牛子牛へのイメージは、「飼養管理に慣れている乳用子牛および交雑子牛と比べ、小型・繊細・虚弱」と考えられます。その認識は正しく、現代の平均的な和牛子牛は同交雑種や乳用種と比べ小さく弱いといえます。そのため、生物学的な基礎体力や消化力の弱さに起因する発育上のつまずきに、より多く遭遇します。従って、和牛子牛を順調に発育させる上での本質的な管理のポイントは「健強な子牛を生ませる」「初生期に順調なスタートを切る」ことに尽きます。相対的に弱い和牛子牛が母体管理のエラーなどにより小さく弱く生まれ、生後数週間以内でつまずいていては事故率が著しく増えます。ここで述べる「健強」は「虚弱」の対義として用いています。

本稿では主に「適正体重出生」と「最適な初乳マネジメント」の二つを提示していきます。環境管理的・哺乳栄養学的・治療的なポイントも極めて重要ではありますが、それに先立つ生時・初生期の健強性が前提として成り立たないことには、全ての知識と技術は用を成さないのです。広く浸透する上記の和牛のイメージを現状の客観的数値をもって検証し、正しい現代の和牛子牛像を認識した上で、ポイントの解説を進めたいと思います。なお、本稿における和牛子牛とは純但馬系を除く一般都道府県の「黒毛和種子牛」を指しています。

出生時体重は乳用種・交雑種に比べ小さい

生時体重は血統や産歴、季節、母体栄養などさまざまな要因から構成された複合的な結果ではありますが、特に母体のコンディションや乾乳管理を敏感に反映します。品種を問わず、低体重で生まれた子牛は相対的に低代謝であり、抗病性、消化能力、初期発育などが劣る傾向にあります。

生まれた和牛子牛が低体重であるのか虚弱なのかを判定する基準となる、現代の和牛子牛の「正しい」生時体重の認識が必要となります。ここで「正しい」を強調するのは、現在流通する成書や発表データにおいて現代型和牛子牛の本来の生時体重が反映されていないものをしばしば見かけるためです。

これは、和牛の体型と増体に関しての遺伝的改良が目覚ましく、年を追って大型化しているために10年前と現在でも差が見られることに加え、和牛繁殖農家では「意図的に子牛を小さく産ませる」という酪農では通常考慮されにくい管理方法を選択している場合や、粗放的な母体管理による低体重出生となるケースも少なからずあり、生時体重の幅が大きいことが背景にあります。

子牛事故の少ない優良和牛繁殖農場（和牛母体）において人工授精（AI）で生産された和牛子牛の生時体重と、同様の酪農場（ホルスタイン母体）において体内卵の受精卵移植（ET）にて作出された和牛、AIで生産された交雑牛、乳用子牛の生時体重データを蓄積し、産歴別、性別の区別を持ってその平均体重をまとめたのが次ページ**図1、2**です。

前述の通り、生時体重は血統をはじめ非常に多くの要因によって左右されますが、サンプル数を集めることで精度を高め、また母体飼養管理上のミスによる体重のばらつきを抑えることを目的に事故の少ない農場を選定しています。乳用種および交雑種の生時体重は、実際に酪農場で生まれる和牛子牛のサイズを相対的に評価あるいは予想するための基準として記載しています。

例えば、自身の農場で生まれる交雑雄の体重を基に、**図1**と照らし合わせて和牛子牛の

図1　生時体重の品種差

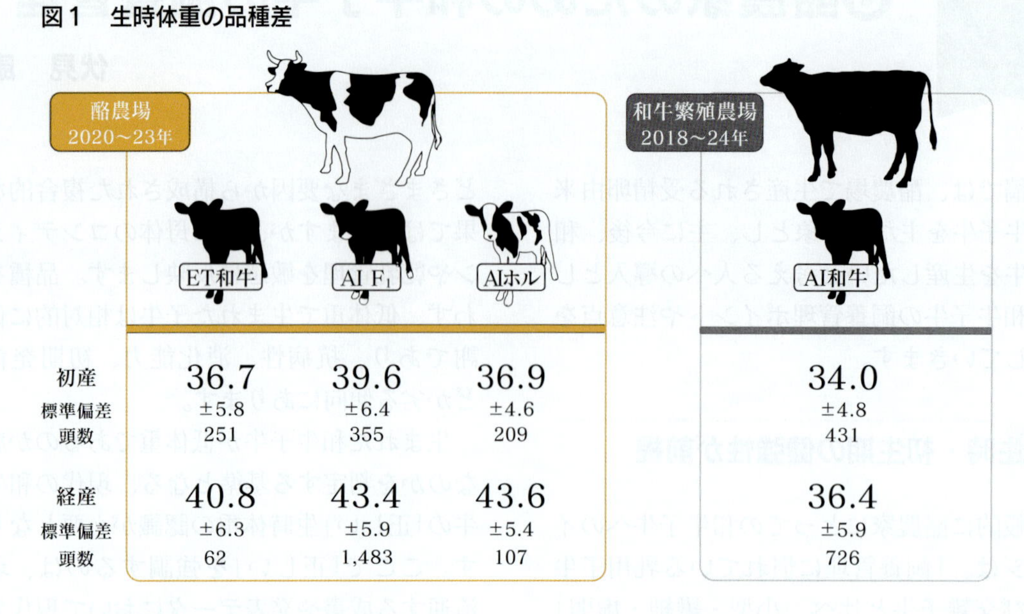

図2　生時体重の性差

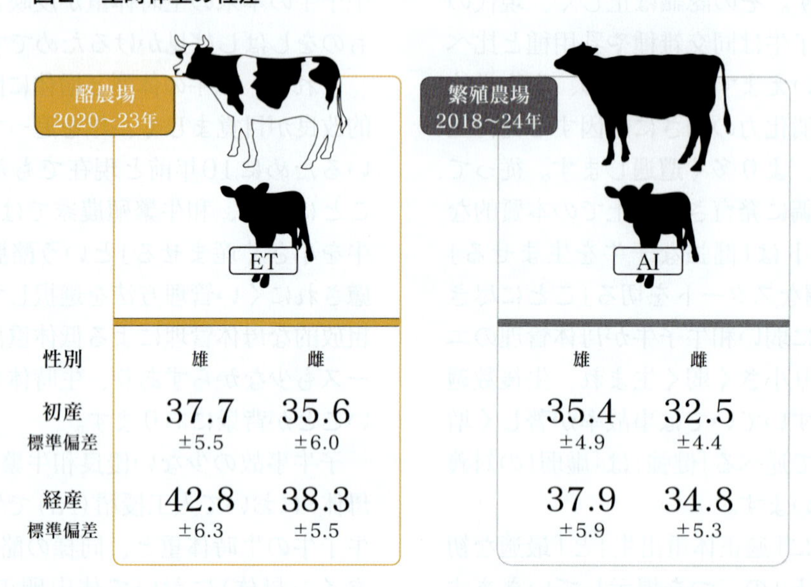

体重を予想したとき、実際に生まれてきた和牛子牛がその体重がより大幅に軽いようなことがあれば、母体の乾乳管理のエラーもしくは血統的な要因（母体or小型種雄牛）を強く疑います。これから和牛を生産しようとする際にどの程度の体重の子牛が生まれるのかを推定することもできます。

このデータを非常に単純化して読み解くと、和牛母体のAI和牛子牛に対し、乳用種母体ET和牛子牛は約3kg大きく、乳用種母体ET和牛子牛に対し、同AI交雑子牛が約3kg大きく、それぞれ同種の性別間でも約3kg、未経・経産間においても約3kgの差が見られます（**図3**）。

近年の乳牛は搾乳ロボットへの適応・飼料効率の重視から、相対的に小型化へと改良が進んでいますが、やはり和牛は乳用種および交雑種に比べ小さく出生する傾向にあるといえます。

和牛は疾病率と事故率が高い

図4に、主に東日本の酪農地域における子牛総出生頭数、生後60日以内の疾病発症頭数とその罹患（りかん）率を品種ごとに示しました。

獣医師に依頼があって診療が行われた回数のカウントが図中の疾病数（延べ数）です。比較すると、消化器疾患は和牛子牛の約30.0%に対し、交雑種および乳用種子牛はそれぞれ

11.1%と19.5%で、1.5～2.7倍になっています。

自家治療も行われる地域であるため、「交雑やホルはまず自家治療を行う」「経験上和牛は弱いため、軽度・早期であっても獣医師の治療を受ける」といった畜主側の判断がこの疾病数に反映されている可能性も考慮する必要があるかもしれません。

同じく生後60日以内の死廃事故を品種間で比較しました（次ページ**図5**）。和牛子牛の死廃事故率が交雑種、ホルの1.7倍近くになっています。治療背景などを抜きに、数字の通り品種間の差が表れていると考えられます。

これらのデータは、和牛子牛が、交雑種と乳用種子牛と比較して、疾病に罹患しやすい可能性と事故のリスクが高いことを示しています。

和牛繁殖農場における生時体重と成績の実例

次ページ**図6**に実際の臨床現場（和牛繁殖農場3戸）における生時体重と事故率の品種別データを示しました。

同じ和牛間で比較した場合も、農場によってその事故率には大きな差があることが分かります。すなわち、大部分の子牛が適正体重の範囲にあるA農場と比べ、平均出生体重が

図3　生時体重差の簡易視認図

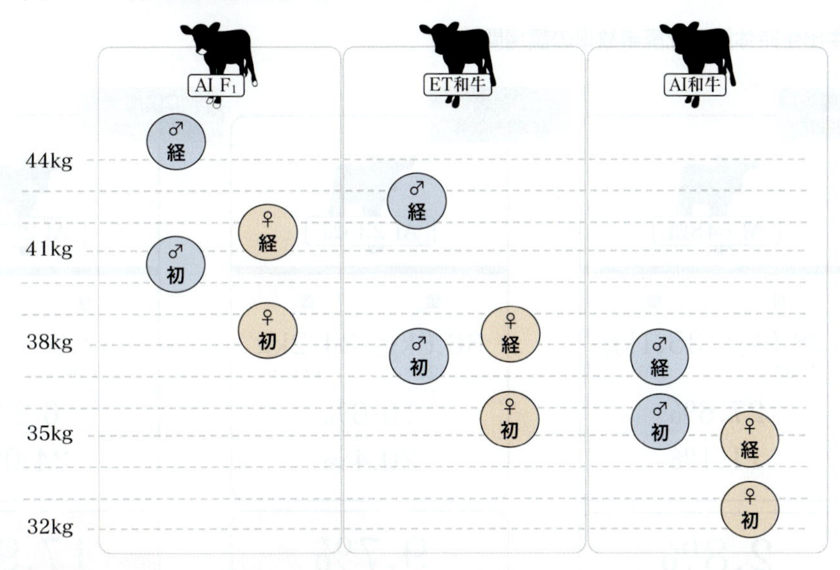

図4　60日齢以内疾病罹患率の品種差

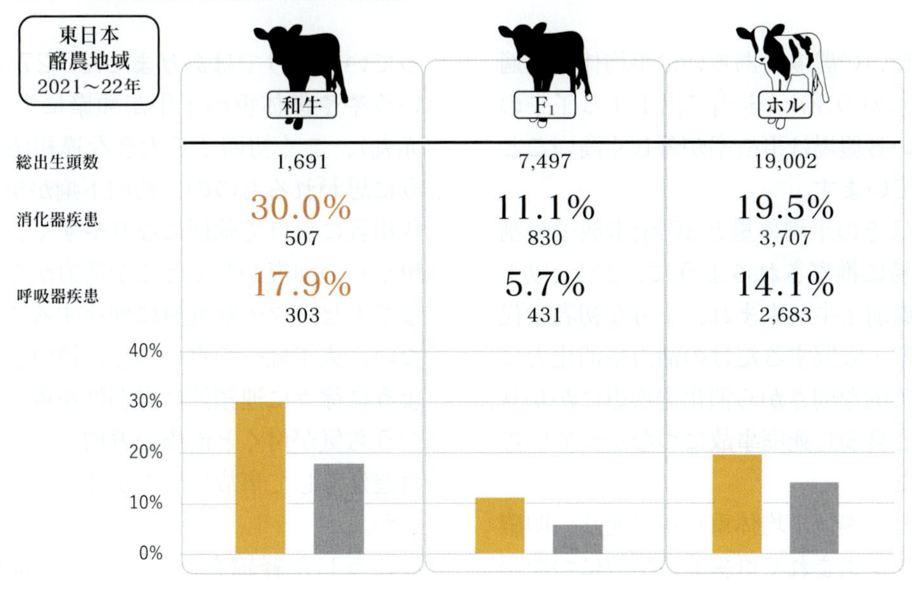

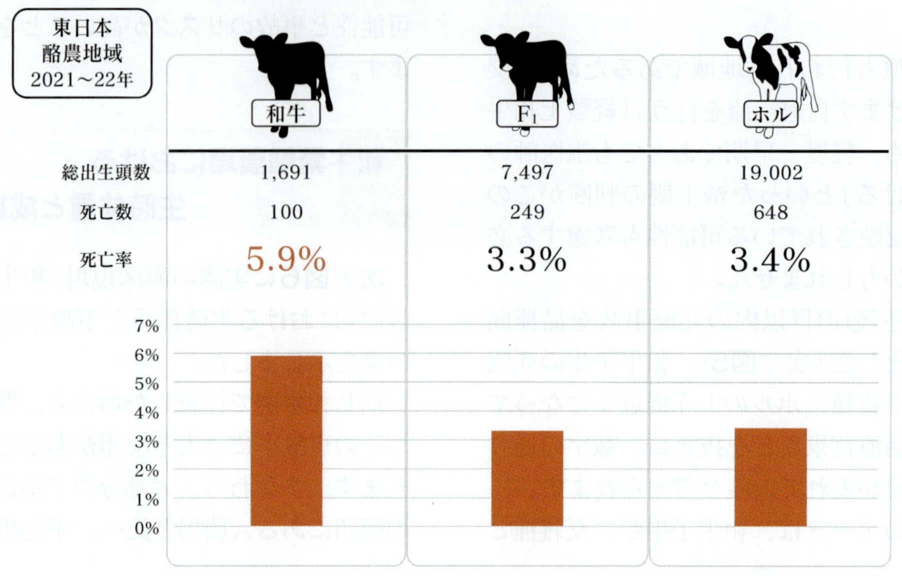

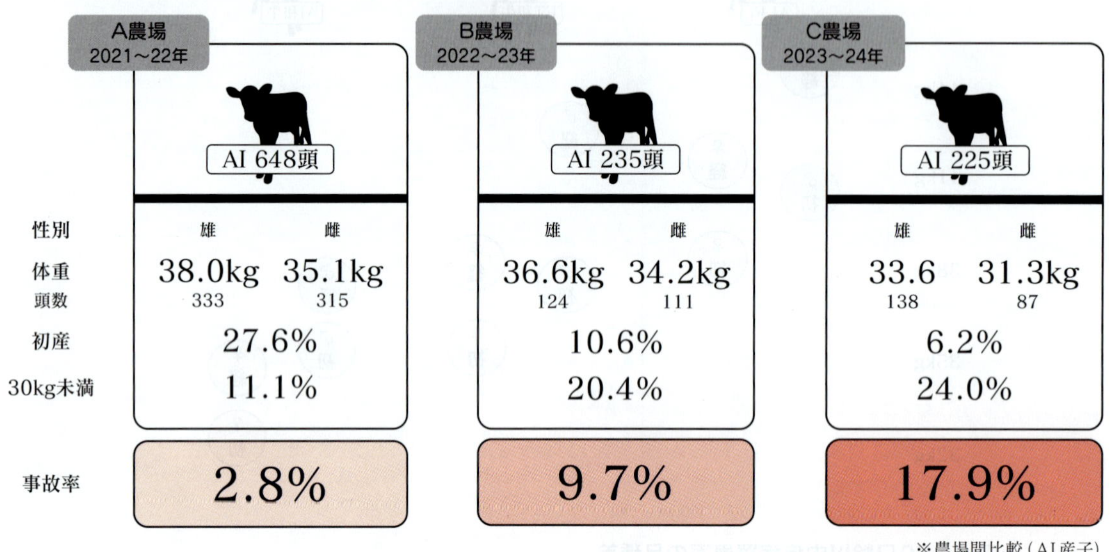

明らかに軽いC農場、あるいは平均体重は適正に近いものの30kg未満で出生する子牛の割合が高いB農場は事故率が著しく高いことが示されています。

C農場はその平均体重と30kg未満子牛割合から容易に推察されるように、25kg以下の明瞭な虚弱子牛が生まれ、十分な初乳や代用乳を摂取・吸収するだけの活力や消化力に劣り、免疫的な弱さから消化器疾患にかかり、あっさりと衰弱し死廃事故につながっている状態でした。

一方、B農場は平均体重が示す通り、明確な虚弱子牛が生まれて直線的に事故につながっているわけではありません。27～32kgというやや低体重の子牛が頻繁に生まれ（**図7**赤丸）、ごく初期こそ大きな違和感はないように思われるものの、初回下痢が早期に訪れ、代用乳に負けて軟便になりやすく、消化器疾患からの回復が悪くどこか活力がない、いつまでもピークの哺乳量に到達することができない、人工乳への食いつきが鈍い、といったように徐々に連鎖的に虚弱性を現します。そのうち気が付くと治療の著増、不可逆的な発育遅延そして事故につながるといった状況でした。

こうした経緯をたどる子牛の特徴として、

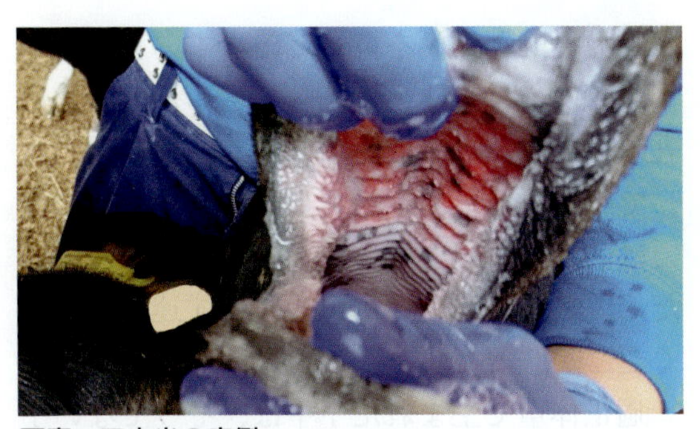
写真　口内炎の症例

免疫不全に伴い口内炎や胃潰瘍など日和見的な感染症に罹患することがしばしばあります（**写真**）。

低体重出生は、その多くが母体管理に起因しています。Ａ農場の出生時体重が比較的きれいな等分散をしているのに対し、Ｂ・Ｃ農場では**図７**の赤丸で示した通り、低体重域でいくつかの小さなピークが見られ、高体重域ではＣ農場は40kg以上の子牛がほとんど見られません。

前者は群内での食い負けあるいは基礎疾患などの個体的な母牛のエラーがある農場でよく見られます。後者はそもそも全体として栄養が不足している農場で見られる特徴と捉えています。

生後管理に目を移すと、Ｂ農場では初乳給与は親付けで行われており、「３Ｑ（質：Quality、：Quantity、時間：Quickness）＋衛生」を押さえた初乳マネジメントは望めない状態でした。Ｃ農場では分娩後、即時の子牛回収と粉末代用初乳の給与をしていましたが、そのIgG（免疫グロブリン）量は不十分でした。Ａ農場は分娩直後の即時子牛回収から十分な粉末代用初乳給与へと適切な初乳マネジメントを達成していました。

「健強な子牛を産ませる」＝「適正体重出生」

これまで述べた通り、現代型の和牛は他品種と比べ、「小型で生まれる」「疾病に罹患しやすく事故につながりやすい」「和牛農場間で比較した際のわずかな体重差でも大きな事故率の差が生まれている（大幅な体重差の場合は論をまたず）」という特徴があります。

低体重の話をする際に虚弱子牛症候群（WCS）は避けられないキーワードですが、IARS異常症（第８番染色体に存在する原因遺伝子の変異によって発症する常染色体劣勢の遺伝的不良形質）に代表される教科書的な虚弱子牛のように20kg未満の超低体重出生や起立時間延長、体温不正、虚脱などはもちろん直接的に事故につながります。ただしWCSは必ずしも明確な線を引いて診断されるようなものではなく、Ｂ農場の事例のようなやや低体重の子牛も連鎖的・段階的にその虚弱性を現し、徐々に発育不良や事故へと追い込まれていく虚弱子牛といえます。その重要性は品種を問いませんが、生物学的に相対

図７　和牛子牛出生時体重と事故率を農場間で比較したヒストグラム

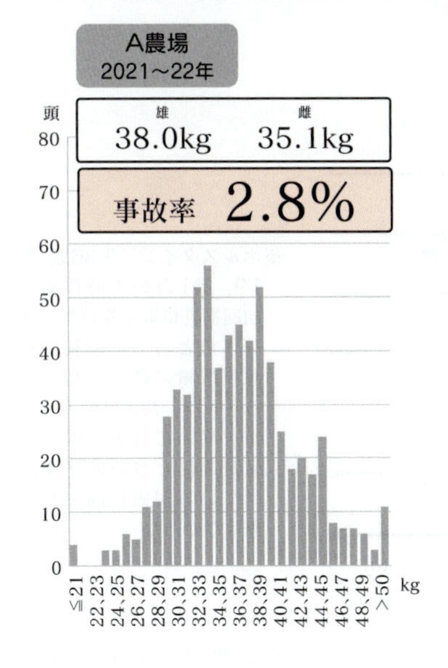

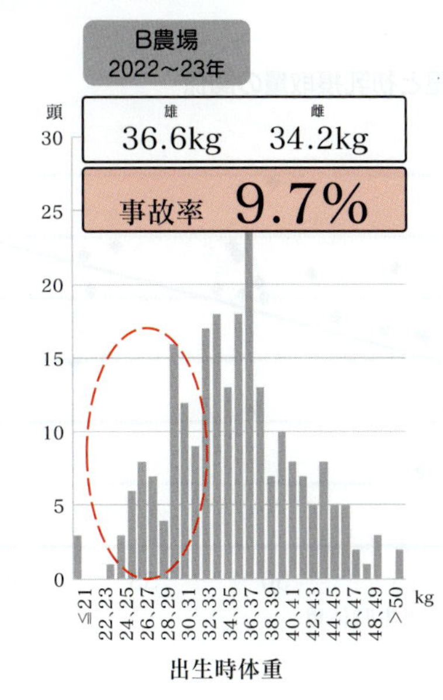

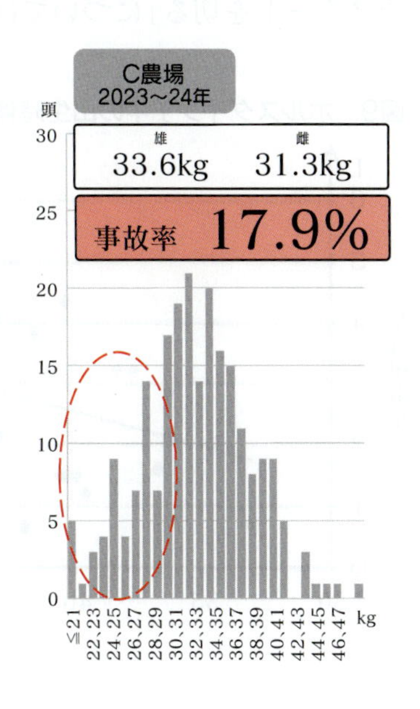

図8　乳牛母体ETによる和牛子牛の適正出生体重の例

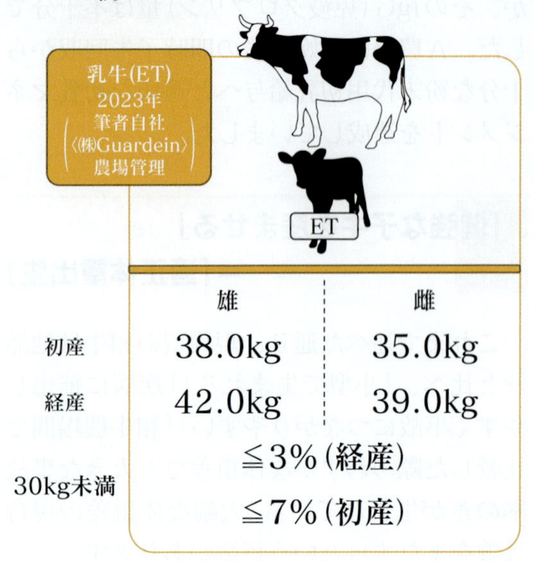

	雄	雌
初産	38.0kg	35.0kg
経産	42.0kg	39.0kg
30kg未満	≦3%(経産) ≦7%(初産)	

的に劣る和牛であるからこそ、いっそう際立つ点でもあります。

これらの事実を踏まえ、冒頭に和牛子牛の管理要点として「健強な子牛を生ませる」を一つ目に挙げましたが、その健強性は出生時体重によく反映されていることを認識し、自農場の交雑種、乳用種の出生時体重と現代のET和牛子牛の平均的出生時体重(図8)を一つの指標とした上で、乾乳管理に反映させていくことが肝要となります。

初生期に順調なスタートを切るには

二つ目の管理の要点である「初生期に順調なスタートを切る」については、栄養的な側面と免疫的な側面を持っています。

栄養的には、十分な増体を得るための代用乳の計画的給与と同時に、それを摂取・消化して吸収する能力が必要になります。その能力は前述した出生時体重と密接な関係にあるため、ここでも、その体重をまず達成しておくことが肝要です。

適正体重で生まれた子牛は、そうでない子牛に比べて代用乳の摂取と消化に優れます。端的に表現すると「より早く、より多く」飲めるようになり、「しっかり消化できる」可能性が高いため、必然的に哺乳期間の日増体重(DG)は出生時体重に正の相関関係にあります。これは初乳に関しても同様で、出生時体重と自発的初乳摂取量には正の相関が見られます(図9)。

これらから想定されることは、仮に生まれた時点で10kgの体重差があった場合、DGを考慮するとすでにその時点で20日分ほどの差が生まれています。その上、消化機能にも差がつき続けるため、とり返すことがかなり難しい差になるということです。これが栄養的側面での「初生期の順調なスタート」が意味するところです。

ただし、一般的な集約型人工哺育では出生時体重が35kgでも45kgでも一律のピーク哺乳量(粉体量)になることが多く、実際の子牛の能力通りのDGの相関にはならないことが多くあります。

なお、離乳を順調に終えた場合、そのまま採食・消化・吸収に根本的に優れる個体が市

図9　ホルスタイン子牛の出生時体重と初乳摂取量の関係

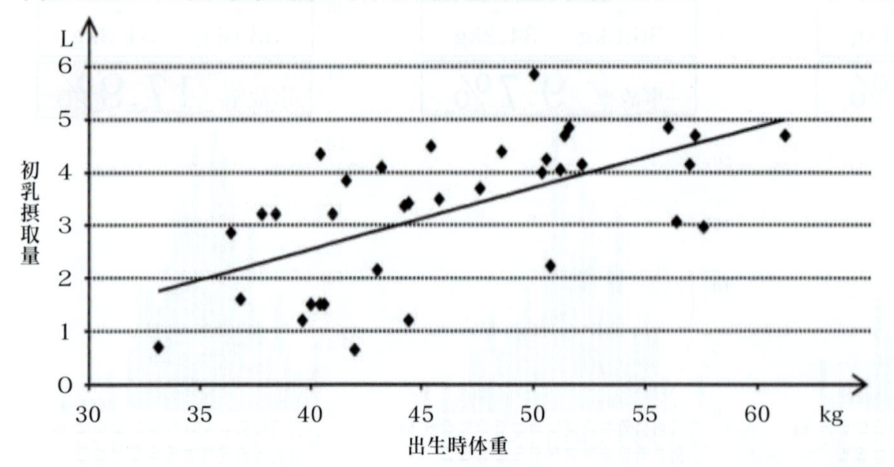

※ホルスタイン子牛36頭(雄19、雌17)の生時体重と初回初乳摂取量を比較。生時体重と自力での初回初乳摂取量には正の相関がみられた。初乳は哺乳ボトルを用いて自力摂取させ、2時間区と6時間区を設けているが両区間に有意差はなかった

(E. Vasseurら J Dairy Sci〈2009〉から引用一部改変)

図10　和牛子牛の出生時体重と市場体重・DGの関係

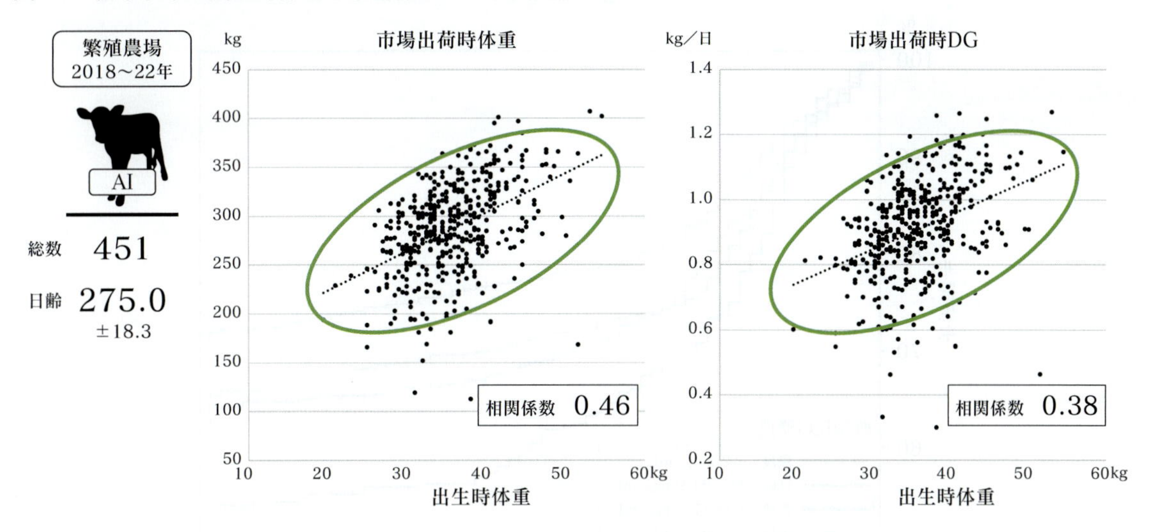

図11　和牛子牛の離乳時体重と市場体重・DGの関係

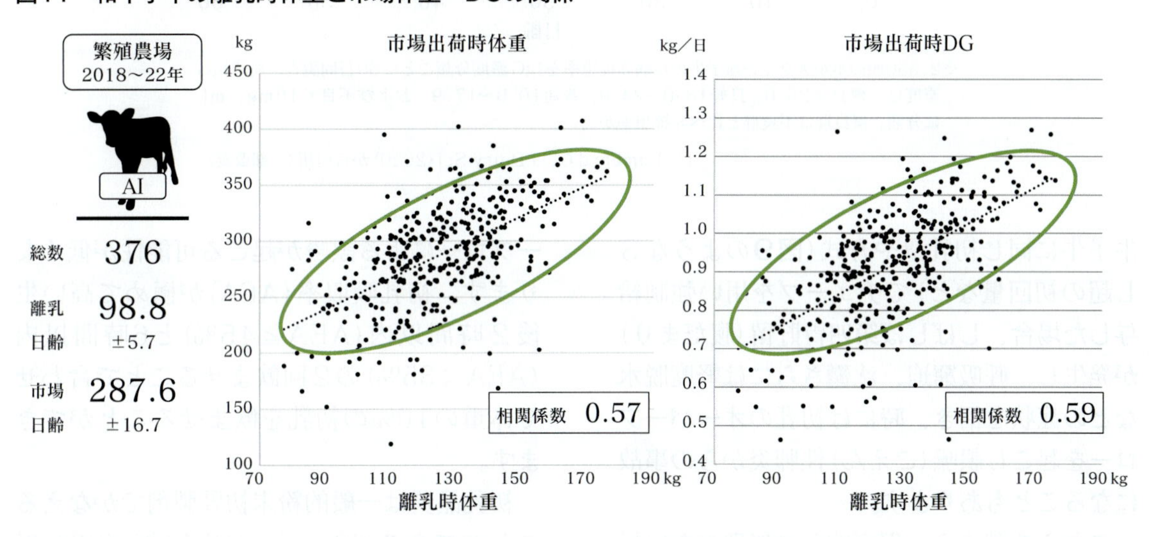

場体重とDGに優れることになります（**図10、11**）。すなわち、適正体重での出生→優良な離乳体重→優良な市場体重へと連鎖していくのです。

免疫的には、後天的免疫である初乳摂取を確実に成功させることが大切です。初乳マネジメントの世界的な基準の推移とその背景、基本的原則、初乳の意義、IgGなど用語の説明などに関しては他の項目に詳述されているため、割愛します。

和牛向けの初乳給与の要点としては、「できるだけ多くの初乳を吸収させるため、１回の哺乳量に上限を設けて、体重と哺乳量と初乳中IgG濃度の関係から計画的に血中IgG濃度30mg／mL（生後24～48時間）を目指す」ことを推奨します。IgG濃度30mg／mLという濃度は、アメリカ農務省の推奨する「優良」基準（主にホル子牛向け）25mg／mLを上回ると同時に、ホルから生まれた８割以上の和牛子牛が実際に達成し得る現実的な目標数値となります。

生後24～48時間以内の血中IgG濃度が高いほど、生後60日以内の事故率はもとより疾病率が低下することはよく知られます（次ページ**図12**）。和牛子牛が疾病に罹患しやすいことを考慮し、シンプルに高値を目指すことは基本的に“正義”となるのです。

一方、IgG濃度を高めようとしたときに立ちはだかるのが“飲みの弱さ”や“消化吸収の弱さ”といった和牛特有の壁です。すなわち、一般に見られる初乳給与量の目安や報告はホルスタインや交雑種子牛を基にしたものであり、和牛子牛に自由摂取させた場合の量は必ずしも同等のレベルではありません。仮に和

図12　ホルスタイン子牛の血清IgG濃度区分ごとの非罹患率

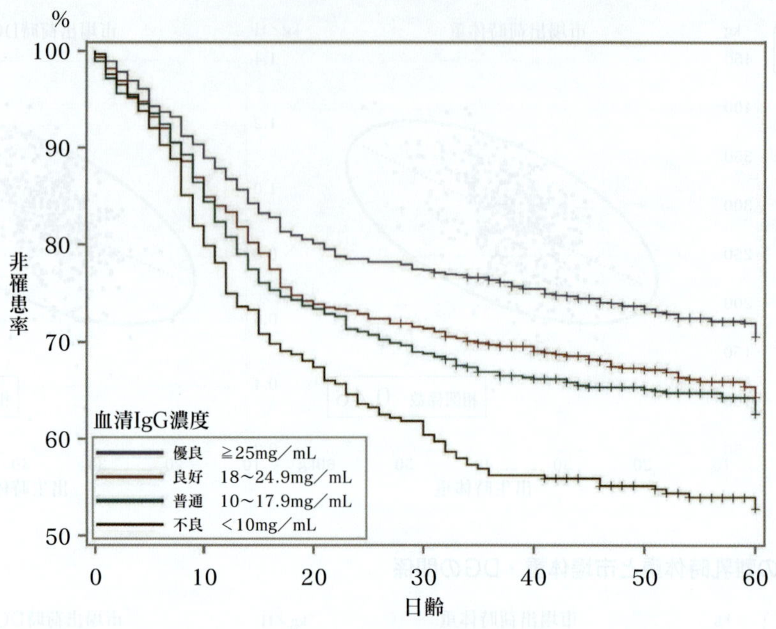

※2,360頭のホルスタイン雌子牛の疾病非罹患率をIgG濃度分類ごとに60日間調査。血清IgG濃度は、優良≧25.0、良好18.0～24.9、普通10.0～17.9、および不良＜10mg／mLに分類。優良群は不良群と比べ非罹患率が高い

（J. Lombardら、J Dairy Sci〈2020〉から引用〈一部改変〉）

牛子牛に同じ初乳量や方式（**図9**のような３Ｌ超の初回量など）でチューブを用い強制給与した場合、しばしば第四胃貯留（腹だまり）が発生し、呼吸窮迫、沈鬱さらには軽度脱水などの症状を招き、時には初乳のオーバーフローを起こし誤嚥（ごえん）性肺炎からの事故になることもあります。

これらを踏まえ、現実的かつ無理のない最大IgG濃度（30mg／mL）を実現させる和牛向けの初乳給与法として、**図13**の方式を推奨します。

１回の初乳給与量を体重の５％以内に抑えることで、消化および呼吸への負担とオーバーフローによる誤嚥が起こる可能性が低くなります。初乳吸収率（AEA）が極めて高い生後２時間以内（AEA≧45％）と6時間以内（AEA≧35％）の２回飲ませることで合わせて体重の10％の初乳を飲ませることができます。

初乳品質は一般的粉末初乳製剤でかなえることのできる60ｇ／Ｌ（BRIX糖度22％以上）以上としてください。また60ｇ／袋の粉末初乳は１袋＝１Ｌとして計算してください。これが免疫的側面での「初生期の順調なスタート」である「最適な初乳マネジメント」となります。

図13　和牛子牛向け推奨初乳マネジメント

目標　血中IgG濃度　30mg／mL（生後24～48時間後）

方法		
	時間（Quickness）	：生後≦２時間１回目 生後≦６時間２回目
	質（Quality）	：IgG 濃度 60g／L以上
	量（Quantity）	：体重の5％（1回目） 体重の5％（2回目）
	衛生	：低細菌初乳を殺菌

誤解されがちではありますが、子牛が健康で活力がある限り、ボトル給与とストマックチューブによるIgG吸収率に差はありません。特に和牛におけるチューブに伴う注意点は、実際に対応できる上限を超えて初乳を入れることができてしまう点です。

筆者の自社子牛について上記の「最適な初乳マネジメント」をかなえた場合と、市場から導入した同じ日齢での子牛の血液中抗体価（抗体価＝病原微生物より身を守る武器）を比較したのが**図14**です。最適な処置が良い結果をもたらすことが明瞭であると同時に、市場に出荷する農家で実施されている初乳マネジメントに改善の余地があることも示されています。

図14　自社産子牛と市場導入子牛における各種疾病抗体価の比較

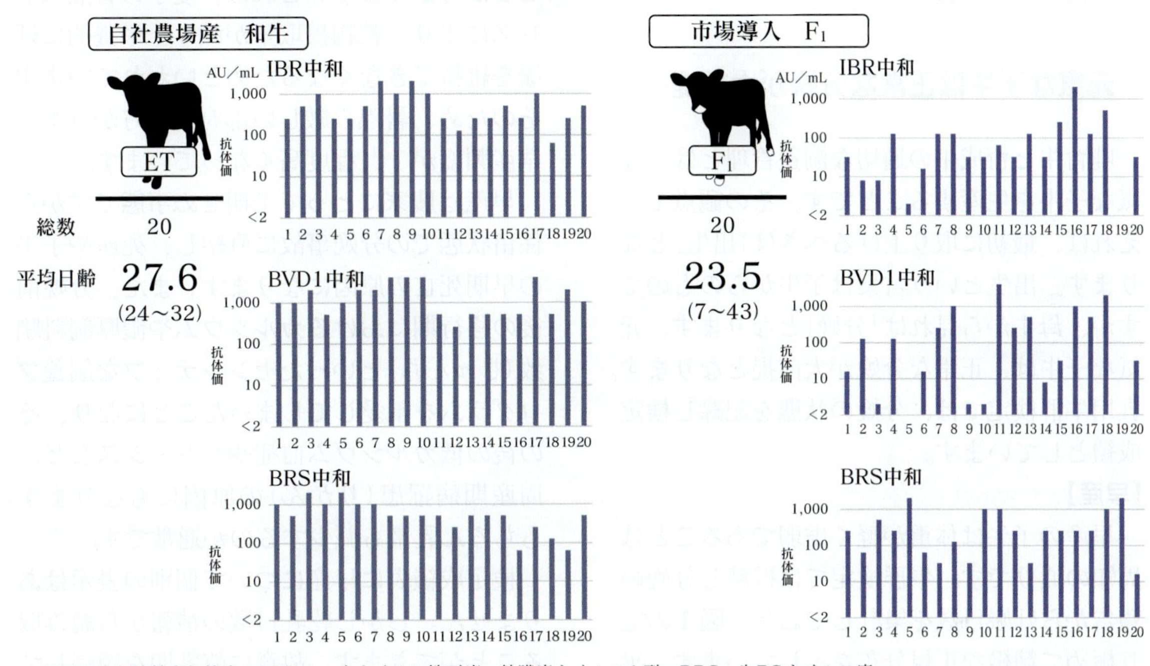

※IBR：牛伝染性鼻気管炎、BVD１：牛ウイルス性下痢・粘膜病ウイルス１型、BRS：牛RSウイルス病

⑨乳用牛群検定の活用

相原　光夫

乳用牛群検定は、月に一度専門の検定員が立会し、乳量や乳成分、授精、分娩などの情報を調査することで、飼養管理と経営改善に役立てるものです。本書のテーマとなる哺育・育成牛についても、牛群検定からたくさんの情報が得られます。

元気な子牛は正常な分娩が大前提

哺育牛と育成牛の適切な飼養管理とは、元気な子牛を生産することです。その観点で考えれば、最初に取り上げるべきは「出生」となります。出生という言葉は子牛からのものですが、母牛から見れば「分娩」となります。元気な子牛は、正常な分娩が大前提となります。乳用牛群検定では、分娩の状態を記録し検定成績としています。

【早産】

早産の子牛は体重が軽く虚弱であることは周知の通りです。牛群検定では授精と分娩の報告から妊娠日数を集計しており、**図1**の通り極めて精緻な正規分布を示しています。平均では278.8日と定説の280日とはわずかな差があり、標準偏差は4.63日となっています。

このことから、牛群検定において、標準偏差の２倍より広い10日間から外れる妊娠日数180～270日の分娩を機械的に「早産」としています（180日未満は「流産」）。産子の生死も問いませんので、獣医学的な定義による早産とは異なります。

図2、3に都府県と北海道での2019年から22年までの早産の推移を示しました。都府県と北海道ともに夏季に早産の発生が多いことが分かります。これは、夏季の暑熱ストレスにより、乾物摂取量が減り、栄養的に妊娠を維持できなくなるためといわれています。そのため、暑熱の厳しい都府県の方が夏季の早産頻度が１㌽程度高くなっています。

早産は農家にとって予期せぬ事態ですから、係留状態での分娩事故に直結し、死産や子牛の早期死亡の原因になります。また、分娩前後の移行期におけるカルシウムや濃厚飼料馴致（じゅんち）といったセンシティブな飼養プログラムを割愛してしまったことになり、その後の低カルシウム血症やケトーシスなどの周産期病罹患（りかん）の原因にもなります。もちろん乳量も減少するのが通常です。

検定成績表に早産について個別の表示はありません。しかし乾乳日数の情報から読み取ることができます。故意に乾乳期を短縮していなければ、乾乳日数が極端に短い場合、早産した牛か、分娩予定日を農家が誤認した牛ということになります。「故意」というケースがあるため、目安の値を示せませんが、早産の比率が高い場合は飼養管理改善が必要です。前述した通り夏季は早産しやすいので、乾乳牛にも暑熱対策が必要となります。

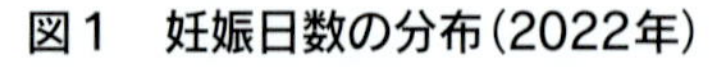
図１　妊娠日数の分布（2022年）

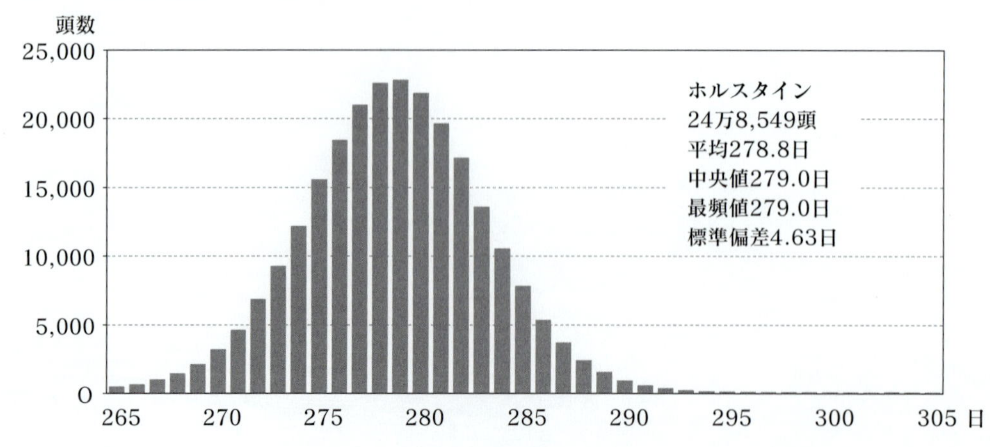

図２　早産の発生割合の季節変化（都府県）

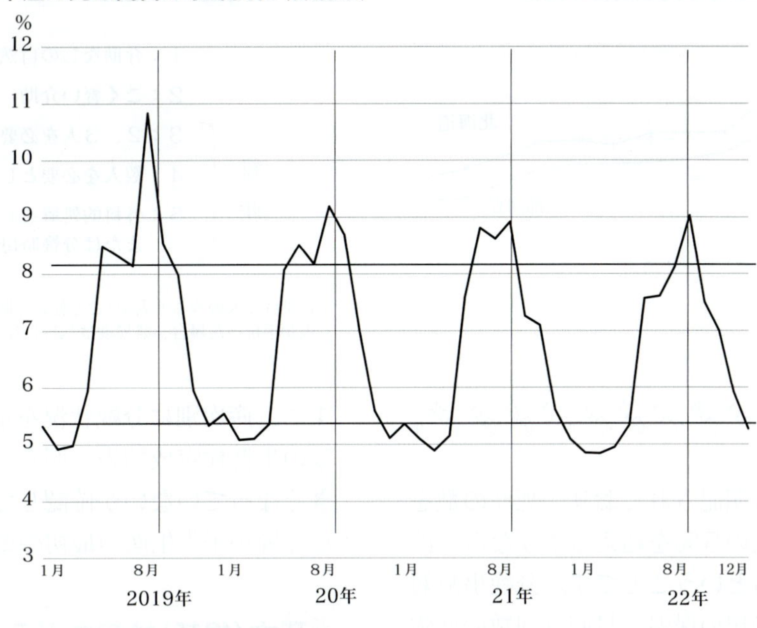

図３　早産の発生割合の季節変化（北海道）

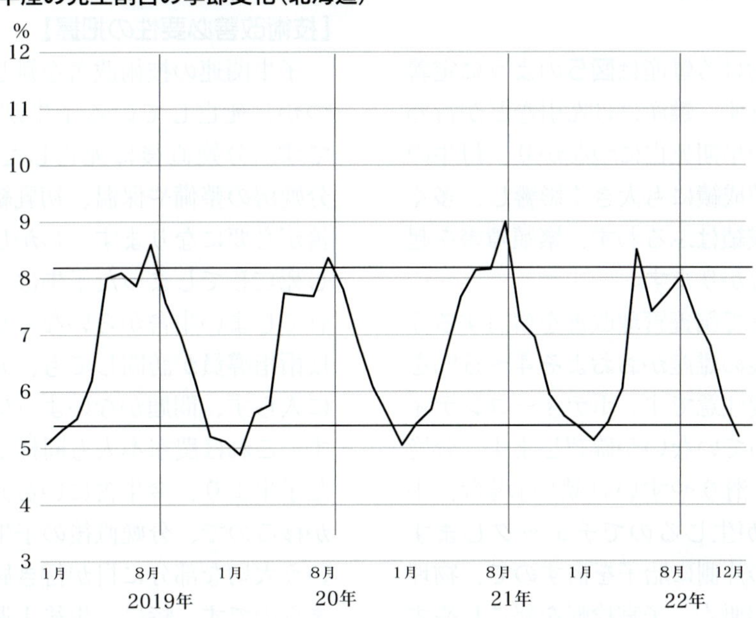

【死産】

死産を減らさなければ元気な子牛をたくさん生産することができません。死産には子牛の飼養管理上の大きな課題も隠れています。

牛群検定における死産報告は農家からの聞き取りで行います。農家が分娩立会すれば、死産は明確ですが、最近は頭数規模が拡大しているため分娩立会しない自然分娩が増える傾向にあります。そのため、分娩事故により子牛が死亡した場合でも、「死産」と報告されることがあるため、本来の獣医学的な死産とは異なります。近年の推移を次ﾍﾟ**図４**に示しましたが、北海道で死産が多い傾向があります。北海道では多頭化が進んでいることから自然分娩が多く、冬季の寒さも影響していると考えられます。

自然分娩の結果、生まれた子牛のケアが不十分で凍死してしまう例があります。この場合、本来の死産との見分けは難しいため、牛群検定では死産と報告されることになります。凍死のみならず、分娩直後のケアがないために死亡した子牛が死産となります。

グラフ上、死産はわずかながら年々減少し良い傾向にあるといえます。検定成績表に、

図4　牛群検定における死産割合の推移

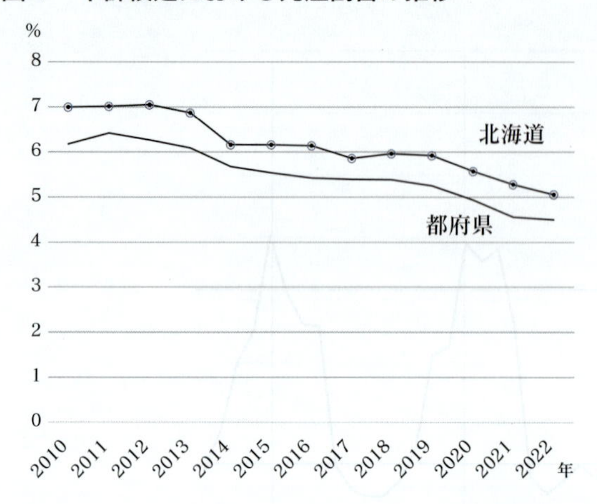

「死産」した牛は明記されており、死産の数を数えてグラフ上の5%を超えるようなら、改善の余地があるということです。分娩事故対策、冬季の分娩房の保温、見回り回数の増強などが必要になります。

【難産】

牛群検定における難産は**図5**のように定義付けされています。難産はけん引などが行われるため子牛の早期死亡につながり、母牛の泌乳成績や繁殖成績にも大きく影響し、多くの場合、泌乳成績はふるわず、繁殖障害を起こし淘汰につながります。

難産対策として飼養管理改善を検討する際は、検定成績表の難産がおおよそ4～5%を越えていたら要注意です。ボディーコンディションから太っていないか確認します。分娩房に関しては「滑りやすい」「狭い」場合、牛の起居に障害が生じるのでチェックします。牛は双角子宮の片側に胎子を宿すので、物理的にバランスが悪く、子宮捻転を起こしやすく、起居を繰り返すことで子宮捻転を自己予防しているといわれています。早過ぎるけん引も難産の原因の一つです。けん引技術のチェックも大切です。

分娩に立ち会わないと難産かどうか分かりません。人が介助しない「自然分娩」は、牛群検定において分娩難易1と最も難易度が低い分類として報告されます。多頭化した農場で前述したようにほとんど全ての分娩が分娩難易1とされている事例もあります。

【産次別分娩状況】

他にも双子や流産についても情報を収集しているので、必要に応じて活用できます。**表1**に、産次別に分娩状況を示しました。各農家の牛群検定成績表と照らし合わせて値が大きくなっていないか確認してください。正常な分娩が子牛生産の最初の要です。

図5　分娩難易の目安

1：介助なしの自然分娩
2：ごく軽い介助
難産 3：2、3人を必要とした助産
難産 4：数人を必要とした難産
難産 5：外科的処置を必要とした難産または分娩時母牛死亡

※作業者二人のうち一人が「ごく軽い介助」をしているのをもう一人が手伝った場合、難易度は「2」になるので注意が必要

死亡（損耗）情報をどう分析するか

【技術改善必要性の把握】

子牛関連の技術改善を難しくする要因の一つが、死亡している子牛が「見えない」ことです。分娩直後に死亡した子牛が多い場合、分娩房の整備や保温、初乳給与などの技術改善が必要になります。しかし、これらを失敗し死亡してしまった子牛は、すぐに片付けられてしまい牛舎からいなくなります。すると、技術指導員が訪問しても、元気な子牛しか目に入らず、問題がないように見えてしまいます。これは農家本人も同様で、死んでしまった子牛より、今牛舎にいる元気な子牛に関心が移るので、分娩直後の子牛の死亡（損耗）という大切な部分に目が行き届かなくなってしまうのです。特に、生後1週間程度で死亡した子牛は耳標が装着されない場合が多いため特別に調査しなければ、なかなか実態を把握できず、哺育・育成の技術改善の大きな足かせになっていました。

【推定新生子牛早期死亡】

表1の右端に「推定新生子牛早期死亡」という欄があります。これは隠れて見えない子牛の早期死亡を、牛群検定データを使って推定計算したものです。その概要を**図6**に示しました。

「牛トレーサビリティ法」により耳標の装着が義務化されてから、牛の異動や死亡については厳格に管理されるようになりました。し

表１　産子性別の産次別比率および分娩状況（2022年）

	産次	頭数（頭）	雄（%）	雌（%）	双子雄（%）	双子雌（%）	双子雄雌（%）	３子以上（%）	双子以上（%）	死産（%）	早産を除いた割合（%）	難産（%）	早産（%）	流産（%）	推定出生数（頭）	推定新生子牛早期死亡（%）
北海道	初産	107,647	29.90	63.24	0.19	0.30	0.24	0.00	0.75	5.86	4.01	4.42	6.69	0.22	100,924	2.28
	2産	93,428	40.22	51.99	0.90	1.07	1.41	0.02	3.38	4.07	2.40	3.17	6.83	0.20	91,477	2.19
	3産	67,620	41.85	48.66	1.21	1.35	1.94	0.03	4.53	4.58	2.63	3.45	6.28	0.20	66,781	2.65
	4産	42,442	42.70	46.81	1.42	1.33	2.21	0.01	4.97	5.20	2.97	4.16	6.48	0.15	41,860	2.85
	5産以上	40,914	43.50	46.02	1.19	1.24	1.92	0.05	4.39	5.80	3.54	4.60	6.40	0.15	39,908	3.00
	計	352,051	38.06	53.47	0.84	0.94	1.31	0.02	3.11	5.06	3.14	3.89	6.58	0.19	340,950	2.48
都府県	初産	45,150	33.90	60.68	0.09	0.21	0.17	0.00	0.48	4.66	1.06	3.12	7.89	0.89	42,326	3.99
	2産	39,984	43.13	49.72	0.75	0.99	1.26	0.02	3.01	3.83	2.21	2.27	6.80	0.81	38,738	4.02
	3産	29,656	43.63	47.68	0.99	1.21	1.71	0.03	3.96	4.41	2.51	2.48	6.17	0.57	28,822	4.27
	4産	17,359	44.40	46.48	1.15	1.13	1.77	0.01	4.07	4.77	2.68	2.62	5.95	0.55	16,894	4.32
	5産以上	16,480	45.12	45.08	0.94	1.25	1.67	0.01	3.88	5.56	3.34	3.16	5.76	0.50	15,849	4.77
	計	148,629	40.80	51.75	0.67	0.84	1.13	0.01	2.65	4.50	2.10	2.71	6.52	0.72	142,629	4.18
全国	初産	152,797	31.09	62.48	0.16	0.28	0.22	0.00	0.67	5.51	3.14	4.03	6.85	0.42	143,250	2.78
	2産	133,412	41.09	51.31	0.85	1.04	1.36	0.02	3.27	4.00	2.35	2.90	6.82	0.38	130,215	2.73
	3産	97,276	42.39	48.36	1.15	1.31	1.87	0.03	4.36	4.53	2.59	3.15	6.25	0.32	95,603	3.14
	4産	59,801	43.19	46.72	1.34	1.27	2.08	0.01	4.71	5.07	2.89	3.71	6.33	0.27	58,754	3.27
	5産以上	57,394	43.97	45.75	1.12	1.24	1.85	0.04	4.25	5.74	3.48	4.19	6.22	0.25	55,757	3.50
	計	500,680	38.87	52.96	0.79	0.91	1.25	0.02	2.97	4.89	2.83	3.54	6.57	0.35	483,579	2.98

かし、まだ耳標を装着していないうちに死亡した子牛については、出生報告が行われないことがあります。牛群検定にとって分娩年月日は乳量計算の起点になるので重要な成績です。子牛にとっては生年月日であり、牛群検定の分娩年月日と個体識別の出生年月日は基本的に一致します。もし、一致しない場合は子牛が１週間程度で死亡し、耳標を装着しなかった事例と推定されます。

表１の右端を見ると、１週間程度で死亡してしまう事例が北海道で２～３％、都府県で４～５％程度あり、母牛が高産次になるほど増える傾向が分かります。都府県においては、この推定新生子牛早期死亡は検定成績表に表示されています。子牛の生後初期手当の状況を数字で把握できますので、４～５％を超えている農家は子牛の初乳や保温などの初期手当の技術改善が必要です（北海道については成績表示されていない）。

図６　推定新生子牛早期死亡の概要

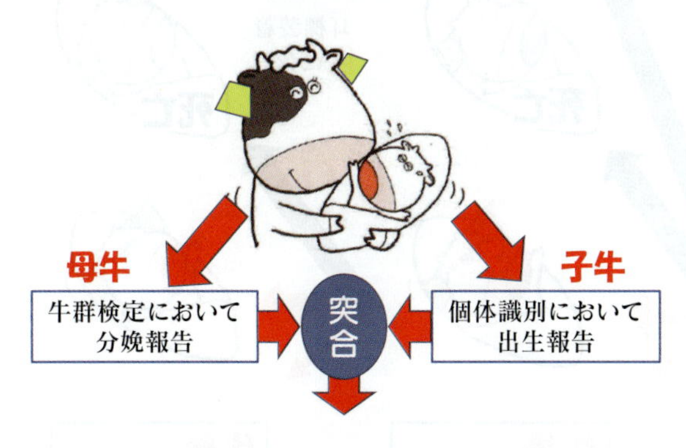

牛群検定の分娩報告（死産除く）があるにも関わらず、個体識別の出生報告がなければ、子牛は生後１週間程度の早期において死亡したと推定される。

【異動と死亡】

新生子牛早期死亡は耳標を装着せずに１週間程度で死亡してしまった子牛の推定値ですが、耳標を装着して早期に死亡した場合はどうでしょうか。牛群検定は個体識別情報と連携しているので、１カ月くらいまでの情報を得ることができます。ただし、異動して出ていった場合は除きます。結果を次㌻**表２**に示しました。雄子牛は以前から早期に出荷されていましたが、雌子牛も近年は哺育センターの普及からかなりの頭数が早期に異動していることが分かります。雌子牛に注目すれば、都府県で1.99％、北海道で4.13％の子牛が生後１カ月で死亡しています。

次㌻**図７**に示した通り、初乳による免疫は生後１週間程度まで有効で、その後急速に減退します。胸腺による免疫が有効となる生後１カ月までがハイリスクな期間となり、保温や換気、清潔な敷料といった哺育技術の基本を徹底しなければなりません。

都府県の検定成績では、１カ月齢までの死亡状況が成績表示されますので状況を把握して技術改善を図れます。北海道では成績表示されませんが冬季の保温が重要です。

早産、死産、難産なども含めて次㌻**図８**に死亡の分類を整理しました。死亡情報は、哺育を見直す際の基本となりとても大切です。

表2　乳用子牛の生後1週間・1カ月の管理状況（2022年）

区分 都府県	乳用雌牛					乳用雄牛		
	出生数	生後1週間		生後1カ月		出生数	生後1週間	
		異動	死亡	異動	死亡		異動	死亡
	頭	%	%	%	%	頭	%	%
都府県	49,599	2.74	0.61	5.88	1.99	24,092	4.94	1.10
北海道	154,503	10.10	1.34	20.34	4.13	90,952	20.84	2.40
全　国	204,102	8.31	1.16	16.83	3.61	115,044	17.51	2.13

図7　子牛の免疫機構のイメージ（出生後の推移）

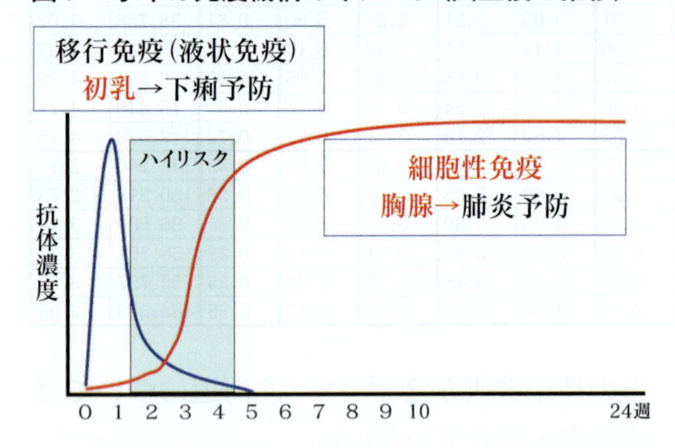

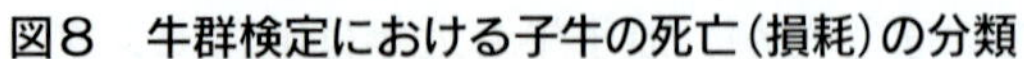

その他の検定成績の活用

牛群検定はどうしても搾乳牛中心となるので、哺育・育成牛への活用は限定的となりますが、その中でも有効なものを紹介します。

【初産牛の乳量】

図9に検定成績表で初産牛の乳量が極端に低い事例を示しました。初産牛の育成発育が不十分であり、発育が伴っていない状態で初回授精が行われたようで、初産分娩月齢が若いことが示されています。育成管理を再確認する必要がある事例です。

【体細胞数】

子牛の免疫の源となる初乳には豊富な免役成分が求められます。必ずしも分娩した母牛の初乳である必要はないので、凍結乳や発酵乳での保存が広く行われています。乳房炎を罹患している牛の初乳は、免疫成分が低いことが知られています。検定成績で「直近の乳期の体細胞数が低い」「漏乳していないか」「2産以上か」などの確認も必要です。

2024年から検定成績に「赤ペンによるコメント」が出力できるようになりました（図10）。この事例では、乾乳中で分娩が近いものの過去のデータを踏まえ、体細胞数が多く初乳と

図8　牛群検定における子牛の死亡（損耗）の分類

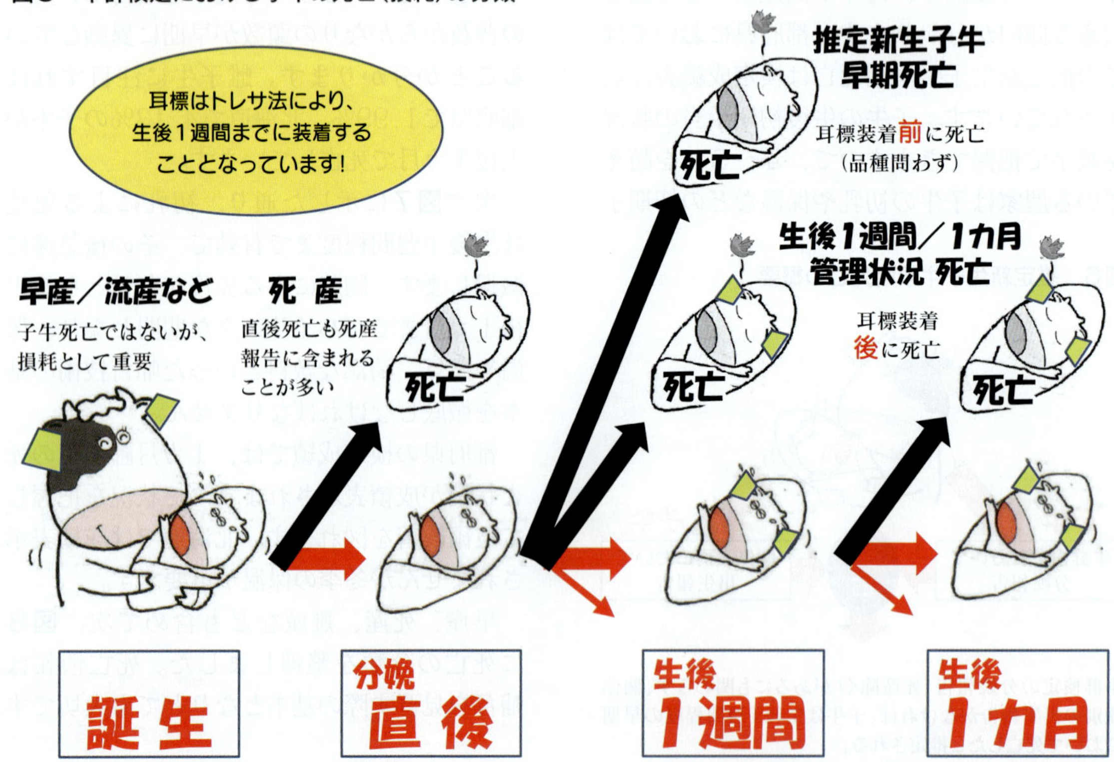

図9　分娩月齢が早く体も小さい初産牛の泌乳量が低い検定成績の事例

検定日乳量階層	頭数	1産 21日以下	1産 22日～	1産 50日～	1産 100日～	1産 200日～	1産 300日以上	2産以上 21日以下	2産以上 22日～	2産以上 50日～	2産以上 100日～	2産以上 200日～	2産以上 300日以上
		MAX:21.3 DAY:36 MID:19.5 LP:96.8						MAX:30.2 DAY:29 MID:22.9 LP:88.9					
55以上 Kg	頭	頭	頭	頭	頭	頭	頭	頭	頭	頭	頭	頭	頭
50													
45													
40													
35													
30	3									1	2		
25	4								1		3		
20	9			1	1					1	4	2	
15	21				2	4	3				4	6	2
15未満	8					1	1					1	5

年間305日成績	頭数	240～305日間 成績 乳量	乳脂率	蛋白質率	無脂固形分率	補正乳量
	頭	Kg	%	%	%	Kg
1　産	12	5813	4.00	3.37	8.80	7175
2　産	15	6697	3.79	3.32	8.74	7498
3産以上	14	6993	3.94	3.26	8.59	7218
平均又は合計	41	6539	3.90	3.31	8.70	7308

平均		直近体重	BC管理
未経産		Kg	
泌乳	1　産	495	
	2　産	581	
	3産以上	668	
乾　乳			

初産分娩月齢	21以下	22～	24～	26～	28～	30以上	初産分娩月齢（予定）
	1 頭	8 頭	3 頭	頭	頭	頭	23（　）

図10　赤ペンコメントの事例（体細胞数が高いため初乳としては不適切）

検定成績表（個体検定日成績）

検定年月日	前回検定より
2024 年 05 月 28 日	35 日

品種構成（未経産含む）
(H) ホルスタイン　：　39
その他の品種　：　0

搾乳日数45日目と150日目に太実線を表示　※1 未経産の場合，検定日の年齢（歳-月）を表示
※2 未経産，除籍牛の場合，それぞれ検定日，除籍日の日齢を表示

牛コード	分娩 年月日	産次	※1 産子性別（歳-月）	難易	搾乳又は乾乳日数 ※2	乳量(kg) 今月 1回	2回	合計	標準乳量	前月	前々月	乳脂率(%) 前月	今月 3.5	蛋白質率(%) 今月 3.0	前月	無脂固形分率(%) 今月	前月	前々月	個体識別番号（*は無登録牛） 品種
2906	221116	7	♂	1	37	24/04/22		乾乳		乾乳	休止								*33333 2906 8 H
3030	230116	5	♂	1	58	24/04/01		乾乳		乾乳	▼4.4								
2890	210302	7	♂	1	534	22/12/12		乾乳		乾乳	乾乳								

乾乳前に乳房炎でした。乳房炎が再発しないように経過観察してください
乳期を通じて体細胞数が高かった牛なので、子牛への初乳給与は注意が必要です

して不適切であることを指摘しています。

生乳生産は乳量や乳成分といった目安となる客観的指標があり、農家自身が技術改善の必要性を感じ取ることができます。しかし、哺育育成は指標が得づらく、良しあしを判断できないため、その必要性を感じるのが難しいものです。そうした中で、牛群検定から得られる子牛の死亡を技術改善の指標とできる旨を紹介しました。ぜひとも牛群検定の活用をお願いします。

⑩アニマルウェルフェアに基づく管理

泉 賢一

子牛を管理するに当たり、アニマルウェルフェア（動物福祉）を意識する場面は大きく３つあると筆者は考えています。一つ目は飼料給与、二つ目は飼養環境、三つ目は母子や子牛同士の社会性です。三つ目については近年、欧米を中心に注目が高まっており、生産現場での導入も始まっているようです。

本題に入る前にアニマルウェルフェアについておさらいします。一般には、動物に対して❶飢えと渇きからの自由❷不快からの自由❸痛み・傷害・病気からの自由❹恐怖や抑圧からの自由❺正常な行動を表現する自由—という５つの自由を与えることが必要とされています。通常の管理をしていれば、子牛に対して❸や❹の自由を奪うことはないでしょう。ですが、❶❷❺についてはどうでしょうか？現場を回っていると、これらの自由は担保されているだろうかと思うときがあります。

飼料給与との関係

まずは❶に関係する飼料給与について考えてみましょう。子牛の飼料にはミルク（液状飼料）、スターター・乾草（固形飼料）があります。ミルクについては、例えば親付けして自由に飲ませてやると、摂取量は１日10Ｌ以上になるといわれています。従って、従来のように１日４Ｌだと飲み足りないといえそうです。2021年に発刊されたアメリカの乳牛飼養標準「NASEM2021」では、子牛に対する哺乳量の推奨値が記載されています。そこでは、最低ラインとして１日８Ｌ以上を示していますが、これは子牛のウェルフェアを考慮しているからです。

哺乳量以外にも、バケツでのがぶ飲み哺乳でむせてせき込んでしまう、代用乳の溶解濃度が不適切で下痢をしてしまう、といったようなこともウェルフェア的に問題があるといえそうです。筆者が最も問題だと思うのが、水や餌のない環境です。ミルクを飲ませているから固形飼料や水は必要ないというのは人間側の思い込みにすぎません。ルーメンの健全な発達を促すためにも、子牛が欲するときにはすぐに口にできる所に固形飼料や水を置いておきたいものです（**写真１**）。

図１に、筆者の酪農学園大学ルミノロジー研究室と同獣医学類の福森理加准教授（ハードヘルス学ユニット）のチームで、哺乳子牛の飼養試験をした際の飼料採食量の変化を示しました。代用乳の給与量がピークを迎えた40日齢ごろから、スターターと乾草の摂取量が増え始めるのが分かります。固形飼料を食べると、ルーメン内に水分が必要になりますので、この頃から飲水量も急増します。このグラフを見ると、量は少ないものの生後10日を過ぎると固形飼料の摂取が始まっていることが分かります。生後１週間を過ぎたら、代用乳以外の固形飼料と水を常備したいところです。

最近の飼料費高騰のあおりを受け、子牛にスターターではなく育成用や搾乳牛用の配合飼料を与えている酪農家もいるかもしれません。これらはスターターと異なり、でん粉含

写真１　スターター、乾草、水を常備した飼養環境

図1 子牛の日齢ごとの飼料摂取状況

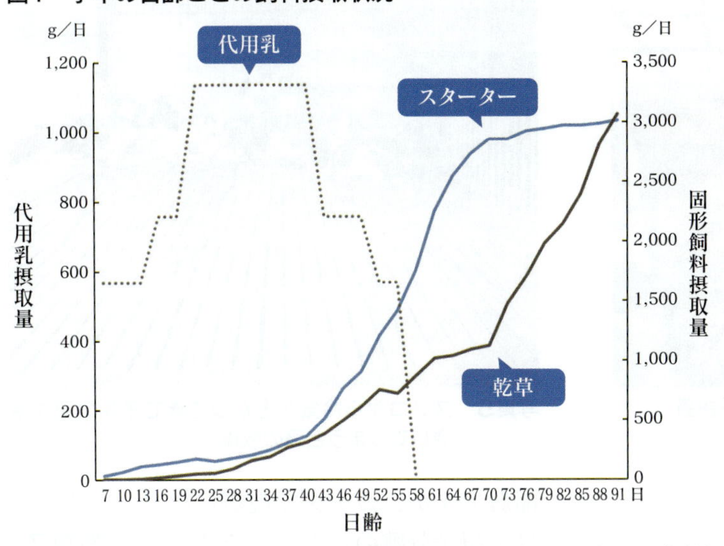

（佐藤ら、2021〈日本畜産学会第129回大会〉）

量が高い傾向にあります。若牛や成牛はルーメンがしっかり成熟しているので、高でん粉飼料の消化・吸収が可能です。しかし、ルーメンが未熟な子牛に与えてしまうと過剰な発酵を起こし、重度のアシドーシスになるリスクがあります。その他にも、スターターにはバイパス（ルーメン非分解性）タンパク質やビタミンといったルーメンが未完成な子牛に必要な成分が含まれています。子牛専用の餌というのは、当然のことながら子牛のことをしっかり考えられてつくられています。スターターは高価でコスト的にきついかもしれませんが、子牛を健康に育てるための投資と考えましょう。

飼養環境との関係

環境面については、換気システムによって新鮮な空気を与えると同時に、夏場の暑熱、冬の寒冷ストレスをいかに緩和するかに尽きるのではないでしょうか。百聞は一見にしかずで、**写真２**を見てもらえたら、筆者が伝えたいことの大半は理解いただけると思います。見事に空調が整い、完璧な換気システムを有する哺育舎です。暑熱対策もバッチリだと思われます。猛烈な寒さをしのぐためにも北海道の酪農家はさまざまな工夫を凝らしています。**写真３**は子牛ペンスペースへの隙間風を防ぐため、シャッターにじゅうたんをかけた例です。次ページ**写真４**は本学の冬の哺育舎で、サークルの乳牛研究会に所属する学生たちが隙間風をしのぐ仮設スペースをつくっています。このように環境の変化に対応するのが苦手な子牛の住環境を整えることは、アニマルウェルフェアに配慮した飼養管理といえるでしょう。

一方、南国の台湾でさえも子牛は寒冷ストレスを感じるようです。次ページ**写真５**は１月に台湾の酪農場を視察した時のもので、多くの子牛がせきを連発しており、呼吸器病のまん延が疑われました。原因は寒さのようです。高床式のスノコ施設で、除糞はしやすいのですが、底から冷気が上がり子牛の腹を冷やしていました。子牛が寒さを感じるストレスは、単純な気温だけではないことを知っておきましょう。－20℃でも寒さのストレスをそれほど感じないかと思えば、プラスの気温でも冷たい隙間風が断続的に入ってくると呼吸器病を発症するケースもあるのです。

写真２ 換気システムが整備された哺育施設

写真３ 隙間風対策でじゅうたんをかけたシャッター

写真４　子牛ペンの中に隙間風を防ぐ囲いを設置

写真５　スノコから冷気が上がってきて子牛の腹を冷やしてしまう台湾の牧場

子牛の社会性との関係

子牛の社会性とアニマルウェルフェアの関係について考えてみましょう。酪農場で出生直後の子牛は個別飼養方式が一般的です（**写真１**）。これは日常的に母子が分娩直後に分離されることを意味します。よく考えると、哺乳動物の子どもが母親の母乳を飲まないで育つ、つまり人工哺乳が当たり前になっているのは酪農以外では珍しいことです。

例えば動物愛護管理法では、子犬は生後56日以内での販売が禁止されており、裏を返すとそれまでは母子一緒に飼養することが法律で定められています。童謡の「おうまのおやこはなかよしこよし」も母子同居飼養を歌ったものですし、豚やめん羊、一部の肉牛でも子畜は親付けされて哺育期を過ごします（**写真６**）。酪農は生乳を販売するという根源的な「縛り」があるため、子牛は親から離して人の手で哺乳するという独特な慣習が定着してきました。ちなみにヤギ乳生産も立派な酪農ですが、カナダで視察したヤギ酪農場では、母子分離のロボット哺乳でした（**写真７**）。

酪農の、いわば宿命ともいえる早期の母子分離飼養に対し、近年一石を投じる動きが欧米を中心に起きています。例えば、「Separation of calf from its mother（子牛を母牛から引き離すこと）」とグーグルで検索すると、母子分離に対して批判的なサイトが並びます。母牛と子牛を一緒に飼っている牧場もネット上で紹介されています。このような潮流を受け、母子同居や群飼養は欧米の研究でもホットトピックスになっています。

オランダのWenkerら（2022）のグループは❶従来型の分娩直後からの完全母子分離❷柵越しに親が子を眺めたりなめたりできるが授乳はできない部分同居（**写真８**）❸親子が同じ場所で飼われる完全同居―という３区分で母子の成績を検討しました。３グループとも同じ代用乳を給与し、完全同居群のみ子牛は母牛の母乳を自由に摂取できます。結果を見ると、当然のことながら発育は完全同居群が他よりも勝っていましたが、親との同居の度

写真６　乳牛以外で母子同居は珍しくない

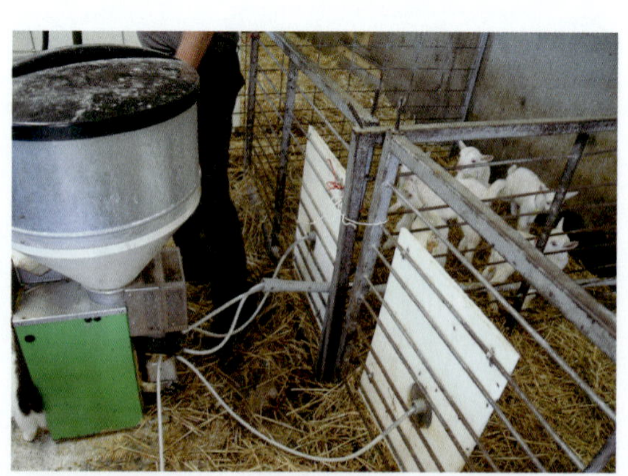
写真７　カナダのヤギ酪農場でのロボット哺乳

写真８　柵越しに親子が接触できる部分同居（Wenkerら〈2022〉）

合いが増すにつれ子牛の有病率は高まる傾向にありました（**表**）。親牛の分娩房や敷料の衛生状態が子牛に悪影響を与えたと考えられます。抗生物質を使い治療した割合は、完全分離と比べ完全同居の子牛で高い傾向でした（完全分離10頭中０頭、完全同居20頭中６頭、Ｐ＝0.07）。

母子同居で疾病発症率が高まることは、他の研究でも報告されています。オランダの研究チーム（Webbら、2022）によると、母子同居によって子牛の多くは生後３週目で発熱、５週目で疾病の兆候を示し、感染を表す指標である白血球数も高くなりました。

母子同居は、出荷乳量についても懸念があります。スイスの研究チームは、母子分離と終日母子同居、ミルカ搾乳前の数時間のみ母子同居、搾乳後の数時間のみ母子同居の４グループで乳量を比較しました（**図２**）。当然ながら、終日あるいは搾乳前の子牛の親付けはミルカでの搾乳量は大きく減りました。母子同居によって出荷可能な乳量が減少することは、先に紹介した論文でも同様でした。さらに、乳脂率が低下したり、乳房炎で抗生剤治療を受ける比率が高まるという報告もあります（Wenkerら、2022）。

これらの結果を見ると、「福祉の観点から子牛を母牛と同居で飼養することにはメリットとデメリットの両方があるのではないかと思われる」（Webbら、2022）という考えに、筆者も同意せざるを得ません。

一方、消費者心理という側面も考える必要があります。アメリカで平均年齢11歳の若者を対象に子牛の飼養環境についてアンケート調査が実施されました（Perttuら、2020）。その結果、子牛の個別飼養の支持率（5.6％）は集団飼養（80.1％）やペア飼養（14.3％）より圧倒的に低くなりました。このような消費者心理をキャッチして、母子同居とアニマルウェルフェアを積極的にPRした攻めの経営戦略も出始めているようです。その例として、イギリスのガーディアン紙で、母子同居を売りにして高付加価値乳製品を販売している牧場が紹介されていました。

子牛の病気を減らすため、出生直後から母子分離飼養することは生産性の面からは「正しい」のかもしれませんが、消費者にそっぽを向かれては酪農産業の持続性はありません。母子同居飼養はメリット・デメリットに加え、消費者と酪農場の関係といったさまざまな要因が複合的に絡んだテーマです。しばらくは注目が高い分野といえるでしょう。

表　母子同居の有無による子牛の発育と有病率への影響

	母子分離	部分同居※	母子同居
日増体重（kg／日）	0.72[a]	0.75[a]	1.03[b]
有病率（％）			
目やに	0.0[a]	16.7[a]	70.0[b]
せき	40.0	44.4	40.0
臍（さい）帯炎	10.0	27.8	30.0
新生子下痢	80.0	83.3	80.0

a,b: 異符号間に有意差あり（Ｐ＜0.05）

（Wenkerら〈2022〉を一部改変）

図２　母子同居の有無と搾乳１回当たり乳量の関係

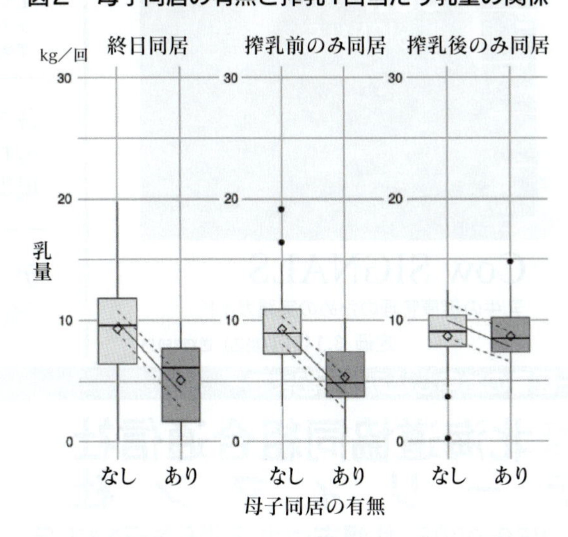

（Rellら〈2024〉を一部改変）

第Ⅴ章 ICT機器の有効活用

第V章

ICT機器の有効活用

❶行動モニタリングシステム（MSDアニマルヘルス㈱、センスハブ ヤングストック）

丸山　浩二

酪農場にとって子牛は経営を支える資源であり、その管理を適切に行うことは将来に向けた重要な投資となります。子牛は酪農経営に直接貢献しませんが、育成を失敗することは大きな経済的損失となります。

出生直後から離乳・育成期は、個別飼いから群飼いへの移行、ミルクから固形飼料への移行など、子牛に大きなストレスがかかる時期であり、下痢や呼吸器病に罹患（りかん）するリスクは高くなります。この時期を健康に乗り切れるかどうかは将来の生産性に大きな影響を与えることも知られています。このため、疾病の早期発見・治療は子牛の損耗を最小限にするためにも重要となります。

2024年4月販売開始　子牛向けに設計されたシステム

疾病の早期発見・治療は子牛管理の基本ですが、多くの作業を抱える農場スタッフにとって全ての子牛を観察し、調子の悪そうな牛を見付けることは容易ではなく、見逃してしまうこともあるでしょう。

当社はセンスハブ デイリー ヤングストック（以下、センスハブ ヤングストック）を2024年4月に販売開始しました。センスハブ ヤングストックは、これまで800万頭以上の乳牛をモニタリングしてきたテクノロジーを利用して、子牛（ヤングストック）向けに設計されたモニタリングシステムです。センスハブ ヤングストックは24時間365日子牛を自動でモニタリングし、疾病によって行動・反すうに異常が生じた可能性のある子牛を速やかに特定します。農場スタッフは注意を注ぐべき子牛を把握できるため、子牛管理の作業効率向上が期待できます。

全体のシステムはセンサー、コントローラーおよび子牛用アプリケーションで構成されています（**図1**）。センサーは耳に装着するタグ型で、重さは25g。LEDライトが内蔵され、注意が必要な子牛をライトの点滅で知らせます。

モニタリングは出生直後から可能で、12カ月齢まで対応します。成牛用アプリケーションを追加することで、同じセンサー、コントローラーで未経産牛、乾乳牛、搾乳牛の繁殖・健康モニタリングも可能になります。本システムを導入することで、出生直後から搾乳牛まで全てのライフサイクルをカバーできるようになります（**図2**）。

測定対象には活動量のみならず反すう、哺乳・採食行動も含まれ、これらの数値をベー

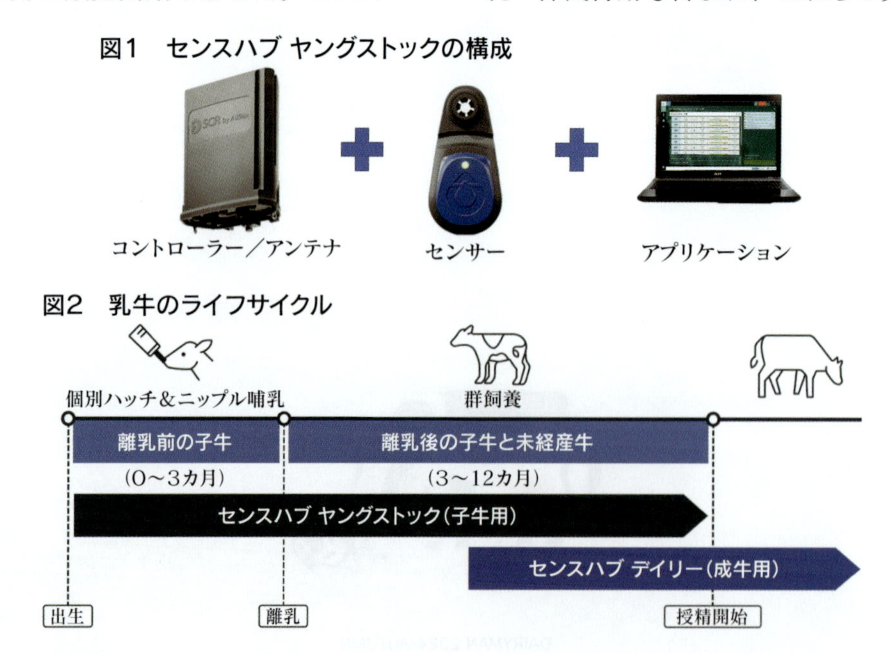

スに当社独自の指標「健康インデックス」を提供。健康インデックスは100点満点を基準として子牛の健康状態を点数化したものです。なお、本システムの哺乳期モニタリングは、ニップル哺乳（哺乳瓶またはニップル付きバケツ）のみに対応しており、バケツでのがぶ飲みには対応していないため注意が必要です。

健康インデックス86点になるとモバイル機器に通知

使い方はとても簡単です。コントローラーやアプリケーションの設定は当社担当者がサポートするため、農場スタッフは特別な作業を必要としません。設定が完了したら、子牛の耳にセンサーを取り付けることでモニタリングが開始されます（**写真1**）。生後5日未満で装着すると27時間後には健康インデックスが確認でき、生後5日以降だと7日間程度を要します。

下痢や肺炎などによって子牛の健康状態に

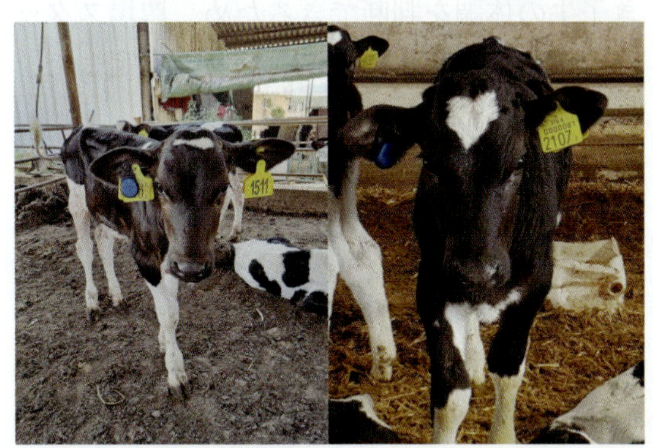

写真1　センサーの装着例

変化が生じ、健康インデックスが86点以下になると、アプリケーション上の「レポート」にリストアップされ、76点未満になると赤字で表示されます（**図3**）。レポートにリストアップされるとモバイル機器にアラートが届くので、いつでもどこでも子牛の状態を把握できます。同時に耳タグのLEDが点滅するので、注意すべき牛を現場で簡単に見つけることができます。スタッフはその子牛が下痢や発熱をしていないかチェックし、必要に応じて治療すればよいのです。

活用事例とユーザーの声

国内外の三つの活用事例を紹介します。

一つ目はアメリカの大規模農場（搾乳牛約5,500頭）です[1)]。本農場は1,000頭近くの子牛を飼養しています（次ページ**写真2**）。子牛の健康管理は目視に依存しており、全ての子牛を毎日観察し、呼吸の荒さ・頭部の下垂・下痢といった症状を確認しています。スタッフの疾病を見付ける技術・能力は高いものの、見逃すことも当然ありました。一方、本システム導入後は健康レポートにリストアップされる30～50頭のみを観察すればよくなり、作業効率が大きく改善されました。体調の変化を早期に発見できるようになったことで疾病が慢性化するケースも少なくなりました。

二つ目はスペインの大規模農場（搾乳牛約4,000頭）です[2)]。本農場では専属の獣医師が毎日、全ての子牛を観察し、健康状態の悪

図3　注意すべき子牛をリストアップする「健康レポート」のイメージ

Young Stock Health | 27 out of 27

Last Updated: a few seconds ago

Animal ID	Group	Status	Age In Days	Daily Rumination	Health Index
29689	19 Hutch Calf Hosp	Heifer	11	0	67
29690	19 Hutch Calf Hosp	Heifer	11	4	68.5
29672	19 Hutch Calf Hosp	Heifer	15	0	71.7
29700	22 Hutches	Heifer	7	7	72.4
29645	19 Hutch Calf Hosp	Heifer	31	84	75.1
29625	22 Hutches	Heifer	42	3	75.3
29708	19 Hutch Calf Hosp	Heifer	7	9	75.6
29268	22 Hutches	Heifer	174	0	75.7
29480	23 Group Housing	Heifer	118	192	76.5
29455	19 Hutch Calf Hosp	Heifer	124	224	77.4
29440	23 Group Housing	Heifer	127	299	79.5
29707	19 Hutch Calf Hosp	Heifer	7	4	79.5
29687	19 Hutch Calf Hosp	Heifer	11	0	79.8
29486	22 Hutches	Heifer	116	57	81.3
29463	19 Hutch Calf Hosp	Heifer	120	0	81.8

About | English (US)

い子牛を特定・治療しています。この事例では、約800頭の子牛を半分に分け、試験群とした約400頭に本システムを使用し、健康レポートにリストアップされた場合のみ獣医師が観察、必要に応じて治療する方針としました。獣医師による観察（通常管理群：約400頭）とセンスハブ ヤングストックによるモニタリングを比較したのです。

出生直後から８カ月齢まで試験したところ、哺乳期試験群では通常管理よりも早期に調子の悪い子牛が特定され、呼吸器病による治療率が高くなりました。また、離乳時に肺超音波検査を実施したところ、試験群の方が通常管理群よりも肺の状態が良く、全期間を通して子牛の死廃率は低くなりました（通常管理群2.7％、試験群1.0％）。センスハブ ヤングストックは健康状態が悪化した可能性のある子牛を早期に特定し、結果として子牛の死廃率低下に貢献したのです。

写真２　本システムを利用するアメリカの大規模農場

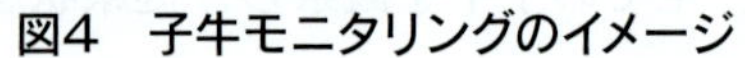

三つ目は日本の北関東地方にある酪農場（搾乳牛約150頭）です。本農場では哺乳担当者が約30頭の子牛を毎日午前２回と午後２回の計４回、注意深く観察することで疾病の早期発見・治療を実践していました。しかし、ロボット哺育舎での下痢や発熱の発生に苦慮していました。そこで、センスハブ ヤングストックによる要注意子牛のリストアップと哺乳担当者による早期発見の相関を確認したところ、90％程度の割合で同じ牛を特定できました。哺乳担当者からも「兆候を正確につかみ、精度の高いシステムと感じています。特に、分娩が重なり子牛の管理が大変な時期、冬の疾病多発時期に役立ちそうです。農場によっては人手不足もあると思うので、そのような農場ではもっと有効に活用できるのでは」と好評価を頂いています。

酪農場にとって人材の確保・育成は大きな課題であり、担当者による技術レベルのバラツキに悩むことも多いと思います。センスハブ ヤングストックは客観的なデータに基づき子牛の体調を判断できるため、農場スタッフの技術の平準化にもつながり、安定した子牛管理に貢献できるでしょう。

反すうレベルの測定

センスハブ ヤングストックの特長の一つとして反すうレベルの測定があります。この機能に興味を示す人が多いので、事例を紹介

図4　子牛モニタリングのイメージ

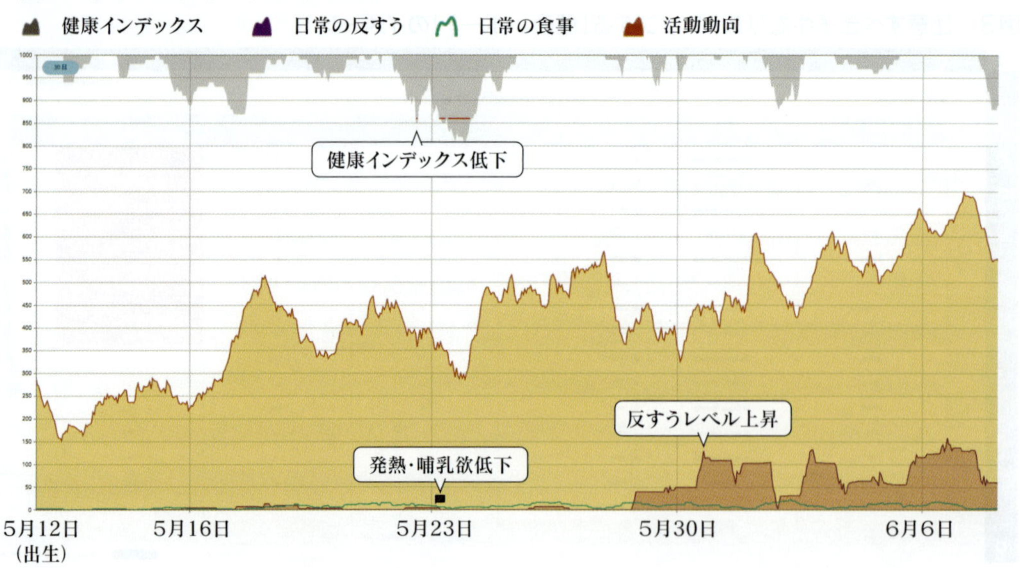

します。

図4はある子牛の活動量、反すう、健康インデックスを経時的に示しています。12日齢に健康インデックスが低下しました。子牛の様子を確認したところ、発熱および哺乳欲低下があり3日間治療しました。その後、活動量の増加とともに健康インデックスは回復しました。20日齢ごろから反すうレベルも上がり、健康インデックスの大きな低下も見られなくなりました。これは子牛がスターターや粗飼料を食べ始める時期と一致しており、その後、下痢の発症も少なくなりました。

一方、適切な離乳時期を判断するのに、反すうモニタリングを活用できないかという問い合わせを受けることもあります。残念ながら現時点では学術的に評価したデータはありませんが、今後システムに組み込むことができるか検討していきたいと考えています。

世界各国でセンスハブ ヤングストックの使用が始まっており、今後さらに活用事例が増えていきます。さまざまな事例を蓄積し、それをフィードバックすることで子牛管理の改善に役立てると考えています。

乳牛向けのサービスとして、今後は乳量および乳成分を測定できるIn-line Milk Plus Meterなど、搾乳データのモニタリグシステムの導入も予定しています。行動モニタリングだけではなくミルキングモニタリングも加わることで、多様なニーズを持つ酪農場の皆さんに課題解決策をお届けできるようになります。今後の展開にもぜひご期待ください。

本製品は、動物の病気の診断、治療、治癒、予防を目的としたものではありません。動物の病気の診断、治療、治癒、予防については、かかりつけの獣医師にご相談ください。本製品を通じて収集および表示されるデータの精度は、医療機器や科学測定機器のデータの精度と一致することを目的としたものではありません。

【参考文献】

1）MSDアニマルヘルス㈱社内資料
2）T, Carolina et al., Comparative use of Automated Behavior Monitoring System versus on-Farm Standard Operation Procedure for youngstock health in a commercial dairy farm, World Buiatrics Congress 2024

❷行動モニタリングシステム（デザミス㈱、U-motion®）

岡田 朋恵

近年、子牛管理にまつわる情報が広まり、それに伴って子牛専用のICT機器もかなり普及してきました。最新技術を搭載したICT機器であっても、その特徴を理解した上で導入・利用することが求められます。本稿では、行動モニタリングシステムの一例として、デザミス㈱が販売するU-motion®（ユーモーション）の有効活用法を紹介します（**写真1**）。

牛の行動を可視化するU-motion®

【概要】

U-motion®は24時間365日牛の行動を観察する行動モニタリングシステムです。農家の負担を軽減し、経営改善に貢献するため、2016年に販売を開始しました。牛の頸または耳[1]に装着されたセンサーが牛の動きを捉え、取得した行動データをAIが分析して、さまざまなグラフで牛の行動を可視化します。疾病傾向や発情兆候などの異変を検知した際は、PCやスマートフォンにアラートが届きます。

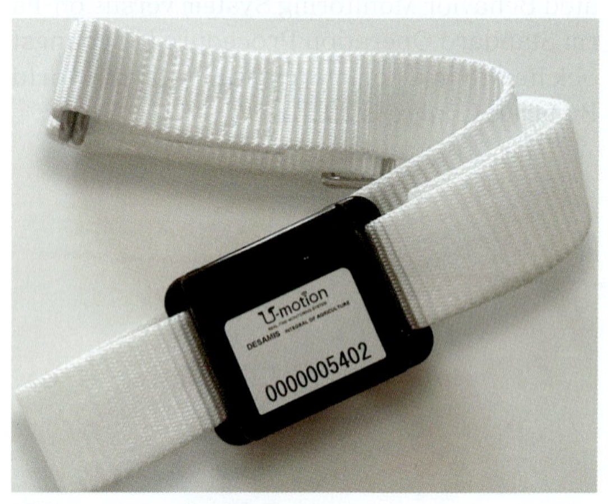

写真1 U-motion®のセンサー

装着対象は幅広く、乳牛・肉牛ともに、子牛から成牛までどのステージにも装着可能です。台帳機能を備えたソフトウェアに牛の基本情報やメモ、治療履歴などの情報を自由に登録することもできます。

【取得するデータとその表示方法】

観察するのは牛の行動時間で、全ての畜種において採食、動態、起立（反すう）、横臥（おうが、反すう）、起立（非活動）、横臥（非活動）という６種類のデータを取得します。

取得データは、１日のうち各行動が累計何分確認されたかを積み上げ形式で表す「活動量グラフ」（**図1**）や、いつどのような行動を行ったかを表す「タイムバジェット」（**図2**）などで、いつでも確認できます。

【アラートの仕組み】

個体内で活動量に異変があったと判定された際にアラートが発報されます（**図3**）。乳牛で発報される主なアラートは発情兆候、疾病傾向、乳量低下[2]、採食低下、横臥増加の５

図1 活動量グラフのイメージ

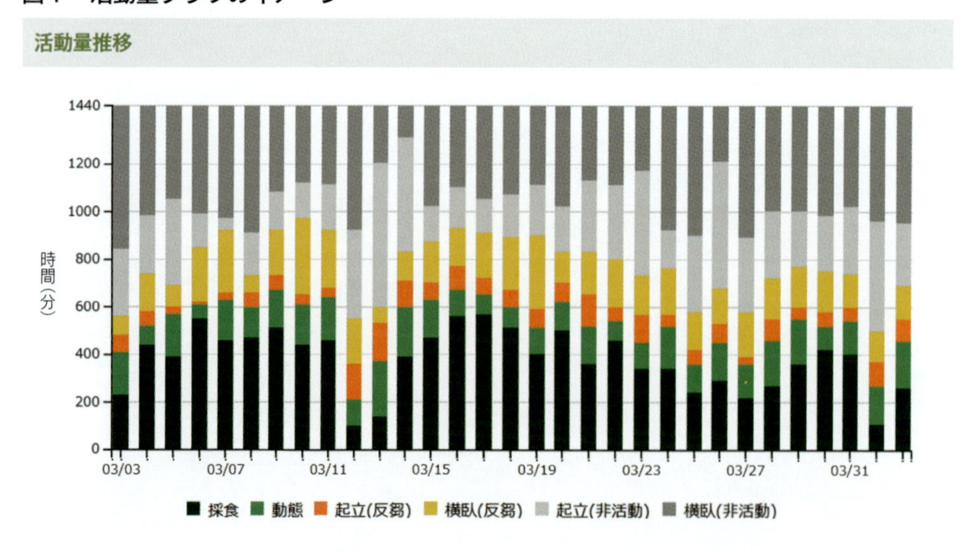

種類です。分娩センサー[3]を利用中の場合は分娩兆候を知らせるアラートが加わります。

U-motion calf（子牛モード）使用時の留意点

【概要】

哺育牛の健康状態については、採食時間の代わりに、動きの活発さ（動態）を主な指標として分析しています。子牛の体調不良は、活発に動く時間の減少に表れやすいためです。採食低下アラートに代わって、「動態（強）低下アラート」が発報されるようになります。使用するセンサーやソフトウェアは成牛用と変わりません。

成牛同様、24時間常にデータを取得し続けるため、元気に見える子牛の隠れた体調不良や、牛舎にいない間の急激な変化を見つけるのに役立ちます。例えば、子牛は体調が悪くても人が来ると元気に動き出すことがあります。その時に咳や下痢などの症状が見られなければ、体調不良の見落としにつながりかねません。このような時も、本システムを利用すれば、過去にさかのぼって行動記録を確認できます。

センサーを装着した後は見るべきポイントを押さえることで、より効率的に行動を把握できます。生後0日目にセンサーを装着した[4]と仮定して、活用方法を紹介します。

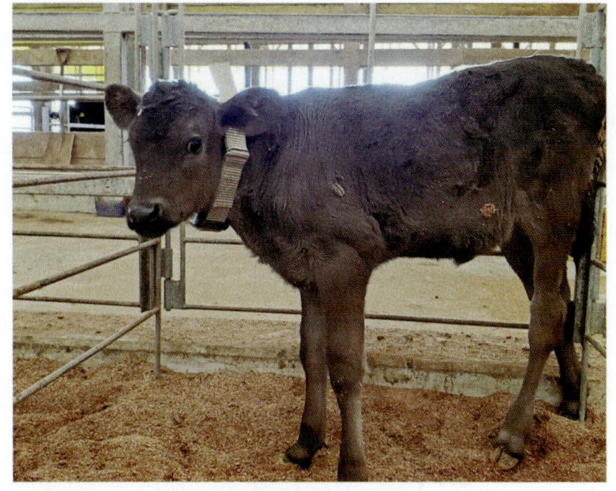

写真2　U-motion®を装着した子牛

【出生時】

分娩予定日の1週間ほど前から母牛の尾に分娩センサーを装着しておくと、分娩兆候（分娩時に尾が上がる動き）が検知され、アラートが発報されます。分娩のタイミングを早期に把握できることで、難産による分娩事故や死産を防ぎ、迅速な産後処置に備えることができます。生まれた子牛には、成牛と同様に、頸にセンサーを装着してください（**写真2**）。

【生後1週間】

センサー装着後約1週間、すなわち生後5～7日齢ごろまでは、データ蓄積期間に該当するため、アラートが発報されません。よっ

図2　タイムバジェットのイメージ

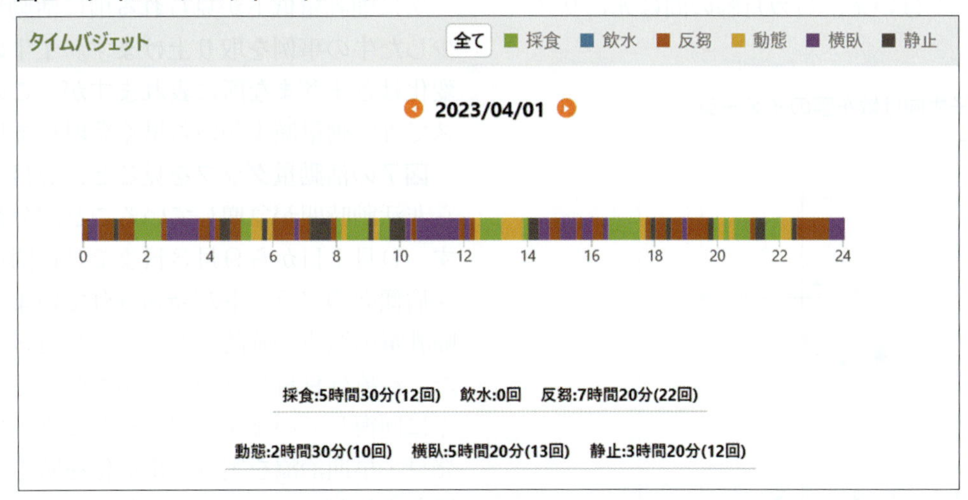

図3　ソフトウェアに表示されるアラート一覧

図4　成牛向け散布図のイメージ

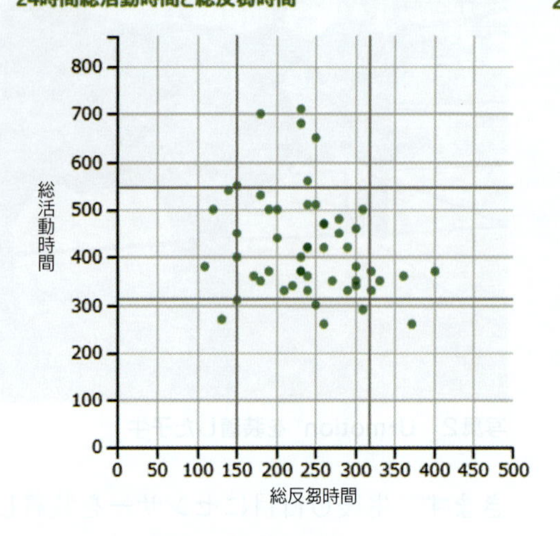

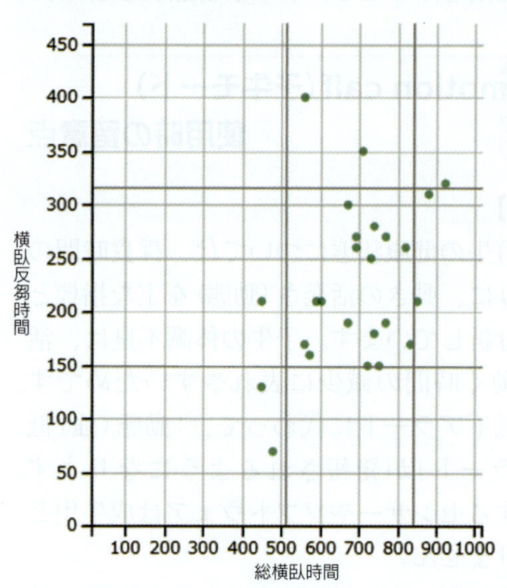

て、直接の観察に加え、「散布図」(後述)の活用を推奨しています。この時期の主な死因は、下痢による脱水および免疫力低下による肺炎です。特に呼吸器に症状がある場合、横臥状態での呼吸が苦しいことから起立時間が増加する傾向にあります。本システムでは、これらの異常を捉えられるよう、成牛とは軸の異なる子牛用の散布図を用意しています。(図4、5)

【生後2〜4週間】

14日齢ごろから、「動態(強)アラート」と「疾病アラート」が正常に利用できるようになります。とはいえ、0カ月齢の間は死亡リスクが高いため、目視に加えて、アラートと散布図の両機能から行動の変化を観察することを推奨しています。

図5　子牛向け散布図のイメージ

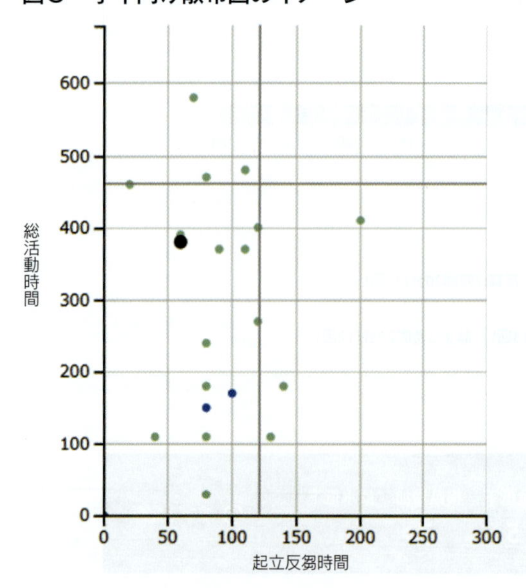

【活用事例】

現場の事例を紹介します。**図6**は実際に軽い肺炎に罹患(りかん)していた2カ月齢の子牛の活動量グラフです。8月12日に起立反すうが急増したことを受け、8月13日に疾病傾向アラートが発報され、すぐに治療が開始されました。その結果、8月15日ごろから快方に向かい、活動量も全体的に増加していることが分かります。

次に哺乳量低下が見られる前に活動量が減少した牛の事例を取り上げます。子牛の体調変化はさまざまな所に表れますが、このケースでは活動量減少がいち早く発現しました。

図7の活動量グラフを見ると、9月1日から非活動時間が急増していることが分かります。9月1日から9月3日まで3日間連続で、疾病傾向のアラートが発報されていましたが、哺乳量の減少が確認されたのは9月3日でした。治療は9月2日から開始され、その後すぐに回復しています。アラートによって早期発見・早期治療を実現し重症化を防ぐことができました。

【子牛向けアラートの精度】

アラートの精度については、牧場間および個体間の差が大きいため、明示はしていません。参考までに、ある牧場で調査したところ、一定期間に治療した牛43頭のうち、本システムがきっかけで疾病の検知に至ったのは、約半数の21頭でした。別の牧場では、治療を行った83頭のうち、アラートが発報されたのは50頭で、残りの33頭はアラートが発報されないまま治療が完了していました。アラートが発報されたものの、異常がないと判断され治療に至らなかった牛は11頭でした。

◇

U-motion®は子牛から成牛まで全てのステージに対応しており、牧場の状況に合わせて多様な使い方が可能なため、牧場全体の情報を包括的に管理したい場合に適しています。本稿では子牛の管理に特化して事例を紹介しましたが、実際はカスタマーサクセスチームが牧場に合わせて柔軟に使い方を提案します。不明点がある場合は気兼ねなく問い合わせください。

今回紹介した活用のポイントや現場の事例が子牛の健康改善に役立てば幸いです。

1）耳に装着するタイプのセンサーは24年7月現在、肥育牛のみ対象に提供しています
2）対応搾乳システムとの乳量連携時のみ利用可能
3）分娩センサーはオプションです。首や耳に装着するセンサーとは別に、専用のセンサーを尾に装着する必要があります
4）今回は事例として生後0日で装着する場合を想定していますが、無理にすぐ装着する必要はありません。実際は母子分離のタイミングなど、牧場の管理体制に合わせて装着してください

図6　軽い肺炎に罹患していた子牛の活動量グラフ（イメージ）

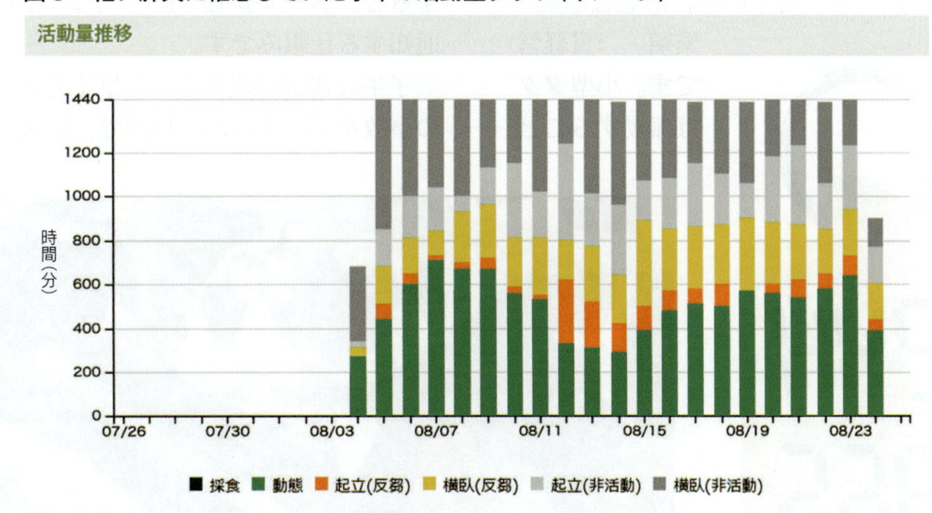

図7　哺乳量低下が見られる前に活動量が減少した子牛の活動量グラフ（イメージ）

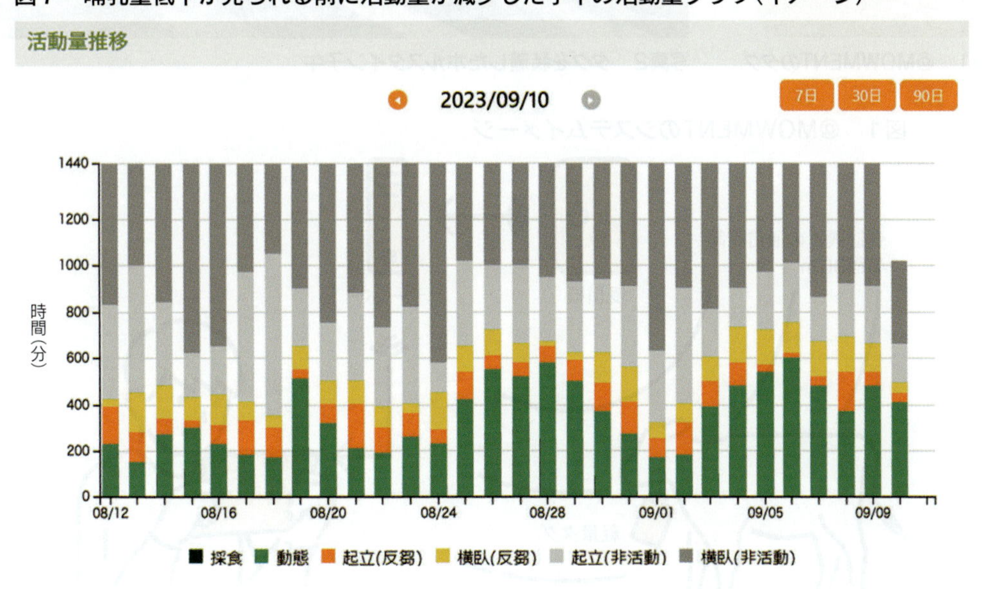

第Ⅴ章 ICT機器の有効活用

❸行動モニタリングシステム（ライブストック・アグリテクノ㈱、@MOWMENT）

塩谷　梓弓

「@MOWMENT（アットモーメント）」は子牛の日々の活動を24時間可視化し、活動量の低下を疾病の兆候として捉え、早期発見・治療につなげることができる行動管理システムです。本稿では、@MOWMENTの特徴、導入メリットや、活用事例を紹介します。

@MOWMENTの特徴

@MOWMENT（**写真1、2**）は、子牛の頸にかける小型タグで、24時間365日、活動を可視化する業界初の子牛に特化した行動管理システムです。対象の経営形態は酪農・繁殖・一貫経営です。小型タグは振動することで自家発電するので、定期的な電池交換や充電の作業は必要ありません。重さは約60gと軽く、子牛の負担になりにくい設計です。（2022年10月11日に特許取得済み）

集計する情報は歩行、哺乳、グルーミング、じゃれるといった子牛の動き全般です。子牛が動くことでタグが振動して電波を発信し、その電波を受信機が受信しクラウド上のサーバーへ送信します（**図1**）。

その受信データを独自のロジックで集計して日々の活動量として蓄積し、平常時の活動量を基準として活動量が一定基準以下に低下すると、メールかLINE（ライン）で管理者に通知する仕組みです。

子牛の体調の変化をいち早く発見して子牛の事故を予防するのが目的で、病気の症状が

写真1　@MOWMENTのタグ

写真2　タグを装着したホルスタイン子牛

図1　@MOWMENTのシステムイメージ

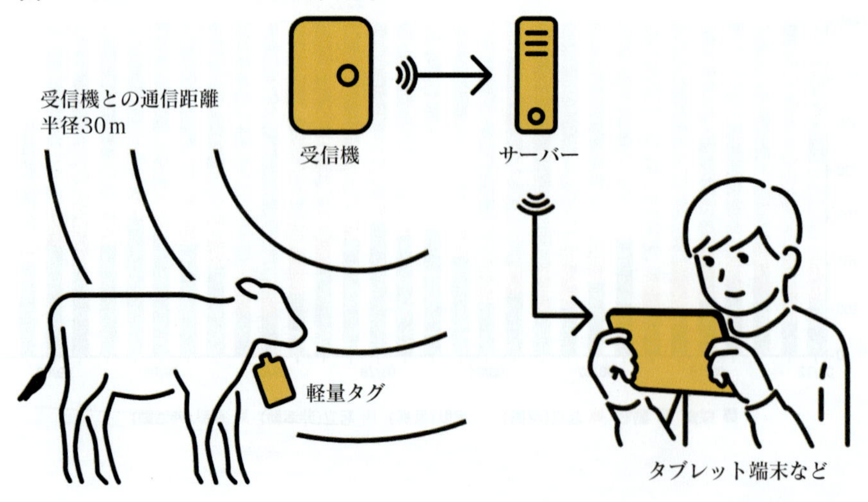

出る前、人間でいうと風邪をひく前の倦怠（けんたい）感が出始めた段階の兆候を捉えられるので、早期の対処ができます。

クラウド上に集計された活動量のデータは、スマートフォンやタブレット、PCで閲覧可能です（**図２**）。子牛の活動量の状態により、正常（緑）、要注意（黄）、危険（赤）の３段階で表示します（**図３**）。

@MOWMENTはウェブサイトから閲覧するので専用アプリなどのインストールは不要で、ユーザーによる定期的なアプリケーションのバージョンアップなどの作業も必要ありません。

21年６月から販売を始めて、現在まで北海道から沖縄県石垣島まで全国各地、酪農・繁殖・一貫経営の牧場約100戸に導入。飼養頭数は１戸当たり20〜1,300頭とさまざまな規模の農場で活用されています（24年７月時点、トライアル含む）。

導入メリットと活用事例

【５つの利点】

本システムの活用により、以下のような効果が得られます。❶疾病やストレスなどを早期発見し、早期処置を行うことで重症化を防ぐ❷発育不良を低減し、子牛の価値向上へ❸人の目に加え、第三者の目となり担当者の精神的負担を軽減❹スタッフ間の牛観察レベルの平準化、意識改革❺作業時間の短縮、コスト削減。

【二牧場での活用方法と利用効果】

牧場での活用方法を利用者に聞きました。

◆北海道野付郡別海町・㈲オードリーファーム（伊藤基一郎代表〈次ページ**写真３**〉）、総飼養数450頭（うち子牛50）、導入時期：24年１月（タグ50個）

受精卵移植で生まれてくる和牛子牛にタグ

図２　活動量グラフ画面のイメージ

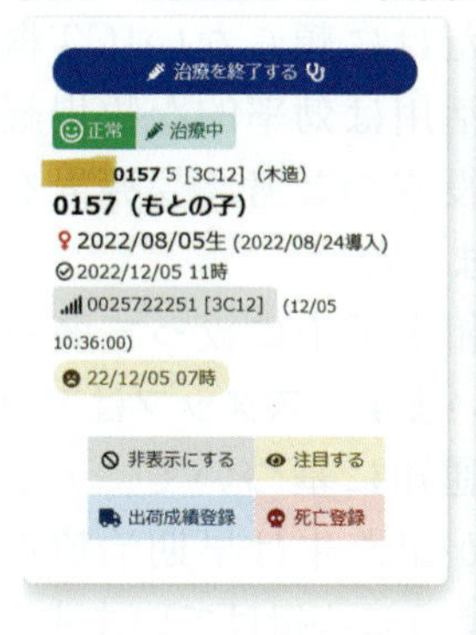

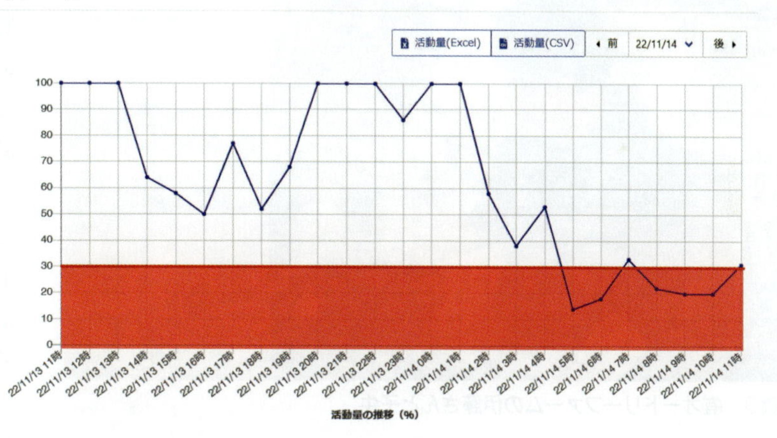

図３　子牛一覧画面のイメージ

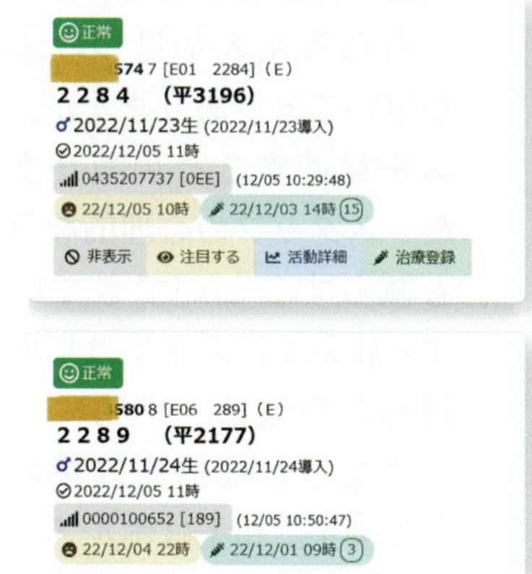

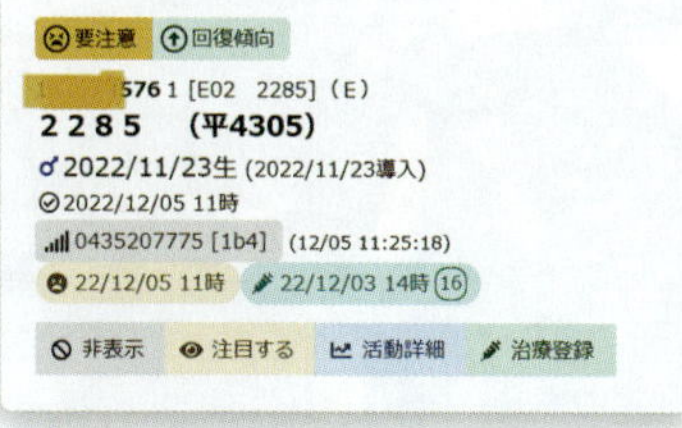

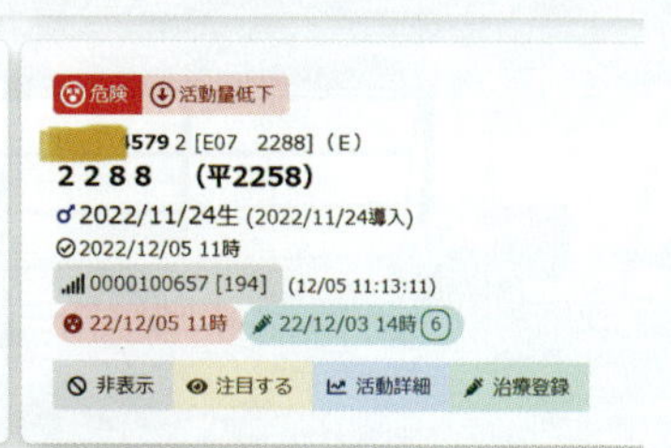

を装着して生後１日目～４カ月齢まで管理しています。朝、出勤のタイミングと夕方の見回り後のタイミングで@MOWMENTの活動グラフを必ずチェックします。一覧画面で「要注意」の牛がいないかどうか、いたらその牛を抽出して現場確認をします。

治療中の牛に対しては回復傾向もチェックでき、調子の良い牛・悪そうな牛は可視化された活動グラフで確認できるのでミルク量調整の参考にもしています。

前日の夕方にしっかりミルク飲んでいても、活動グラフを見たら牛の活動が落ちていたので検温すると熱があり、治療をしました。翌日、熱は下がっていたのですが、ミルクや電解質の飲みが悪かったので獣医さんに診てもらったら軽い貧血との診断結果でした。下痢や肺炎で活動量が落ちるのは分かっていたのですが、貧血も検知してくれたのには驚きました。@MOWMENTを導入したことで早め早めの対策ができるようになったと実感しています。

導入するからには、病気になって重篤になる牛を減らすことがポイントだったのでそれができています。点滴の頭数も減りました。牛を健康に飼えることが一番。牛の観察が一段と面白くなりました。使う薬剤や添加剤の影響による牛の動きの変化や、天候などによる調子の良しあしがグラフの上がり下がりで分かって答え合わせになっています。治療した後の回復具合も分かりやすく、ちゃんとこの治療が効いていることの判定にも役立っています。

◆熊本県人吉市・㈱オオツボ（大坪龍太朗取締役〈写真４〉）、総飼養数580頭（うち子牛70）、導入時期：21年7月（タグ57個）

授精卵移植の和牛子牛がホルスタインやF_1に比べて病気がちで、成育が思わしくなく、対策が必要でした。第二牧場設立の計画もあり、経験豊富な人材確保が難しい中で、経験や感覚だけに頼らないICT機器の活用は効率的な牧場経営に役立つと考え、導入を決めました。

和牛子牛に絞って装着しています。スタッフはアラート通知に基づいて、アラートが出た牛は早期治療をするように心掛けています。

導入以前に比べて早期発見、早期治療ができるので治療期間が長引かず、治療回数も減少しました。

もちろん人が見つける方が早いこともありますが、病気を見逃すことが減りました。スタッフの心理的な負担も減らすことができています。体調不良の子牛は早期の対処が重要で、早期に発見できなければ治療は難しくなります。和牛はホルスタイン、F_1に比べても特に速やかな対応が求められるので

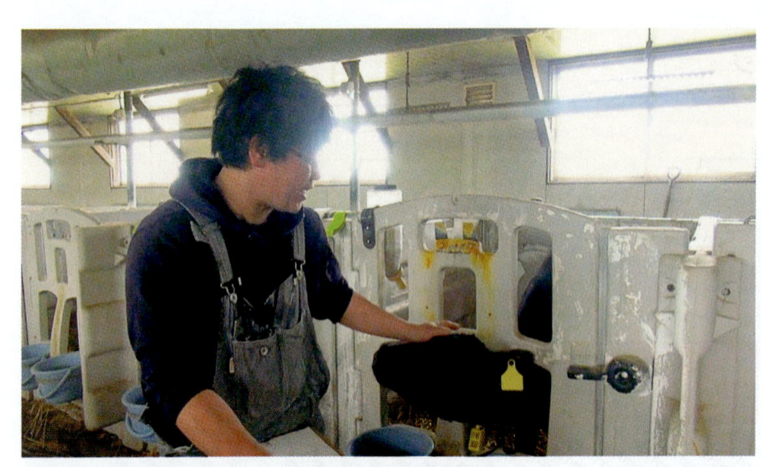

写真3　㈲オードリーファームの伊藤さんと子牛

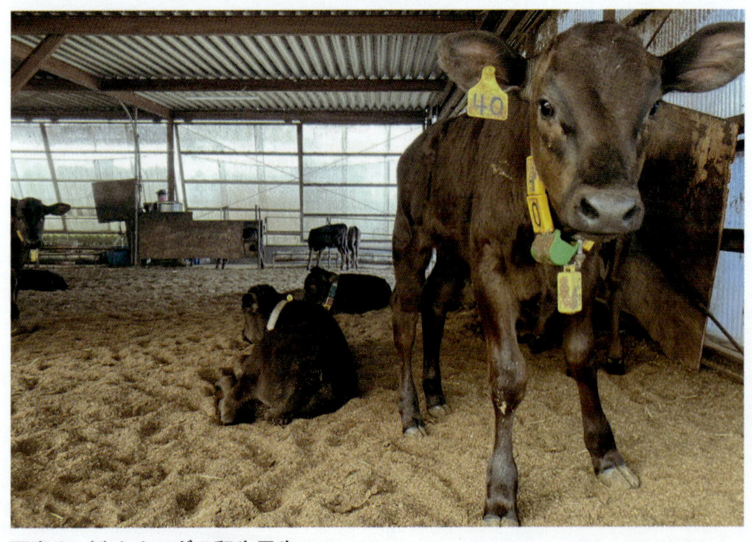

写真4　㈱オオツボの和牛子牛

助かっています。

作業時間が135分／日から60分／日に短縮

北海道河西郡更別村・農事組合法人さらべつカーフセンター哺育・育成牛預託施設（乳牛収容頭数700頭、23年８月導入〈タグ70個〉）の協力を得て、本システム導入前後で作業時間を記録し、どう変化したか検証しました。対象はロボット哺乳舎の15頭とハッチ飼養の10頭で、２つの牛舎の子牛にかかる見回りと治療時間を調べました（調査期間２カ月）。その結果、次の通り作業時間の大幅削減を実現しました（**図４**）。

導入前は、前日・当日の哺乳状況の確認と採食状況を確認、治療が必要な子牛を探し出すために全頭に対し検温・検便・聴診しており、作業時間は１日当たり合計135分に達していました。

導入後はまず、システムから発信されたアラートの確認を優先。前日より活動量が落ちている子牛を抽出し、前日・当日の哺乳・採食状況の確認を継続して行いつつ、検温・検便・聴診はアラート牛のみ実施することにしました。これらによって治療対象をいち早く検出することが可能となり、ハッチ飼養で45分（60分→15分）、ロボット哺乳舎で30分（75分→45分）の合計75分の作業時間短縮につながりました。

何よりも大きな成果は、それまでより早い治療が行えるようになったこと。１時間早く処置ができるかできないかが子牛の命運を分けると思います。

省力化、市場価値アップへ

このように@MOWMENTを活用することで、子牛飼養管理での負担軽減が可能となります。特に１～２カ月齢未満の和牛はホルスタインよりも体調を崩しやすく、経験があっても飼養が難しいといわれています。

収益性向上のために、受精卵移植で和牛子牛を生産する酪農家が増えています。ホルスタインを中心に飼養していた酪農家が、和牛子牛の飼養に苦労するケースは少なくないようですが、@MOWMENTを導入した酪農家からは「子牛の死亡や重症化が以前と比べ減少し、活力の高い子牛も増えた」「育成状態が以前より良くなったことで販売時の牛の価値が上がった」などの声を頂きます。

繰り返しになりますが、最もデリケートな管理が必要な子牛の治療期間の短縮や重症化の低減は、農場の経営を左右する売上高を伸ばすことに貢献します。さらに見回りなどを含めた飼養管理の負担軽減は労働時間の縮小やスタッフ一人一人のモチベーション維持につながります。

昨今の飼料や燃料費をはじめとする物価高騰による厳しい状況に加え、慢性的な人材不足、また新人スタッフのスキルアップにも一定の時間が必要となる中、@MOWMENTが酪農家の経営環境を少しでも改善する要素の一つとなれたら喜ばしい限りです。

図４　作業（見回りと治療）時間の短縮効果

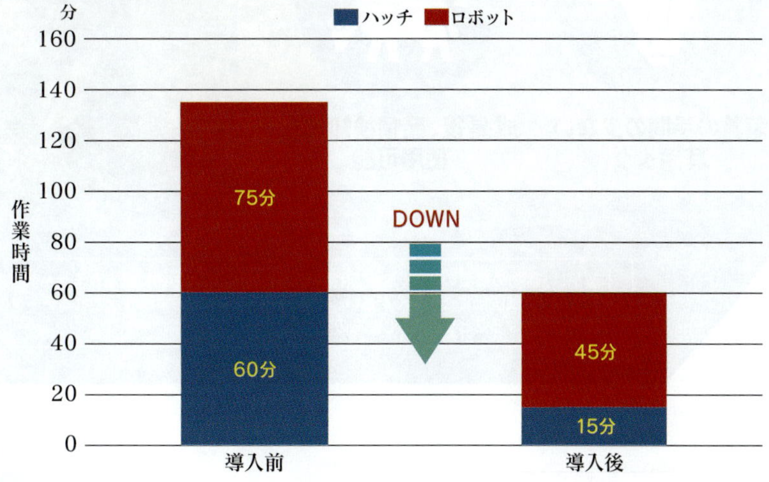

牛群改良からのアプローチ

第VI章

牛群改良からのアプローチ

❶病気になりにくい子牛を得るための牛群改良

萩谷　功一

牛群を遺伝的に改良するに当たり、まず、改良目標を定める必要があります。日本のNTP（Nippon Total Profit Index）、アメリカのTPI（Total Performance Index）、カナダのLPI（Lifetime Performance Index）などは、いずれも牛群全体が改良すべきおおよその方向に沿った総合指数です。しかし、国内でも飼養形態（つなぎ飼い、フリーストール牛舎やフリーバーンでの放し飼い、放牧）、搾乳施設、気温などが地域や牛群ごとに違うため、各経営が目指すべき改良目標はそれぞれで幾分異なります。まずは牛群の改良目標を設定し、その目標を達成するために適切な種雄牛を選択する必要があります。本稿では、牛群に長くとどまることができる乳牛へと改良するためのポイントを紹介します。

改良目標設定の基本

改良目標の設定に当たり、牛群ごとに重点的に改良したい点を明確にする必要があります。その際、総合指数においてかなりの改良成果が期待できる形質（泌乳形質、乳房の深さなど）は総合指数上位の種雄牛を選択すれば特に意識しなくても改良が進んでいきます。そのため、より早急に改良したい形質、あるいは総合指数であまり改良されない形質を２次優先に選択することを勧めます。なお、ここでいう改良目標設定の際は具体的な数値を決める必要はなく、特定の形質と改良方向を定めるだけで問題ありません。

飼養環境別に形質（方向）の例を挙げると、次のような内容になります。

フリーストール、フリーバーン：肢蹄（高い）、泌乳持続性（高い）

放牧主体：胸の幅（広い）、乳房の懸垂（やや低い）、乳量（高い）

ロボット搾乳：搾乳速度（速い）、高さ（十字部高：低い）、乳頭配置（やや外付き）

西日本：暑熱耐性（高い）

その他、全ての環境において繁殖能力、疾病耐性や長命性（在群能力）が改良対象になり得ます。次に「病気になりにくい」方向への改良について考えます。

病気になりにくい牛とは？

耐病性の遺伝的改良を考える際、単一またはごく少数の遺伝子で決まる遺伝性疾病と、多くの遺伝子が関与するその他の疾病に区分する必要があります。前者は疾病因子を持つ種雄牛を回避することで容易に避けることができます。後者は近年のゲノミック評価の導入により個別の疾病リスクを評価できるようになりつつありますが、乳房炎（あるいは体細胞スコア）を除き、数値の信頼性が高いとはいえません。また、疾病間にある程度の相関関係があり、つまり健康に問題がある個体が複数の疾病に罹患（りかん）するリスクが高い傾向になります。そのため、特定の疾病リスクを気にするよりも、健康かつ繁殖能力が高い乳牛へ改良することを目標とすることが望まれます。具体的な遺伝的能力評価形質とその改良方向を以下に示します。

在群能力：高い

肢蹄：高い

乳器：高い

体細胞スコア：低い

高さ（十字部高）：低い

肋の構造（鋭角性）：欠ける

娘牛受胎率：高い（空胎日数：短い）

在群能力は健全性の総合的な指標で、淘汰理由に関わらず、長い期間搾乳できる能力を評価しています。肢蹄と乳器が高い種雄牛はそれぞれ肢蹄疾病と乳房炎を低減させる方向へ改良できます。

体細胞スコアが低い種雄牛は、乳房炎感染に対し抵抗性を持つ方向へ改良できます。近年、感染抵抗性だけでなく感染後、速やかに回復できる能力が注目されつつあります。残念ながら現在のところ感染後の回復能力に関する情報はありませんが、乳房炎感染後、速やかに回復できた雌牛がいる場合、それらの雌牛から積極的に後継牛を生産すれば乳房炎抵抗性が高い（回復が早い）牛群へと改良できる可能性があります。

高さ（十字部高）は1990年代半ばまで長命性との関係が小さかった（ゼロに近かった）のですが、近年は乳牛の大型化が進んだため、高過ぎる個体が増え、それらの健全性が幾分低い（負の値を示す）ことが問題視されています（**図1**）。高さだけでなく、体のサイズが大き過ぎる個体は、牛床のサイズが合わないなどの管理上の問題に加え、飼料効率や長命性が低下します。㈳日本ホルスタイン登録協会はその点を重視し、ホルスタインの月齢別推奨発育値を公表するとともに、適正サイズへと改良するための「体のサイズ指数」を開発しました（日本ホルスタイン登録協会、2020）。現状、体のサイズはやや低い（小さい）方向へと改良することが望まれます。

肋の構造は、肋が鮮明かつ開帳しているほど高いスコアになります。しかし、スコアが高い個体は、泌乳初期において乳生産のために体細胞をより多く動員する傾向があり、精密な管理の下で非常に高い能力を発揮する一方、群飼いに不向きで、一般的に長命性が低くなります。つまり肋の構造は、個別に精密な管理をする牛群と群全体を大まかに管理したい牛群で改良方向が異なるため、注意が必要です。

ゲノミック評価値の利用

ゲノミック評価の導入により、これまで十分な信頼性が得られなかった疾病形質に関する遺伝的能力評価が実施され始めました。疾病形質の導入は現在のところ海外が先行していますが、国内でも今後の公表に向け準備が進められています。しかしこれらはゲノムの情報を加えることで公表できる水準に達しているので、数値の信頼性が高いとはいえません。そのため疾病の各形質に関する遺伝的能力評価値は参考程度にとどめ、在群能力、体細胞スコアや体型形質の改良を優先した方が疾病抵抗性の面でも堅実な改良が期待できます。

ゲノミック評価は改良速度を速める手段として有効ですが、ゲノミック評価を利用することで牛群が好ましい方向に改良できるとは限りません。牛群改良において重要なのは、まず明確な改良目標を設定することで、その上で総合指数上位の中から目標とする形質の改良効果が期待できる種雄牛を選択します。なおゲノミック評価は、従来より改良を促進する一方、近交係数を急激に上昇させる傾向があります。交配に当たっては、後代の近交係数を平均またはそれ以下に抑えるよう配慮する必要があります。

今後期待される泌乳初期の代謝状態の改良

2022年、牛群検定情報から乳期中の代謝状態を表すエネルギーバランス指標が開発されました。乳期中のエネルギーバランスは泌乳初期に低く（負のエネルギーバランス状態）、その後、正に転じて泌乳中後期にその状態を維持します（次ページ**図2**）。

牛群検定では乳中のβ－ヒドロキシ酪酸（BHB）や不飽和脂肪酸など、代謝および体脂肪動員に関係する指標が収集されるように

図1　生年に対する在群期間と高さ間の遺伝相関係数の推移

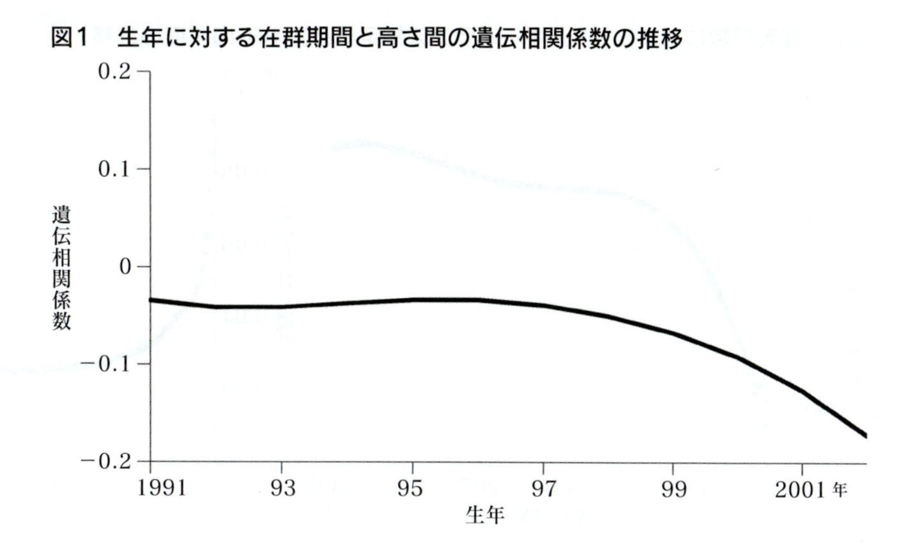

なっています。一般に乳中BHB濃度は泌乳初期に高く、泌乳中期までに低下します（**図2**）。

乳期中のエネルギーバランスとBHB濃度は、正負の方向は逆ですが、似通った変動を示します。エネルギーバランスが負、すなわちBHB濃度が高いとき、エネルギー不足を補うために体脂肪が動員されます。特にBHBが極端に高い場合（目安として0.13mmol／L）に潜在性ケトーシスが疑われます。

これらの指標を利用することで、個々の代謝の状況をある程度把握できます。乳期中、特に泌乳初期における極端な負のエネルギーバランス状態は、さまざまな疾病にかかる要因となります。現在、牛群検定において代謝関連形質の収集範囲を拡大するとともに、それらの形質に関する種雄牛の遺伝的能力評価値公表に向けた準備が始められています。それらの情報を利用できれば、泌乳初期における個々のエネルギーバランスを把握するとともに、分娩後のエネルギー不足を緩和（安定したエネルギーバランスを保つ）できる方向へ遺伝的に改良が進み、健全性の向上が期待できます。

海外種雄牛を利用する際の注意点

疾病に関する遺伝的能力評価が先行している海外種雄牛を利用する場合、それらの情報が海外（評価国）の飼養環境を想定した数値であることに注意する必要があります。疾病の発生状況は飼養形態、気候、衛生環境などの影響を受けます。そのため、海外の飼養環境を基礎とした疾病形質の遺伝的能力評価値を日本国内で利用する場合、数値の信頼性が低くなります。海外の評価値を日本で利用する場合の信頼性低下は疾病形質に限ったことではありませんが、もともと信頼性が高くない疾病形質の遺伝的能力評価値は参考情報にとどめ、より信頼性の高い長命性（在群能力）、体細胞スコアや体型を優先して種雄牛を選択することを勧めます。

牛群改良はそれぞれの牛群において優先的に改良すべき形質を見定め、それらの形質を改良できる種雄牛を選択することが重要です。また、健全な後代を生産するには、長命性（在群能力）、体細胞スコア、繁殖能力を高める方向へ改良できる種雄牛を選択することが望まれます。個々の疾病形質の推定育種価の信頼性はそれほど高くないこと、ゲノミック評価が改良速度を速める効果がある一方、改良目標を設定しなければ効果を発揮しない点に注意する必要があります。さらに、飼養環境に応じて体のサイズ、肢蹄や肋の構造などに配慮して種雄牛を選択することで、飼養しやすく、健全な方向へと牛群を改良が進みます。

【参考文献】

（一社）日本ホルスタイン登録協会（2020）「乳用牛DNA情報による長命連産性向上事業報告書」日本中央競馬会特別振興資金助成事業報告書

Nishiura A, Sasaki O, Tanigawa T, Kubota A, Takeda H, Saito Y. 2022. Prediction of energy balance from milk traits of Holsteins in Japan. Animal Science Journal 93:e13757.

図2　搾乳日数に対するエネルギーバランス推定値と乳中BHB濃度の推移

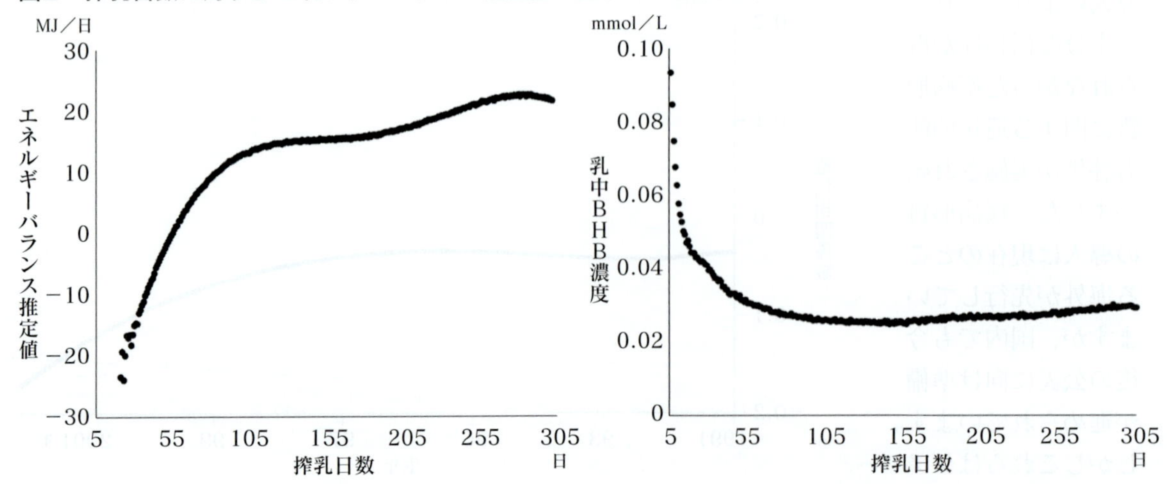

❷分娩形質の評価方法変更と活用法

大澤　剛史

評価手法変更の背景

㈱家畜改良センターが行っているホルスタインの遺伝的能力評価（以下、遺伝評価）は2023－11月評価まで、産子の父牛とその母牛の父牛（母方祖父）である父牛系統のみの血縁情報を考慮した遺伝評価（単形質閾〈しきい〉値サイア＆MGSモデル）で行っていました。このモデルでは雌牛の血縁情報が考慮されないため、雌牛は遺伝評価値を持つことができませんでした。

そこで2024－2月評価から、単形質直接・母性効果モデルという産子（本牛）とその父牛・母牛に関連する全ての血縁情報を考慮した新しいモデルに変更。これにより雌牛も分娩形質の遺伝評価値を公表できるようになりました。また、以前のモデルではゲノミック評価への対応が困難だったため評価値を公表していませんでしたが、新たなモデルではSNP（一塩基多型）情報を持つ個体は分娩形質のゲノミック評価値を公表できるようになりました（**表1**）。

これまでは国内ヤングサイアについて難産・死産のリスクがどの程度あるか分からず交配しづらい状況でしたが、以上の変更によって分娩事故のリスクを減らした国内ヤングサイアの交配が可能になりました。

分娩形質の評価方法

遺伝評価は、ホルスタイン雌牛の５産までの分娩記録を利用していますが、未経産のホルスタインには分娩事故を回避するため黒毛和種などの和牛精液や和牛受精卵を使用することが多いため、ホルスタイン産子の記録だけでは初産時の分娩記録が十分に収集できません。そこで、分娩形質の遺伝評価ではホルスタイン雌牛に和牛精液などを授精して生まれた交雑産子（F_1）の分娩記録も利用することで、特に初産分娩記録を拡充しています。

以前のモデルでは父牛系統のみの血縁情報しか利用しないので、産子を識別する情報は不要でしたが、新しいモデルでは産子を含めた全ての血縁情報を利用するため、産子を識別する情報が必要です。しかし、牛群検定では分娩した雌牛（母牛）側の分娩情報（産子の性別、単子分娩・多子分娩、難産、死産、分娩年月日、授精した父牛の略号など）を管理していますが、産子を識別する情報は管理していません。そこで、牛群検定の分娩した雌牛（母牛）の個体識別番号×分娩年月日と個体識別情報における産子（本牛）の生年月日×母牛の個体識別番号を用いることで、牛群検

表1　遺伝評価のモデル変更によって拡充された分娩形質評価値の公表範囲

	モデル変更前 （2023-11月評価まで）	モデル変更後 （2024-2月評価以降）
検定済み種雄牛	○	○
ヤングサイア※	×	○
経産牛	×	○
未経産牛※	×	○

※SNP情報がある場合に評価値を有する

定での雌牛（母牛）の分娩記録と本牛（産子）の個体識別情報（個体識別番号や品種）を結合して分娩形質の遺伝評価を行います（**図1**）。

分娩形質の定義

牛群検定では分娩時の難産の程度を１～５の分娩難易スコア（１＝自然分娩、２＝ごく軽い分娩介助、３＝２・３人を必要とした助産、４＝数人を必要とした難産、５＝外科処置または母牛死亡）で表しています。スコアが高いほど難産の程度が悪いことを意味し、分娩後48時間以内に死亡した場合を死産と記録しています。

分娩形質の遺伝評価ではこれら記録を利用していますが、遺伝評価形質としての分娩形質の定義と遺伝ベースは**表2**の通りになります。難産や死産には産子側と母牛側からの要因が影響するため、遺伝評価では、産子側からの要因として、生まれてくる子牛が遺伝的に難産・死産になる確率としての産子難産率・産子死産率、母牛側からの要因として、雌牛（母牛）が分娩する際に遺伝的に難産・死産になる確率としての娘牛難産率・娘牛死産率の計４形質を公表しています。

分娩形質では、2015年生まれの雌牛の評価値の平均値が難産率で７%、死産率で６%となるように遺伝ベースを設定し、この数値を基準として平均的な雌牛よりも分娩形質の遺伝的能力が優れているか判断できます。なお、分娩形質は数値が高いほど遺伝的に難産・死産になる確率が高くなることを表すため、泌乳形質などとは異なり数値が低いほど好ましいといえます。

分娩形質の遺伝的動向と難産・死産発生率の傾向

分娩形質の遺伝率は0.5～1.6%程度しかなく（**表3**）、乳量などの泌乳形質（乳量の遺伝率＝50%）と比べ低い。効率的な遺伝的改良が困難な形質ではありますが、**図2**に示し

図1 牛群検定情報と個体識別情報の関係

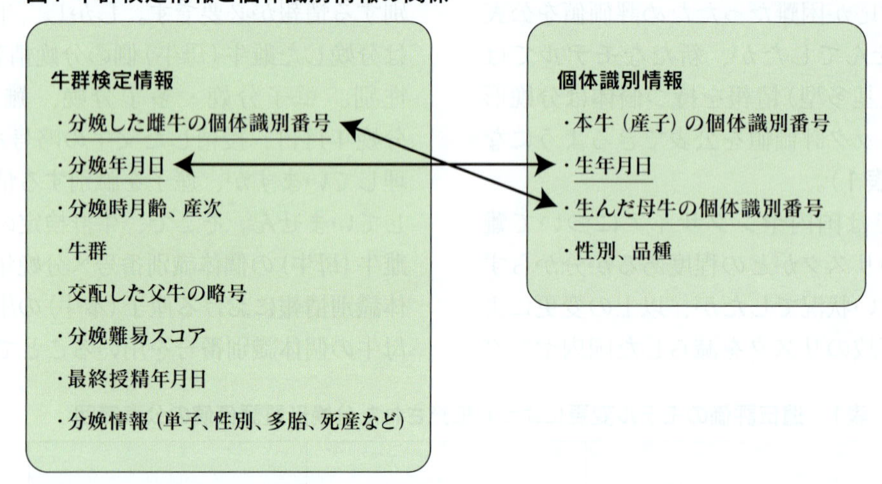

表2　分娩形質の定義と遺伝ベース

分娩形質	定義	遺伝ベース※
産子難産率	生まれてくる子が遺伝的に難産になる確率	7%
娘牛難産率	雌牛が分娩する際に遺伝的に難産になる確率	7%
産子死産率	生まれてくる子が遺伝的に死産になる確率	6%
娘牛死産率	雌牛が分娩する際に遺伝的に死産になる確率	6%

※2015年生まれの雌牛の評価値の平均値

たように遺伝的動向は低下傾向にあります。従って、最近のホルスタイン種雄牛や雌牛は以前よりも遺伝的に難産や死産になる確率が低下しているといえます。

初産分娩時における難産・死産の発生率の傾向を**図3**に示しました。難産は分娩難易スコア3以上の割合を難産の発生率として品種(ホルスタイン・交雑)×性別(雄・雌)ごとに、死産は産子の性別が不明なため品種(ホルスタイン・交雑)ごとに集計しています。04年の難産発生率はホルスタイン・雄：13.0%、ホルスタイン・雌：8.1%、交雑・雄：5.0%、交雑・雌：3.3%の順で、ホルスタインは交雑よりリスクが高く、初産分娩時の難産を回避するための和牛精液授精は効果的でした。しかし、ホルスタインの難産発生率は年々低下し、23年では交雑・雄：5.1%、ホルスタイン・雄：3.9%、交雑・雌：3.5%、ホルスタイン・雌：2.0%の順となり、交雑と比べ同程度もしくは低くなっています。

死産発生率についても、04年はホルスタイン：11.9%、交雑：5.1%とホルスタインの発生率は交雑より高かったのですが、それが年々低下し、23年はホルスタイン：5.2%、交雑：4.6%と差はなくなっています(**図3**)。従って、近年は分娩事故を回避するため未経産時に和牛精液を使用する意味はなくなったといえます。

次に、難産発生率がホルスタインで低下し、

表3　分娩形質の遺伝率

分娩形質	遺伝率
産子難産率	1.0%
娘牛難産率	0.5%
産子死産率	0.7%
娘牛死産率	1.6%

図2　分娩形質の遺伝的趨勢(すうせい)

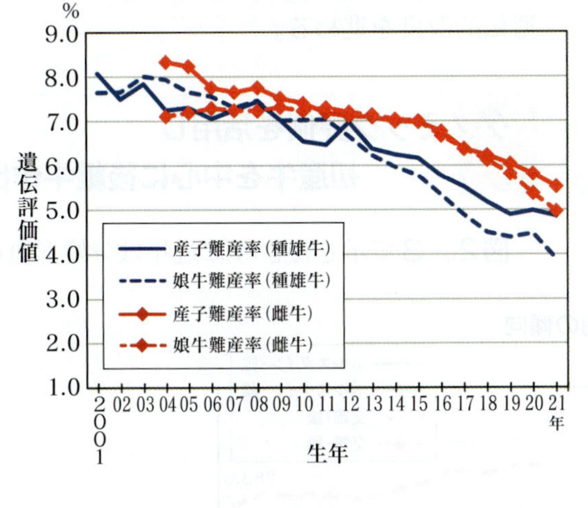

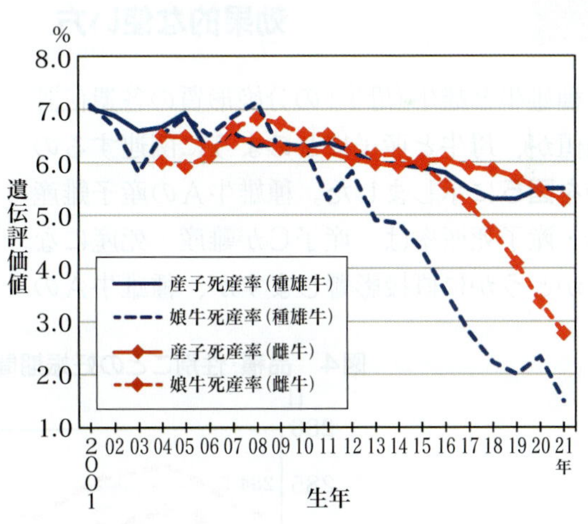

図3　難産・死産発生率の傾向

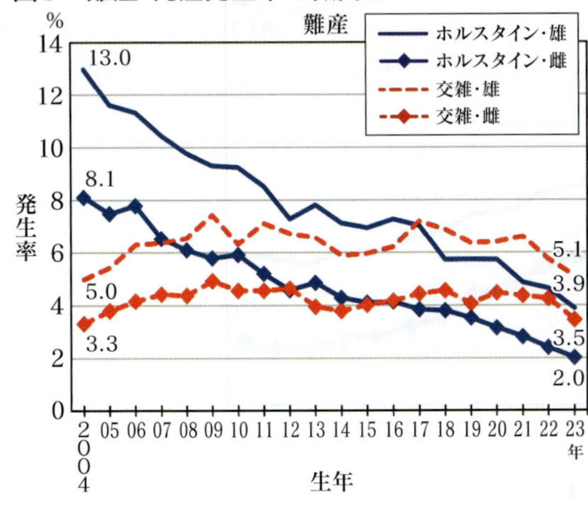

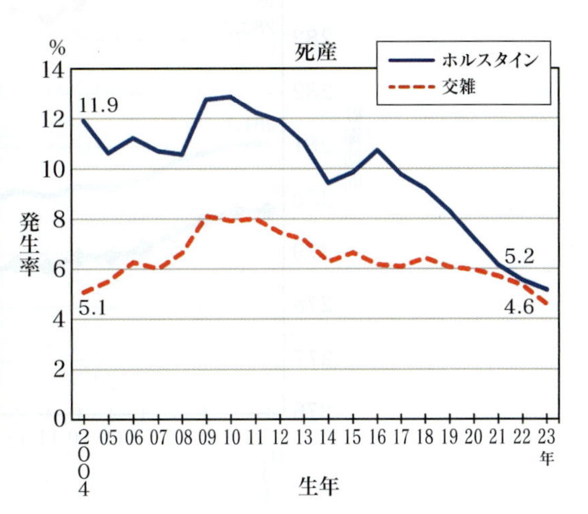

交雑では低下していない理由として、初産分娩時における産子の品種・性別ごとの妊娠期間の傾向を**図4**に示しました。一般的に妊娠期間はホルスタインで約280日、黒毛和種で約285日とされていました。しかし、**図4**を見ると、ホルスタインは04年が雄281.1日・雌279.8日から23年は雄278.7日・雌277.1日へと約2日半短くなっています。すなわち、妊娠期間が年々短縮されたことで、ホルスタイン産子が過大子になりづらくなり、難産発生率が低下した可能性が考えられます。

一方、交雑は04年の雄284.5日・雌283.7日から23年は雄283.8日・雌283.2日と半日程度しか短縮していません。近年、黒毛和種の妊娠期間は延長傾向にあり、直近では約290日に延びているようなので、その影響から交雑産子の妊娠期間はあまり短縮されず、難産発生率への変化が少なくなっているのかもしれません。

分娩形質の遺伝評価値の効果的な使い方

種雄牛と雌牛（母牛）の分娩形質の各遺伝評価値が、母牛と産子にどのように関連するのかを**図5**に示しました。種雄牛Aの産子難産率・産子死産率は、産子Cが難産・死産になるかどうかに直接影響しますが、種雄牛Aの娘牛難産率・娘牛死産率は産子Cが成長して母牛として分娩する時に難産・死産になるかどうかに影響します。一方、母牛Bの産子難産率・産子死産率は産子Cの難産・死産に直接影響しますが、母牛Bの娘牛難産率・娘牛死産率は産子Cが母牛として分娩する時に難産・死産になるかどうかに加え、母牛B自身が分娩する時に難産・死産になるかどうかにも影響します。そこで、各分娩形質の遺伝評価値は次のように考えて使うと効果的です。

①分娩管理としての産子難産率・産子死産率：娘牛難産率・娘牛死産率の遺伝評価値が高く、難産・死産になる可能性が高い雌牛に対し、産子難産率・産子死産率の遺伝評価値が低い種雄牛を授精することで、分娩事故リスクを軽減する。

②雌牛の改良としての娘牛難産率・娘牛死産率：分娩時の難産・死産のリスクが低い牛群をそろえたい場合に、娘牛難産率・娘牛死産率の遺伝評価値が低い種雄牛を授精し、娘牛難産率・娘牛死産率の遺伝評価値が低い雌牛を後継牛として選抜することで分娩形質の遺伝的改良を進める。

ゲノミック評価を活用し初産牛を中心に後継牛作出

図2、**3**で示したように近年は分娩形質の

図4　品種・性別ごとの妊娠期間の傾向

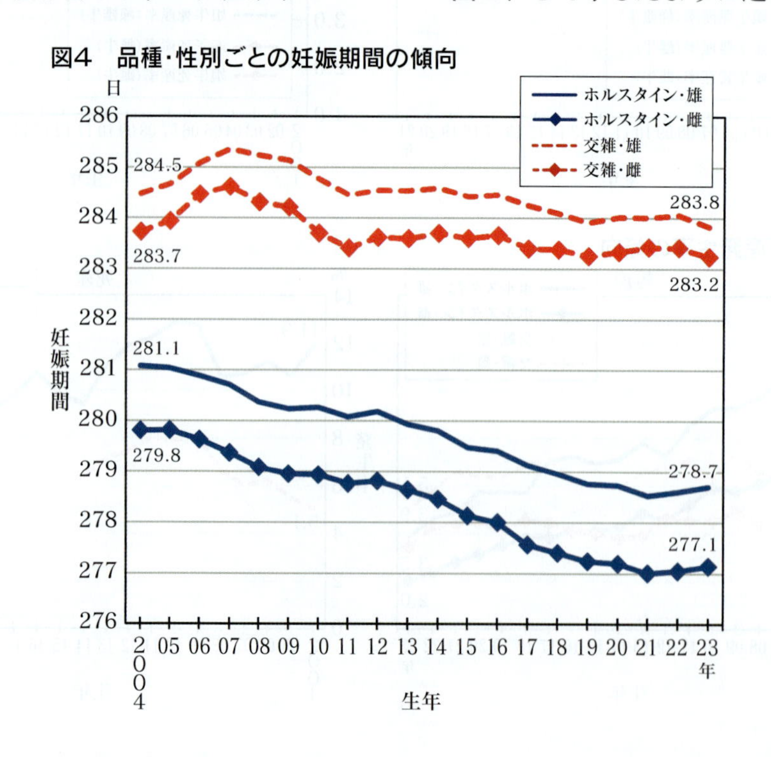

遺伝的改良の影響もあり、初産分娩時のホルスタイン産子の難産・死産の発生率は交雑産子より低くなっています。分娩事故を回避するための和牛交配のメリットはなくなっており、未経産でホルスタインを授精し、初産分娩時に後継牛を効率良く作出する方が、牛群改良におけるメリットが大きくなっています。例えば、分娩事故を避けるために未経産時の交配に和牛精液などを中心に使用すると、後継牛作出の中心は2、3産分娩になるため、後継牛と母牛間の世代間隔（＝年齢差）は3～4年になります。しかし、ゲノミック評価の活用により未経産の段階で後継牛の選抜を行い、遺伝的能力の高い未経産牛にホルスタインの通常精液や雌雄選別済み精液を授精すると、後継牛作出の中心が初産分娩になり後継牛と母牛間の世代間隔が2年に短縮され、牛群改良のスピードアップが期待できます。

交配する種雄牛についても、日本ではまだ娘牛の成績に基づいた後代検定済種雄牛の利用が多い状況ですが、2023－8月評価からゲノミック評価の信頼性が大幅に向上したことで、これまで以上に信頼性のある遺伝的能力が高い国産ヤングサイアが利用できるようになっています。**図2**で示したように、直近の世代である国産ヤングサイアの多くは分娩事故のリスクが低くなっています。従って、積極的に国産ヤングサイアを利用することで分娩事故を避けつつ、後継牛と父牛間の世代間隔も大幅に短縮され、さらなる牛群改良のスピードアップにつながります。一方、後継牛を残さない能力が低い未経産牛や既に後継牛を残した経産牛には、計画的に和牛精液などを使用することで効率的に副収入を得られるでしょう。

ゲノミック評価を積極的に活用し、牛群内の世代間隔の短縮を図り改良の速度を大幅に向上させると同時に、妊娠期間の短縮傾向を踏まえた分娩管理の計画を立てる必要性が高まっています。現在、家畜改良センターでは妊娠期間の遺伝評価も検討中で、将来的には難産率・死産率に加え妊娠期間も活用した効率的な分娩管理が期待されます。

図5　種雄牛A・母牛Bの各評価値と産子Cの関係

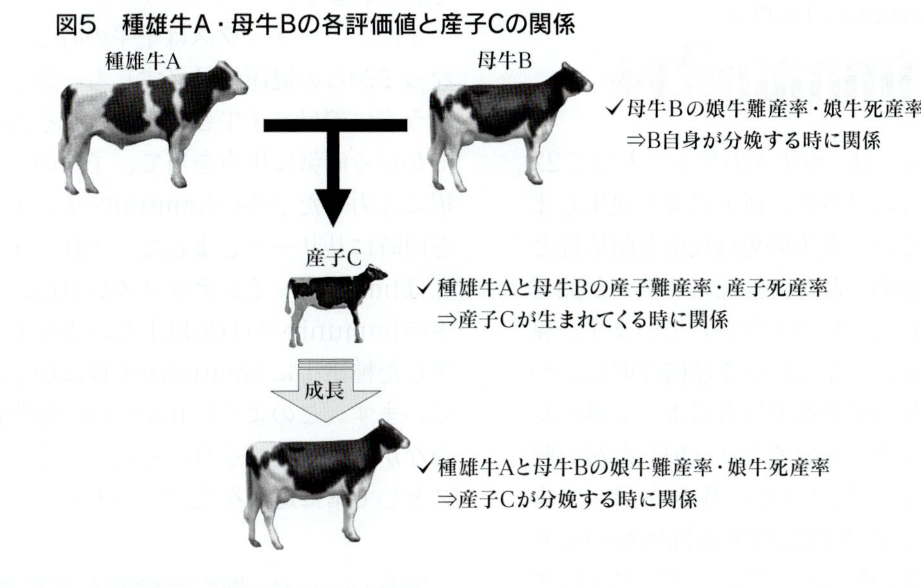

③免疫力を高める改良

三好 智美

カナダ・シーメックス・アライアンス社（以下、シーメックス）が提供する免疫に関するインデックス「Immunity＋（イミュニティプラス）」は、その指数に優れる種雄牛や娘牛の選抜により子牛の健康性に大きく貢献します。本稿ではImmunity＋の活用方法や、免疫力の向上効果について紹介します。

牛の遺伝的な免疫反応力を数値化

子牛の疾病発生を減らす上で飼養管理は最も重要といえますが、遺伝子の選択によっても大きく影響することをカナダの人工授精所シーメックスが証明しています。シーメックスの扱うImmunityは日本語で免疫を意味し、牛の遺伝的な免疫反応力を数値化したもので、優れた種雄牛にはImmunity＋の称号が与えられます（**図1**）。

図1 Immunity＋のロゴ

Immunity＋は、カナダのゲルフ大学で22年間にわたり続けられた研究により誕生しました。研究では、乳牛の免疫反応と耐病性との関連性が認められた免疫反応テストが開発され、この技術は特許を取得しています。免疫反応テストは、牛に抗原を筋肉注射し、つくられた抗体の量を血液検査によって調べたり、尾根部に再び抗原を表面注射した後の腫れ上がり具合で免疫反応の強さを調べます。体内に侵入した異物に対する抗体をつくり、次に同じ異物が侵入した際に効率的に排除する力（獲得免疫）を測ります。テスト結果は耐病性と関連しており、全てのシーメックス種雄牛の中で結果が優れる上位10％にImmunity＋のロゴが与えられます。シーメックスは前述の研究を長年サポートしたため、世界の人工授精所の中で唯一、Immunity＋の使用権利を持ち、世界中で10年以上利用され牛群の疾病減少に貢献しています。

開発当初は前述のように血液検査などの実測値を利用していましたが、現在ではゲノム検査で免疫反応力を調べることできます。このゲノム検査は雌牛のゲノム検査にも対応していますが、詳細は後述します。

さらに、Immunityは2022年８月からインデックスに一新され、獲得免疫反応だけでなく、自然免疫反応の指標となる一酸化窒素（NO）の生産能力を加えて評価されるようになりました。NOはそれ自体が体内に侵入してくるウイルスや細菌にとって有毒で、獲得免疫が必要になる前段階で軽い細菌感染を防ぎます。さらにImmunityインデックスには各機関（CDCB〈アメリカの乳牛育種協議会〉、Lactanet〈カナダの酪農家組織〉、Zoetis社）から提供される乳房炎や周産期疾病などの健康形質も新たに組み込まれました。インデックスの評価は平均値100、標準範囲85～115で表されます。

また、シーメックスは子牛の時と経産牛になってからの健康性は必ずしも一致しないという点に着目。子牛と経産牛それぞれの時点でかかる病気に焦点を当て、子牛の肺炎や下痢に注力した子牛のImmunityインデックスを同時にリリースしました。それに伴い、現在はImmunityインデックスが105以上、子牛のImmunityが100以上という基準をクリアした種雄牛にImmunity＋ロゴが与えられています。このようにImmunityは改良を重ねながら、免疫力を高めるためのインデックスとして常に進化を続けています。

高Immunity雌牛は良質な初乳を生産

シーメックスが子牛のImmunityをリリースした背景には、子牛時点での免疫力がその後の生産性に及ぼす影響の大きさがあります。子牛の二大疾病である下痢と肺炎は、罹患（りかん）すると成長の停滞により将来の生産性が低下するとされ、その発生を予防することが大切です。子牛のImmunityはその予防に貢献できることが研究により判明しています。

ご存じの通り、子牛の疾病発生率を減らす上で何より重要なのは初乳の給与です。子牛は生後3～4週間、機能的な免疫システムを持たず、初乳を給与することで免疫グロブリン（IgG）が受動免疫として移行されます。この受動免疫が子牛を疾病や感染症から守る役割を果たしますが、免疫をしっかりと移行するには少なくとも子牛は150gのIgGを摂取する必要があるとされています[1)]。それには良質な初乳を生産する雌牛を育てることもポイントになります。

Immunityインデックスが高い雌牛は、初乳中のIgG濃度が高いことも分かっています。**表1**はImmunityインデックスによる子牛の疾病と初乳品質への効果です。上段の子牛Immunityが高い（105以上）牛は、子牛時点での下痢と肺炎の両方において高い減少率を示しています。下段のImmunityインデックスが高い（100以上）と判断された雌牛は、IgG濃度50mg／mLに相当するBrix値22%以上の初乳を生産した牛がより多く確認されました。

さらに重要なこととして、Immunityインデックスは遺伝率が22%と、乳量の遺伝率に劣らない高い水準になっています。従って、種雄牛選択にImmunity＋を取り入れることで免疫力の高さを次世代に受け継ぎやすく、免疫力向上や良質初乳の生産に向けた改良へ迅速にアプローチできます。

図2　Elevateでの検査結果のイメージ

0000
HOJPNF0000000000[　　　　　　]
生年月日: Dec-26-2022
所有者: ○○牧場

種雄牛: S-S-I RENEGADE RUPERT-ET
母ID: HOJPNF 0000000000
母の父: S-S-I PARTYROCK PROFIT-ET

テスト: GLD+USA+MILK PROTEINS
a2:A2A2 kappa:AB lacto:BB beta:AA
ハプロタイプ*¹:
POF BW TY TV TL TM TD
HH1F HH2F HH3F HH4F HH5F HH6F HCDF
HMWC%
ハプロタイプ検査結果（ゲノム検査結果ではありません）

GCDCB 2024-Aug　チーズメリット$ 796　FM$ 748　GM$ 782

TPI	**2662**
NM$	**790**
IMMUNITY	**107**
子牛	**105**

能力 (lbs)	
乳量	1601
乳脂肪	74
乳脂肪%	+0.05
乳蛋白	56

雌雄双方からの免疫へのアプローチ

Immunityレベルの高い種雄牛を使用するだけでも疾病や免疫に関わる改良は十分に可能ですが、前述したように雌牛側のImmuni

表1　Immunityインデックスによる子牛の疾病と初乳品質への効果

子牛Immunityインデックス	下痢	肺炎
105以上	−30.9%	−33.2%
Immunityインデックス	**Brix値22%以上**	**Brix値22%以下の割合**
100以上（133頭）	125頭	6%
100未満（99頭）	87頭	12%

上段：子牛Immunityが高い（≧105）雌牛の各疾病減少率
下段：中央ヨーロッパ酪農場における初産牛の初乳品質データ

表2　北海道釧路管内A牧場における子牛Immunityの差による疾病発生率の違い

子牛Immunityインデックス	下痢	肺炎
高（≧105）　n=71	9.9%	1.4%
中（100≦104）　n=79	16.5%	1.3%
低（<100）　n=29	20.7%	3.4%

（デザミス㈱U-motionのデータから作成）

tyレベルも検査することができ、雄雌双方からの免疫システムへのアプローチに特化しています。それがシーメックスの提供するゲノム検査「Elevate」です。

検査機関はアメリカのNeogen社で、通常のゲノム検査で提供される一般的な項目も検査可能です。検査結果はPC、またはスマートフォンアプリで確認できます（前㌻**図2**）。アメリカの総合指数のTPI（Total Performance Index）やカナダのLPI（Lifetime Performance Index）ベースの能力や繁殖、体型に関する項目はもちろん、Immunityの結果も一頭ずつ把握ができます。

雌牛におけるImmunityインデックスの高低が現場に及ぼす影響について、北海道釧路管内のA牧場を例にデザミス㈱のU-motion®のデータを用いた臨床結果を紹介します。20年からElevateを実施しているA牧場は、24年７月時点で離乳済みの雌牛179頭を子牛Immunityが高い（105以上：71頭）、中間（100以上104以下：79頭）、低い（100未満：29頭）―という三群に分けたところ、肺炎は各群１頭の発生で差は見られませんでしたが、子牛Immunityが高い群は中間の群よりも、中間の群は低い群よりも下痢の発生率が低いという結果でした（前㌻**表2**）。上位と下位の群における発生率は10㌽程度の差があり、よりImmunityインデックスの高い雌牛を生産することの有用性を示しています。

さらに、18年ごろからImmunity＋種雄牛をメインに使用している同管内のB牧場で、IgGと相関がある子牛の血中総タンパク質（TP）濃度[2)]を測定したところ、全ての牛で基準をクリアし、受動免疫不全の牛がいなかったことや、子牛が健康に育ち初回授精が早まったなどの効果がありました。子牛だけでなく、乳房炎や後産停滞といった成牛における疾病も減少し、獣医師による診療の回数は41件／年減ったというデータも得られています。

オーダーメイドで遺伝子を総合的にコンサルティング

このように、雌牛のImmunityインデックスをゲノム検査で把握したり、Immunity＋種雄牛を牛群に取り入れたりすることは、子牛の健康性だけでなく牛群全体のメリット向上につながるといえます。一方で牛群改良には免疫力や健康性以外にも、能力や体型といった他の改良項目もバランス良く加味することが不可欠です。

そのためシーメックスは多様化する牧場経営に対して、オーダーメイド感覚で遺伝子を総合的にコンサルティングすることを目的とした「Semex Solutions」というプログラムを展開しています。ここからはSemex Solutionsを用いたImmunityインデックスの活用と牛群改良について説明します。

Semex Solutionsは、種雄牛選択プログラムのSemexWorks、交配プログラムのOptiMate、そして先に述べたゲノム検査Elevateで構成されています。SemexWorksでは牧場独自の「顧客インデックス」を作成し、それに基づいて同社の種雄牛をランク付けして、牧場に最適な種雄牛を推奨します。顧客インデックスはTPIあるいはLPIをベースに、高能力牛群を求める牧場ではベースから能力の重み付けを増やしたり、長命連産牛群を目指して娘牛妊娠率（DPR）や生産寿命（PL）、体型など優先順位を高くすることで作成します。この顧客インデックスが高い種雄牛を推奨するため、TPIやLPIのランキングだけでは見つけられない、牧場の改良目標に最もマッチする種雄牛を提案することになります。種雄牛選抜の際には、それぞれの特徴を示すロゴや各項目数値の下限などの条件も設定でき、インデックスの高いImmunity＋ロゴを持つ種雄牛や、子牛Immunity105以上を持つといったより細かい条件に沿った種雄牛を選抜することも可能です。この機能を活用することで、Immunityレベルを向上するために別の形質を諦めることなく、それぞれの牧場に適したImmunity＋種雄牛を見つけることができます。

交配プログラムのOptiMateでは、交配の基準となる指標（TPI・LPI・NM$〈生涯収益指数：ネットメリット〉・顧客インデックスなどのうち１つ）や近交係数、遺伝病の保因などを加味して、１頭の牛に対し適切な交配種雄牛を第３候補まで提案します。雌牛の個体情報をプログラムにインポートする際、ゲノム検査の結果を持っている牛はその結果も自動的に登録されます。ゲノム検査を実施していない牛は血統から能力を推定するペアレントアベレージ(PA)を用いてその能力を予測し能力や体型、管理形質からTPI、LPI、NM$または顧客インデックスを計算し雌牛をランク付けして交配推奨が行われます。

ランクが高い牛は雌雄選別済み精液を、低い牛には和牛精液を授精するといった交配戦略を設定することで、効率的に牧場の遺伝的メリットを向上させることができます。現代では上位牛へのOPU-IVF(経膣採卵・体外受精)による、優れた遺伝子を牧場に広げるための手段も推奨されています。また、インデックスによるランク分けのみでなく、特定の形質に数値を設定したグループ分けも可能です。例えばゲノム検査で得られたImmunityの結果を活用するために、Immunityが低い雌牛には必ずImmunity＋種雄牛を交配する設定にすると、牛群のImmunityレベルを底上げし、免疫力の高い牛群改良へも同時にアプローチできるのです。

発情が来た牛へ授精する種雄牛をすぐに確認できるよう、交配結果はリストで提供しています。近交も母方３代祖まで加味しているため、繁殖台帳をさかのぼる手間をなくし、近交トラブルを回避しながら牛群改良を進めることができます。ゲノム検査以外の交配相談に掛かる費用は無料になっています。

Immunityは子牛のうちから免疫力を高め、病気になりにくい牛群へと導く一つの手段になり得ます。ゲノム検査を利用して早期に個々の免疫力を把握し、交配プログラムで牛群の遺伝的メリットも加味しながら牧場に合うImmunity＋種雄牛を取り入れる―。本稿を参考に牛群の免疫力をレベルアップしていただければ幸いです。

【参考文献】
1)「子牛における初乳の重要性」Zinpro Japan
2) 新盛英子ら(2013)「生後７日齢の子牛における血清IgGおよびTP濃度を用いた受動免疫移行不全の診断」『産業動物臨床医誌』

❹母牛のゲノム検査から育成牛の疾病リスクを評価する

長谷川 太一

近年さまざまな分野で発展を遂げているゲノム検査は、ここ数年で身近なものになってきました。中でも1頭当たりの収益性が高い乳牛のゲノム検査は世界中でその重要性が注目され、検査頭数は増加傾向にあります。

日本においてもゲノム検査頭数は増加傾向にあり、アメリカの乳牛育種協議会（CDCB、Council on Dairy Cattle Breeding）が2024年に評価した日本の牛は月平均4,000頭以上、累計で約18万頭に上ります。

本稿では、哺育・育成牛の健康管理に関するゲノム評価の解説とゲノム育種の考え方について解説します。

育成期における疾病と経済的影響

育成期の牛は成牛に比べ、消化器や呼吸器の疾病に感染するリスクが高くなります。これは免疫系の未熟性や環境変化から受ける影響が、成牛より大きいなどの理由によります。

育成期の疾病発生は個体のへい死増加だけでなく、その後の発育や乳生産にも影響を与えます。アメリカの国立動物衛生監視システム部門（NAHMS、National Animal Health Monitoring System）の研究によると、離乳前のへい死率は6.4％で、その理由は下痢56.4％、呼吸器疾病24％などです。離乳後はへい死率が1.9％で、主な原因は呼吸器疾病の58.9％となっています[1)]（**図1**）。

アメリカの複数の報告に基づく子牛の疾病発生による治療や人件費の調査では、哺乳期の下痢が11.35㌦、呼吸器疾病が9.84～16.35㌦で、へい死の場合は個体の損失と導入費用が被害額となります（**表1**）。このように育成牛に関しては下痢、呼吸器疾病、へい死が経済的に大きな影響を与えていることが分かります。

母牛のゲノム検査で娘牛の下痢発生リスクなどを評価

乳牛のゲノム検査の場合、生後間もなくの個体からサンプルを採取できます。ゲノム検査は採材、検査、評価を行って結果が出るまで1～2カ月間を要することが多く、1カ月齢で検査して結果が分かるのは3カ月齢というのが一般的です。従って、育成牛の疾病に関して評価しても結果が出るまでに成長してしまえば、子牛の疾病リスク評価を有効活用できません。そこで当社（ゾエティス）は、ゲノム検査を行った個体から生まれてくる娘牛の育成期の疾病リスクを評価する方法を開発しました。

ゾエティスが提供するゲノム検査「クラリファイドプラス」は18年から、12カ月齢までの育成牛の疾病リスクを遺伝的に評価しています。評価項目は生後50日までの下痢の発生、生後1年間の呼吸器疾病やへい死のリ

図1 育成牛のへい死理由

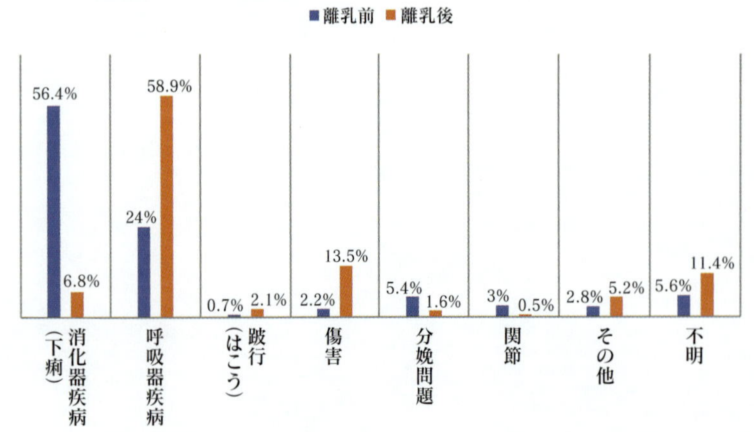

表1 育成牛の疾病（へい死）発生率と損害コスト

	哺乳期発生率	哺乳後発生率	治療・人件費コスト
下痢	23.9～25.3%	0.8～1.9%	$11.35
呼吸器疾病	12.4～18.1%	5.9～11.2%	$9.84～16.35
へい死	4.2～12%	1.6～2.8%	個体損失＋導入費用

スクです（**表2**）。これらの評価項目は当社が動物用医薬品の研究、開発の際に蓄積してきた膨大な疾病のデータをゲノム検査にリンクさせることで利用可能になりました。

当社が開発した「子牛の健康形質」は32万頭以上のゲノム検査のデータと、約400万の疾病記録を基に18年にその有効性が論文にて発表されています[2)]。この評価値を育種改良に利用することで、育成牛の疾病リスクを遺伝的に低減できます。

子牛の疾病の経済的評価が重要

乳牛のゲノム検査の目的は、特定の場合を除き牛群の経済的な価値を向上させることです。前述の通り、子牛の疾病リスクを低減させることは経済的なメリットになりますが、それぞれの形質の経済的価値は異なります。そのため何か一つの要素に特化した牛群改良は必ずしも経済性を向上させるわけではありません。

当社は子牛の健康形質の評価を経済的価値に置き換えたCW$（Calf Wellness）というインデックスを提供しています（**図2**）。このインデックスは各形質の経済的な影響度、信頼度、遺伝率などさまざまな要素を考慮し、最も経済的な価値が高まるようバランスが設定されているため、簡単に育成牛の選抜や交配プログラムに利用できます。

乳牛の疾病は子牛だけではない

クラリファイドプラスは子牛の疾病だけでなく、成牛の疾病リスクも評価できます（**表3**）。これら疾病の発生は乳牛の経済性に大きな影響を与えるため、育種改良の優先度は高くなります。また成牛の健康形質においても、経済的な価値に置き換えたWT$（Wellness Trait）を提供しています（**図3**）。これらのゲノム評価を育種改良に利用することで、乳牛の生涯における疾病の発生リスクを低減できます。

育種改良に必要な考え方

乳牛の経済性は乳量や乳質、繁殖性などの生産性や、疾病発生リスク、飼料効率など数多くの要素で成り立っています。育種改良に

表2　子牛の健康形質と評価期間

評価項目	評価の期間
下痢	2～50日齢
呼吸器疾病	0～365日齢
へい死	2～365日齢 ※2日齢未満は死産として扱われる

表3　クラリファイドプラスで評価する成牛の疾病リスク

評価項目	
乳房炎	ケトーシス
跛行	乳熱
子宮炎	流産
胎盤停滞	双胎性
第四胃変位	呼吸器疾病
	卵巣嚢腫（のうしゅ）

図2　CW$の重み付け

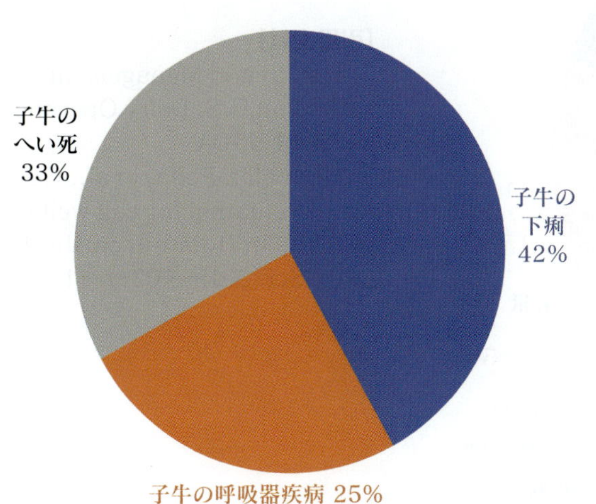

図3　WT$の重み付け

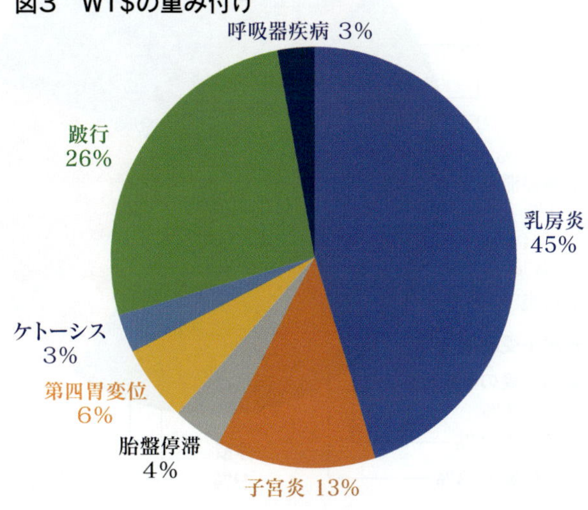

おいて牛群の改良目標を乳量など限定した形質に集中してしまうと、その他の能力が低下する危険性を伴います。この問題を防ぐために開発された指標が総合インデックスです。より正確に、より効果的に育種改良を行うためにクラリファイドプラスでは約100項目のゲノム評価を提供しており、総合インデックスのDWP$（Dairy Wellness Profit Index）は個別の形質にそれぞれ重み付けを行い、改良がバランスよく行われるよう設計されています（**図4**）。

クラリファイドプラスは疾病の発生リスクを経済的な評価に置き換えられるため、DWP$を指標に育種改良を行うと、生産性に加え、疾病リスクを含めた経済的な価値を高めることができます。

ゲノム検査の有効な活用法

非常に多くの項目を高い精度で調べることができるゲノム検査ですが、当然ながら検査を行うだけでは牛群の能力は変わりません。得られた評価値を使って後継牛の選抜・淘汰を進めていく必要があります。

まず考えてほしいのは「どのような牛群にしたいか」という改良の方向性です。次に、その方向性に合うように総合インデックスや形質を選び、牛群内でのランキング付けを行います。ゲノム検査を行った頭数が増えると、牛群におけるおおよその平均値が計算できるようになり、牛群に残すべき牛とそうでない牛が見えてきます。このやり方を育成牛の選抜、雌雄選別済み精液を使用する母牛の選択、ET（受精卵移植）のドナー牛を選択する時など、それぞれの農場の状況に合ったタイミングで活用することで育種改良を加速させることができるでしょう。

ゲノム検査を用いて育種改良を行う場合、「優秀な乳牛をつくる」ことを目的とされる方が多く見受けられますが、それだけが目的ではありません。

牛群全体の成績を下げている下位の牛を減らすことが、収益増加に大きな影響を与えるのです。素晴らしい牛が1頭いるだけでは農場の継続的かつ、安定した収益向上にはつながりません。育種改良は1頭の牛ではなく、牛群単位で考える必要があります。

アメリカやカナダのみならず、日本においてもゲノム検査によって改良速度が飛躍的に加速しています。今後は全国的にいっそう普及していくでしょう。育種改良は非常に長い時間を要するため、一日でも早いスタートが推奨されます。ゲノム検査の具体的な運用方法は飼育環境や繁殖の状況によって異なります。生産成績の向上は遺伝的な改良だけでなく、飼養環境改善も重要になるので、繁殖管理の担当者やかかりつけの獣医師と相談の上、有効に活用していただければ幸いです。

図4　DWP$の重み付け

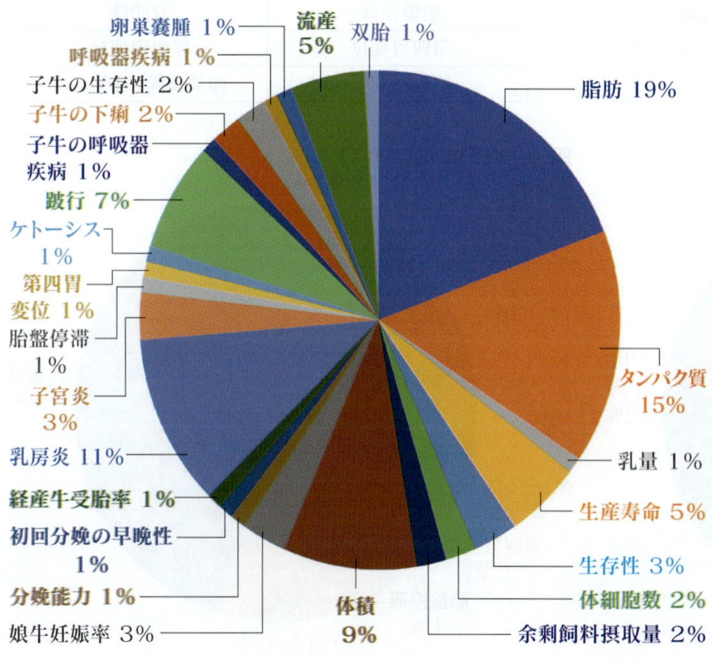

【引用文献】

1）Health and Management Practices on U.S. Dairy Operations, 2014 USDA

2）Gonzalez-Peña, et al., Genomic evaluation for calf wellness traits in Holstein cattle. J. Dairy Sci. 2019. 102:1-11

第Ⅶ章　事例紹介

第Ⅶ章

❶生後24時間がカギ！ “子牛任せ”で人も牛も幸せな牧場づくり

山口　鮎美

「YA哺育（無制限哺乳）」の概要

筆者が取締役を務める㈱ファーム山口（**写真1**、経産牛300頭・未経産牛280頭飼養）で実践しているYA哺育（無制限哺乳）の基本の考え方は、「子牛任せ」です。❶子牛が求めているもの❷子牛が必要としているもの❸子牛の満足―という3点を軸として子牛に向き合うことを大切にしています。

無制限哺乳はたくさん飲ませることが大事なのではありません。一番重要なのは、数字や方法に縛られず、子牛に全てを委ね、子牛を100％信じることです。子牛の出してくれる答えに応じることで、本来持っている生命力を引き出し、そして持って生まれた能力を十分に発揮できる体づくりをすることに重きをおいています（**写真2**）。

目の前にいる牛たちにとって何が必要なのかを常に考えて、子牛任せにできるベースをつくるのは何より「生後24時間のケア」だと思っています。私はここに命を懸けています。子牛を理解し分かってあげるために、ここには特に注力しています。

哺育の流れ

生後1日目は初乳を飲みたいだけ、その後、5～8日齢まで移行乳を給与します。

子牛によっても変わりますが、生後6～11日齢の間に電解質プログラム（詳細は後述）を挟み、下痢が落ち着いた生後10～14日齢からペア飼いにします。そこから、無制限哺乳で子牛は飲みたいだけたくさんのミルクを飲み、30～45日齢からは哺乳ロボット牛舎に移動します。哺乳ロボットは上限12L／日に設定し、おおむね最大で90日齢まで哺乳可能になっていますが、90日齢に至る前にほぼ全頭が自主的に離乳します。

写真1　㈱ファーム山口の山口鮎美取締役

写真2　約2カ月齢の子牛。体高は1m程度

人の手によるリッキングで子牛の状態をチェック

全ての分娩に立ち会うわけではありませんが、新生子牛を長時間放置することはないようにしています（夜と朝イチに見回りしており分娩後の子牛が6時間以上放置されることはありません）。日中でも分娩房はスタッフの往来が多くなるようにしており、何かと目が向けられます。

子牛が産まれているのを見つけたスタッフは担当外でもすぐに対応します。

発見したら、まず臍（へそ）にポピドンヨードをかけて、すぐに子牛牛舎に運搬し、ふかふかの麦稈が敷いてある少し広めのエリアに移動させます。生後2～3日はそこで様子を見てから単飼の枠（ハッチ）に移します。すぐにハッチに移動させない理由は、事故防止、四肢の状態把握と、人の手によるリッキング

写真３　分娩直後の子牛を入念に“リッキング”

をするためです。生後間もなく狭い場所に入れてしまうと頭や肢を挟んでしまう恐れがあります。しばらく歩行状態をチェックすることで四肢のトラブルも早期に発見できます。

麦稈エリアに移動させたら、速やかによくリッキングします。具体的にはバスタオル３～５枚ほどを使って、子牛の全身をこするのですが（**写真３**）、ここでいうリッキングとは「子牛の状態を把握する手段」で、牛の体表温度、立とうとする意欲はあるか、顔を上げているかなども細かく見ます。リッキングは本来、「親牛が子牛をなめる行為」を指しますが、当牧場では生まれた子牛は必ず人がリッキングを行います。

人がリッキングする理由は、親牛との同居時間が長いと初乳を飲ませるのに苦労するからです。乳首をくわえさせるだけでも大変です。子牛が少しでも親牛と居る感覚を覚えると、人工哺乳を受け入れないという感覚があります。このため、私は極力親牛に子牛を触らせないようにしています。

上記の傾向が特に顕著だと感じられる和牛の場合は分娩時により注意して観察し、絶対に親牛と子牛を触れさせないようにしています。このやり方だと、和牛でも初乳を飲まずに苦労するということはほとんどありません。

リッキングを行う際のポイント

リッキングのやり方は次の通り。分娩直後、まだ子牛が横たわっている状態で、顔から開始し、臍回りを拭いて、頭から頸、下の方に向けてタオルでゴシゴシとこすっていきます。片面を拭き終わったら、ごろんと体の向きを変えて反対面をこすります。このようにリッキングを進めていくと、健康な牛は勝手に胸骨仰臥位（ぎょうがい＝胸を地面につけて腹ばいになる状態）になります。

リッキングの主な目的は三つあります。一つ目は子牛の体をきれいにすることです。分娩スペースが100％清潔といえない環境ということもあり、病原菌を進入させないため、リッキングをしながら、鼻、口、臍に付いた汚れをきれいに拭き落とします。

二つ目は血行を良くするマッサージ効果と体の乾燥です。そして最も重要な三つ目は先ほども触れた子牛の状態把握です。リッキング中は、ただ単に子牛の体をこするだけではなく、手の感覚で子牛の体表温度を感じています。リッキングを何度も経験して分かったのは、一頭一頭体表温度が違うということです。リッキングしていくと体表温度が段々上がってくるのですが、牛によって、どのくらいで上がるか、という変化の度合いも異なるのです。そういった牛が見せてくれるサインで、リッキング後にどのくらい初乳が飲めるかをある程度予測できます。

感覚的には和牛はホルスタインよりも体表温度が低く、交雑種は和牛寄り、ホル寄りと個体によって違います。難産だった子牛や虚弱な子牛はそもそもの体表温度が低く、リッキングしても温度が上がりにくく、初乳を飲ませた後、最初の便が出るまでの時間も長くなります。体表温度が早く上がる牛は、胎便が出るのも早く、初乳をたくさん飲む傾向があります。

リッキングのポイントは子牛の体がしっかり乾き、体表温度が十分に暖かくなるまで行うことです。冬だと最大20～30分程度かかることもあります（とにかくその牛によってまちまちです）。

リッキングする前は哺乳欲を見せない子牛でも、リッキングすることで哺乳欲が出てきて初乳をよく飲んでくれることがあります。子牛がリッキングの途中で初乳を飲みたいというスイッチが入ったときは、体が完全に乾き切っていなかったとしても、先に初乳を飲ませます。リッキングをしながら子牛の反応を見て対応するのです。

私にとってリッキングは「はじめまして」のあいさつで今後の哺育をどう進めていくかを子牛と相談する良い機会なのです。コミュニケーションをしっかり取ることでその後、子牛任せの哺育をスムーズに進めることができます。

24時間で初乳をどれだけ飲ませたかが重要

初乳はとにかく子牛が飲みたいだけ、おなかいっぱいたくさん飲ませることを心掛けています。分娩後速やかに飲ませることも重要ですが、24時間以内にどれだけ飲ませたかも重要だと考えています。当牧場では24時間以内に平均的に６～９Ｌは初乳を飲みます。

当牧場の「初乳」の定義は「最初に搾った乳」ではなく、搾乳する牛や品質について以下の決まりがあります。❶必ず前乳期で乳房炎を発症していない牛（特にSA〈黄色ブドウ球菌〉、OS〈環境性レンサ球菌〉、クレブシエラ）❷漏乳・血乳していない牛❸経産牛のみ❹Brix値（糖度）は22％以上（Brix値が30％以上など高過ぎるものは使用しない）―。必ずこれらの定義に当てはまる牛の初乳をパスチャライズして給与しています。初乳が足りないときは、粉末初乳の「ヘッドスタート」（エランコジャパン㈱）を使います。個体によっては、生後３日くらいまで初乳を給与することもあります。

筆者は哺乳アドバイザーとしての活動もしており、初乳を飲まなくて困っているという相談を生産者からよく受けますが、飲まないのには必ず理由があります。生後24時間以内の牛は、飲みたい、飲みたくない、のスイッチの切り替わりが頻繁だと感じています。牛が飲みたいタイミングをもう少し人間が理解してあげられたら、初乳を飲まないという生産者の苦労も減ると思います。飲みたくないスイッチの時に、飲ませようとするのは非常に難しいものです。

スイッチをオンにしてあげるには、リッキングが効果を発揮します。生後間もなくでなくても短い時間でも顎回りや体をこすってあげると、飲みたいスイッチが入ることがあります。同じ所でずっと寝ている牛を一回立たせてみて指を吸わせることでスイッチが入ることがあります。スイッチがオンの時に飲ませられるよう、生後24時間以内は何度でも小まめに飲めるタイミングを探ることが重要なのです。

生後間もなくだけではなく、３日齢程度まで、哺乳欲が見られないまたは便の出が悪い時に、リッキングを行うことは有効だと感じています。

単飼では移行乳を給与

７～10日齢は単飼で管理しますが、この時期は移行乳を給与します（**写真４**）。パスチャライズした親牛のものを給与しますが、量

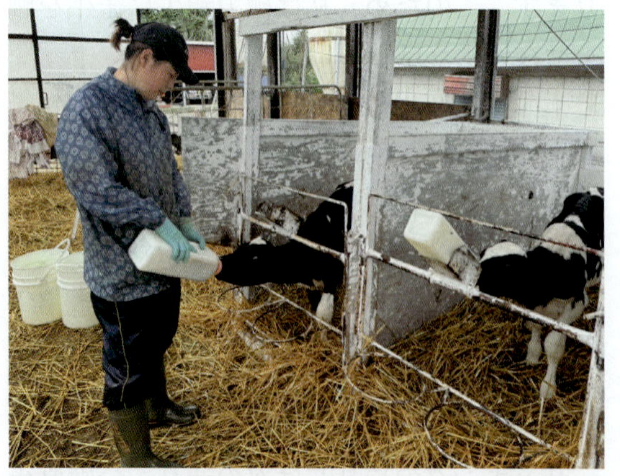

写真４　ハッチでの手やりでの移行乳給与。哺乳中は水とスターターは取り外し哺乳後に再設置する

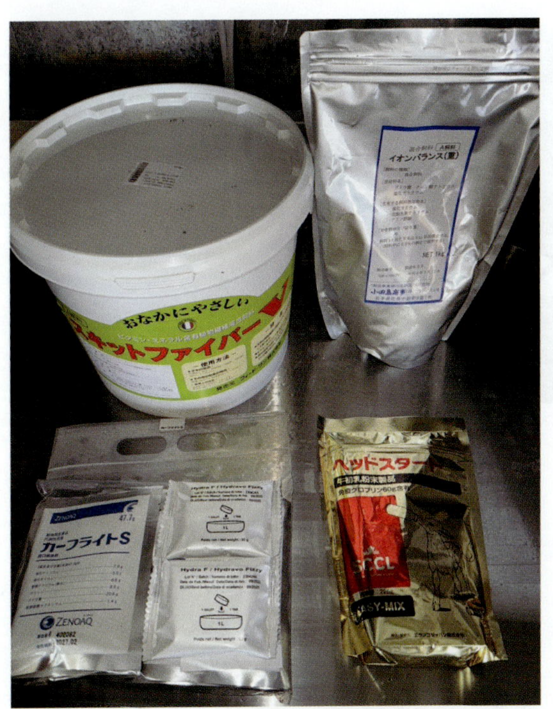

写真5　ファーム山口で使用している製品

が足りないときは粉末移行乳「ヘッドチョイス」(エランコジャパン㈱)と前述したヘッドスタートを生乳に加えて給与します(**写真5**)。初乳同様、子牛は生後2日目から飲みたいだけ飲んでおり、すでに無制限哺乳が始まっています。3日齢でも、9～12L／日をぺろりと飲んでしまう牛もいます。

生後1日目から、目の前にきれいな水と山盛りのスターターを置くようにし、水は1日4回変えています。誤嚥(ごえん)防止のため、この日齢では手で哺乳瓶を持ち、低い位置で固定します。子牛はS字を描いて下から上を向く親の乳首から飲むような姿勢でミルクを飲みます(**写真4**)。

“正常な子牛”であることが前提—電解質プログラム

下痢の際の断乳に関しては、賛否両論あることは承知しており、あくまで当牧場でのやり方の紹介となります。

当牧場では、生後7日齢前後でクリプトスポリジウムの下痢が発生することがあります。下痢をした場合、断乳して電解質のみにしており、平均3日程度、最大で6日程度これが続くケースもあります。電解質も飲みたいだけ与えるので、大体1日10L程度は飲んでいます。

ただし下痢の際の対応として電解質のみで飼養できる条件として、分娩がスムーズで子牛がふんだんに初乳、移行乳を飲めている正常な牛であることが前提条件になります。電解質のみで給与する理由は、消化管に炎症が起きているため、子牛にミルクを無理に飲ませない方が結果的に早く治り、下痢が収まった後にミルク、スターターの摂取量が急増し、回復が早いように感じるからです。

電解質は以下の4種類を用途によって使い分けています(**写真5**)。

❶重曹入り(「ハイドラF」〈ヒューベファーマジャパン㈱〉+「バイオパックイーライト」〈ラレマンドバイオテック㈱〉もしくは「イオンバランス(重)」〈小田島商事㈱〉)❷酢酸入り(「カーフライトS」〈日本全薬工業㈱〉)❸ブドウ糖入り(「サラーロン」〈フジタ製薬㈱〉+「イオンケア」〈明治飼糧㈱〉)❹繊維質入り(「スキットファイバー」〈フィード・ワン㈱〉)

下痢でぐったりしていれば、代謝性アシドーシスの補正のため❶重曹入りを給与し様子を見ます。何回か❶を給与し、立ち上がる元気、飲む意欲が出てきたら❷酢酸入りを使い、エネルギーを補給します。元気を取り戻して飲むようであれば❸ブドウ糖入りでさらにエネルギー補給をする、もしくは❸を飛ばして、❹繊維質入りを給与し、胃腸の調子を整えます。❹を給与して調子が良くなればおなかが空いて鳴き出し、スターターをしっかり食べるようになります。これがミルク給与を再開しても胃腸に負担がかからないサインと考えています。

2週齢程度でペア飼いへ

哺乳量が上がってきた子牛たちは2週齢でペア飼いになります(次㌻**写真6、7**)。ペア飼いする理由は次の通りです。

無制限哺乳を始めたばかりの頃は単飼で生後1カ月まで管理していました。その後に哺乳ロボット牛舎に入れると、「調子を落として飲む量がガクッと落ちる、あるいは安定しない」、「なんとなく元気がない」、「病気になる」など明らかにストレスを感じているのが

写真６　ペアハッチで哺乳中の子牛

写真７　子牛も人もリラックスしながら哺乳している

分かりました。そこでまずは哺乳ロボット牛舎に移す前に他の牛と慣らす目的でペア飼いにしたところ、ロボット哺乳に移動した後も調子を落とすことなく、順調に群飼に適応してくれました。

ペア飼いを始めた当初は、生まれた順番や体の大きさが同じ子牛をペアにしていましたが、現在は飲むペースが同じ個体の組み合わせにしています。哺乳中に、飲むのが速い子牛が遅い子牛を邪魔したりすると、遅い方は飲みづらくなり、スターターを食べに来るのすら躊躇（ちゅうちょ）するようになってしまいます。そのため、ペア飼い期間中に組み合わせを入れ替えることもあります。この時期からは代用乳に切り替わり、移行乳があればパスチャライズして代用乳と混ぜて給与しています。代用乳は「エブリーミルク」（日本農産工業㈱）というタンパク質も脂肪も多い製品を使っています。

２～５週齢の間に哺乳量が最大になり、１日２回哺乳で、給与量にはこだわらず子牛が飲みたいだけ飲ませます。子牛任せの結果として、平均で24Ｌ程度、たくさん飲む牛は30Ｌ程度飲んでいます。子牛がミルクを飲みたいだけ飲むので、負担がかからないよう、その日の気温や湿度に合わせ、粉ミルクの濃度は毎回自分で味見をしながら微調整しています。

ミルクをたくさん飲ませるとスターターを食べないという話をよく耳にしますが、当牧場の場合、ミルクをたくさん飲む牛はスターターもたくさん食べます。また粗飼料給与はハッチに入った時点から開始しており、ペア飼いの時点から給与量をアップさせています（**写真８**）。

哺乳量は牛が決めているので、下痢をさせないよう哺乳量にピリピリと神経質になることもなく、全てがフリーなのです。

哺乳ロボへの移動はペアで行う

30日齢以降は哺乳ロボット牛舎に移動します。移動はペアハッチの二頭が基本単位で、ハッチが隣り合う合計３ペア程度行います。以前は、ペアハッチの仕切りはコンパネの板で隣が完全に見えないようになっていましたが、今は格子状の構造で隣の牛が見えるようになっています（**写真６、７**）。こうすることで、哺乳ロボに移動してからも牛たちの適応が非常にスムーズです。

哺乳ロボは離乳のツールとして使っていて、一律で30～90日齢（**写真９**）まで12Ｌ（３Ｌ×４回）を自由に飲める設定にしています。ここでも牛任せで、70日齢程度で牛が自発的に離乳し、ロボットに来なくなれば、それで離乳は完了です。

写真８　ペアハッチで粗飼料を採食する子牛

離乳時期は牛によってさまざまで、徐々にロボット訪問回数が減る牛もいれば、10日ほどでスパッと来なくなる牛もいます。牛を観察していると、スターターよりも粗飼料をたくさん食べる牛の方が早く離乳する印象があり、哺乳ロボット群では粗飼料の給餌スペースを多く取っています。

当牧場では「子牛は牧場の基盤」という考えの下、一頭一頭子牛と向き合いながら哺育を行っています。子牛を健康に育てると、搾乳牛になっても病気にかかりにくく、治療費もかかりません。安定した乳量を生産でき、生産寿命も長くなります。後継牛をしっかり育てることは生産基盤の安定につながると信じ、必要な初期投資だと考え、子牛に給与するものにはこだわっています。

写真９　哺乳ロボット牛舎で飼養する離乳間近の牛たち

当牧場では無制限哺乳に取り組んでいますが、一番大切なのは、それぞれの牧場で目の前の子牛と向き合う中で、「子牛たちの満足」を見つけていくことではないかと思います。子牛が健康で輝いてくれると、子牛の世話をする人はもちろん、牧場全体が輝きだすと思います。酪農を取り巻く情勢は依然として厳しいですが、明るい酪農の未来を信じ一緒に頑張りましょう！

❷28パターンの繁殖メニュー用意し 定時人工授精なども積極実施

久保田　尚

千葉県畜産総合研究センター市原乳牛研究所は、県内酪農家の後継牛育成のため、1972年に乳牛育成牧場として開設されました。当牧場は房総半島中央の山間部にあり（**図1**）、総面積121ha（うち採草地および放牧地49ha）を有しています。受託牛は生後約６カ月齢で年３回、１群最大82頭の集団で入牧し、15カ月間育成され、前年度から継続して受託している群と合わせて最大328頭の乳用雌牛の放牧育成と繁殖管理を担っています。

また集団育成牛群の管理技術や繁殖成績向上のための技術改善、器具の改良、草地の省力的な周年安定生産体系の確立に向けての試験研究を行っています。

本稿では当牧場における疾病予防策、放牧管理、繁殖管理、給餌メニューなどについて紹介します。

図1　市原乳牛研究所の位置

入牧前審査とワクチンプログラム

管理スケジュール例（７月入牧群）を**図2**に示しました。預託希望牛は家畜保健衛生所が実施する衛生検査でのヨーネ病および牛ウイルス性下痢（BVD）の陰性確認が必要で、その際に、体格の測尺および健康に異常がないかの生体検査も併せて実施します。検査結果を受けて、畜産関係機関の担当者を参集し入牧の可否を決定するための審査会を開催します。発育が著しく悪い、または健康上問題のある個体については群管理に適さないと判断し、入牧を辞退してもらう場合があります。

審査会に合格した個体は呼吸器感染症予防のため、各農場において６種混合ワクチン（牛伝染性鼻気管炎、BVD１型・２型、パラインフルエンザ３型、牛RS、牛アデノ７型）を接種します（入牧６カ月後に追加免疫として再度呼吸器ワクチンを接種）。入牧時期は７月、11月、３月で、５～８カ月齢の牛を１群として、同じ日に一斉入牧します。

当牧場は育成用、繁殖用、受胎用の３つのフリーバーンを有し、入牧後は育成用牛舎で管理します。入牧間もない時期は環境の変化に伴うストレスにより、発熱、コクシジウムや線虫類による下痢など体調を崩す個体が多

図2　管理スケジュール例（７月入牧群）

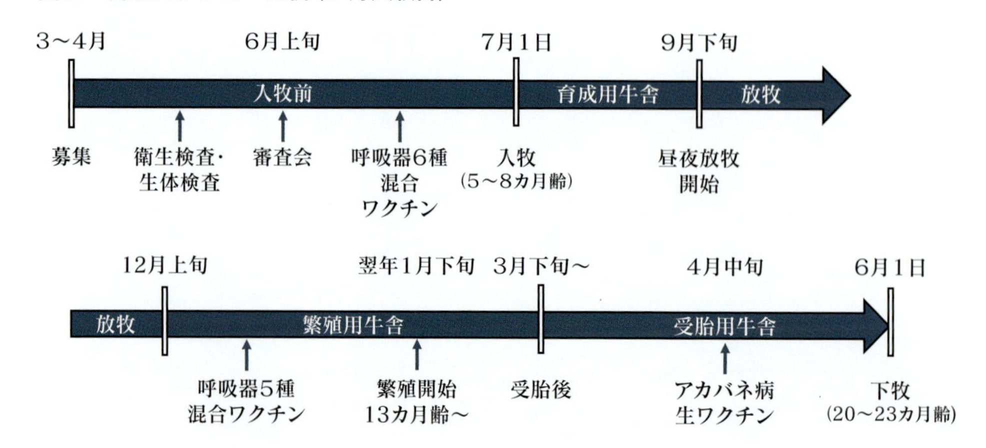

く見られるため、体調不良牛の早期発見、適切な治療を心掛けています。

放牧によるメリットと課題

入牧1カ月を過ぎると牛舎に隣接する放牧地での馴致(じゅんち)放牧を行います。最初は短時間から始め、徐々に時間を長くし、3週間かけて慣れさせます。馴致放牧後、繁殖開始1カ月前までの2～3カ月間、昼夜輪換放牧を開始し、14牧区ある放牧地を2～3日おきに転牧していきます(**写真1**)。放牧地は寒地型牧草のオーチャードグラスや耐暑性の高いトールフェスク主体の牧草となっており、嗜好(しこう)性を高めるため草刈りを行い、草丈を短くした状態で保っています。

放牧期間中の衛生対策として、ダニの吸血によるピロプラズマ症予防のため、2週間おきにダニ忌避剤としてフルメトリン製剤およびイベルメクチン製剤を交互に体表に塗布します。また牛伝染性リンパ腫の伝播(でんぱ)防止のため、放牧地にはアブトラップやサシバエ捕獲用テープを設置しています。

放牧の実施により、運動量が増え、牧草を好きなだけ食べることができるため、代謝・心肺機能は向上し、足腰は強靭(きょうじん)になり、長命連産効果が期待されます。放牧期間中は糞尿処理や給餌作業の省力化、飼料費の削減効果もあり、牧場運営の低コスト化にも貢献しています。

当牧場では年間を通じた温暖な気候を生かし、2月～12月までの比較的長い期間、放牧を実施してきましたが、近年、夏季の気温は35℃を超える猛暑日が多く、牛への負担を考慮して7～9月の放牧は中止せざるを得ない状況にあります。放牧期間の短縮は牛づくりに影響を与え、管理コストの上昇を招くことから、現在、暑熱対策を講じた放牧地の整備、夜間放牧のみへの変更など、気候変動に対応した管理法を検討しています。

発情観察は1日3回、テールペイントを使って

繁殖は13カ月齢、体高127cm、体重350kgに達した個体から開始し、畜主が希望する繁殖メニューに沿って人工授精または受精卵移植を実施します。人工授精では畜主自身が用意する精液か、牧場選定精液を使用します。乳用種の牧場選定精液はNTPランキング上位の種雄牛の中から長命連産性、難産リスクを重視して、雌雄選別済み精液用1頭、通常精液用3頭を選定。選別精液は高能力雌牛を生産することが求められるため、ランキングトップ5以内に入るものを選んでいます。黒毛和種用は㈳家畜改良事業団が販売する精液の中から県内のスモール市場の評価が高く、難産リスクの低い種雄牛を選定しています。

受精卵移植は畜主自身が用意する受精卵、当牧場が飼養する黒毛和種繁殖雌牛から生産した受精卵および千葉県畜産総合研究センター嶺岡乳牛研究所が生産した乳用種受精卵を使用します。近年は選別精液による人工授精

写真1　放牧地は14牧区に分けられている

写真2　スタンディング確認で発情を特定

および当牧場が生産した黒毛和種受精卵移植を希望する畜主が多い傾向にありますが、選別精液による人工授精は２回まで、受精卵移植は１回のみとし、これらで不受胎の場合は、受胎性を考慮して当牧場選定の通常精液を使用します。

繁殖メニューは、第一希望として使用する精液や受精卵および不受胎時に使用する通常精液の組み合わせにより、28パターン用意し、入牧時に畜主に選んでもらいます。

繁殖管理で重要な発情観察は朝、昼、夕の１日３回、テールペイントを使用したスタンディング（乗駕〈じょうが〉の許容）の確認により発情牛を特定し（**写真２**）、最終的に直腸検査を経て人工授精実施の可否を判断します。

当牧場は研究機関としての機能も有し、長年にわたり集団育成牛群における繁殖技術の改善に取り組んできました。これまでに得られた試験研究の知見を基に膣内留置型プロジェステロン製剤（CIDR）を利用した発情同期化による新鮮卵移植や、発情微弱、卵巣静止牛に対してはショートシンク法※やCIDR留置による定時人工授精を積極的に行っています（※黄体期の個体にPGF２α製剤を投与し、その２日後にGnRH製剤を投与して翌日に人工授精を実施するプログラム）。

妊娠鑑定は発情日を起点として35日目および60日目の２回、超音波画像診断装置を用いて行い、60日目の妊娠鑑定により受胎を確認した後、畜主へ受胎報告します。

過去３年間の繁殖成績は**表１**の通りです。当牧場における過去３年間の平均初産月齢は約24.3カ月齢で、千葉県の平均24.7カ月齢（2022年乳用牛群能力検定）と比較するとわずかに短縮されているものの、受胎率が低いなど、まだ十分な繁殖成績は得られておらず、今後も繁殖成績の向上のため、試験研究に取り組んでいきたいと考えています。

自家産牧草も活用した飼料メニュー

入牧後から妊娠初期までの期間は１日の増体量（DG）を0.8kgとし、日本飼養標準の要求量を満たすよう飼料メニューを設定。乾草は自由採食で配合飼料は１日２回、スタンチョンに係留して与えます。

入牧後最初の１～２カ月は1.6kg／日から配合飼料の給与を始め、徐々に増量していき、粗飼料は栄養価の高いアルファルファ、イタリアンライグラス乾草および嗜好性の優

表１　繁殖成績の概要（2021～23年度）

年度	受託頭数	受胎率（％） 人工授精	 受精卵移植	受胎に要した繁殖回数	初産月齢	下牧時不受胎頭数
2021	209	56.1 （176／314頭）	39.5 （34／86頭）	1.9	24.4	3 （流産2、不明1）
2022	231	55.3 （199／360頭）	40.8 （31／76頭）	1.9	24.4	2 （流産1、不明1）
2023	212	62.1 （164／264頭）	46.2 （49／106頭）	1.7	24.1	2 （流産1、不明1）

表２　入牧および下牧時の発育値（2021～23年度）

測定時期	平均月齢	体高（cm）	胸囲（cm）	体重（kg）
入牧時	6.5カ月	114.1 （108.9）	142.5 （134.4）	213.3 （198.5）
下牧時	21.1カ月	142.5 （142.4）	198.2 （196.9）	554.1 （548）

※（ ）内は㈳日本ホルスタイン登録協会「ホルスタイン種雌牛の推奨発育値 2020」の月齢別推奨値の平均

れたエン麦乾草を食べやすいように細断給与します。放牧期間中は生草が主食になりますが、配合飼料は牛舎管理時と同様に給与します。乾草は牧草の生育状況や牛のコンディションを見ながら補助的に与えます。

繁殖開始１カ月前から妊娠初期までは配合飼料を最大2.3kg／日まで給与し、粗飼料は嗜好性が良く栄養バランスの優れたチモシーやクレイングラスを主体に給与します。妊娠中期以降は、過肥を防ぐためDGを0.7kgと設定し、ボディーコンディションを見ながら配合飼料は1.6kg／日まで徐々に減らしていきます。粗飼料は場内で生産したロールサイレージ（イタリアンやローズグラスなど）に加え、栄養価が比較的低いトールフェスクやスーダングラスを主体に与えます。

発育値の目安は㈳日本ホルスタイン登録協会「ホルスタイン種雌牛の推奨発育値2020」を参考とし、過去３年間の発育値は、入牧から下牧まで推奨値の平均を若干上回って推移しています（**表２**）。

写真３　自家産牧草の収穫作業

近年は輸入飼料価格が高騰していることから、自家産ロールサイレージの増産を図るとともに、乾草は価格の安い北海道産チモシーに一部置き換えて、飼料費の削減に努めています（**写真３**）。

近年、飼料費や光熱費の高騰など、酪農を取り巻く情勢は厳しく、育成牧場の役割はより重要になっています。当牧場に預けてくれる畜主の希望に添えるよう、現状に満足せず、職員一丸となって業務に取り組んでいきます。

哺育・育成牛の飼養管理ガイド
子牛を健康に育て経営安定

DAIRYMAN　秋季臨時増刊号

定　価　4,950円(本体4,500円＋税10%)
(送料　288円)

令和６年９月25日印刷
令和６年10月１日発行

発行人　高　田　　康　一
編集人　広　川　　貴　広

発行所　デーリィマン社

札幌本社　札幌市中央区北５条西14丁目
TEL　(011)231－5261
FAX　(011)209－0534

東京本社　東京都豊島区北大塚２丁目15－９
ITY大塚ビル３階
TEL　(03)3915－0281
FAX　(03)5394－7135

ISBN 978-4-86453-102-3 C0461 ¥4500E

印刷所　大日本印刷㈱

【表紙】 撮影場所：三重県津市　珠の牧(鈴木克美代表)
撮　　影：鈴木　中弓
デザイン：清水　章子